Aachener Bausachverständigentage 2013

Bauen und Beurteilen im Bestand

Register für die Jahrgänge
1975 bis 20[illegible]

Herausgegeben von Rainer Oswald
AIBau - Aachener Institut für Bauschadensforschung
und angewandte Bauphysik

Aachener Bausachverständigentage 2013

Bauen und Beurteilen im Bestand

Wolfgang Albrecht
Bodo Buecher
Holger Harazin
Rainer Hirschberg
Wolfram Jäger
Raimund Käser
Norbert König
Ingolf Kotthoff
Anton Maas
Martin Oswald
Rainer Oswald
Gabriele Patitz
Christian Scherer
Uwe Schürger
Christoph Tanner
Wilfried Walther
Matthias Zöller

Rechtsfragen für Baupraktiker

Katharina Bleutge
Günther Jansen

Register für die Jahrgänge 1975 bis 2013

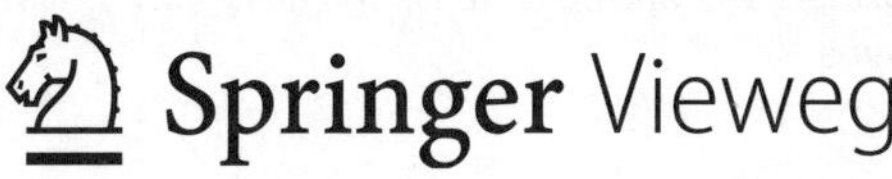

Herausgeber
Rainer Oswald
AIBau, Aachen, Deutschland

ISBN 978-3-658-02825-1
DOI 10.1007/978-3-658-02826-8

Die Deutsche Nationalbibliothek verzeichnet diese Publikation in der Deutschen Nationalbibliografie; detaillierte bibliografische Daten sind im Internet über http://dnb.d-nb.de abrufbar.

Springer Vieweg

Lektorat: Karina Danulat, Annette Prenzer
Satz: Fotosatz-Service Köhler GmbH, Würzburg

Gedruckt auf säurefreiem und chlorfrei gebleichtem Papier

Springer Vieweg ist eine Marke von Springer DE. Springer DE ist Teil der Fachverlagsgruppe Springer Science+Business Media
www.springer-vieweg.de

Vorwort

Instandsetzungen, Modernisierungen und Umnutzungen von Bestandsgebäuden machen einen großen Anteil der Bauleistungen aus. Schadenfreies Bauen im Bestand ist ohne sachgerechte Beurteilung der Bausubstanz unmöglich. Die Erfahrung lehrt jedenfalls, dass die tieferen Ursachen von Schäden an instandgesetzten oder modernisierten Gebäuden meist auf unzureichenden Voruntersuchungen beruhen. Auch die Begutachtung von Neubauschäden setzt eine angemessene Bauanalyse voraus.
Inzwischen sind für viele Beurteilungsaufgaben zerstörungsfreie Messmethoden mit handlichen, auch für kleinere Planungs- und Gutachterbüros erschwinglichen, Geräten verfügbar. Das ist grundsätzlich begrüßenswert, führt aber auch zu Fehlentwicklungen. Mir scheint, dass auf einigen Arbeitsfeldern des Bausachverständigen inzwischen Begutachtungen ohne den Einsatz von Messgeräten von manchen Auftraggebern als minderwertig eingeschätzt werden. So gewinnt man bei einigen Gutachten den Eindruck, dass nicht die technische Notwendigkeit, sondern in erster Linie der Imagegewinn Anlass für Messungen war. Man kann weiterhin beobachten, dass es auf dem Markt der Anbieter von Gutachterleistungen eine nicht kleine Gruppe von Personen gibt, die offenbar meint, dass mit dem Erwerb eines Messgeräts auch die Kompetenz erworben wurde, Gebäude sachkundig zu beurteilen. So ist es nicht verwunderlich, dass es häufig zu Fehlanwendungen und Fehlinterpretationen kommt. Die Spanne reicht von völlig unnötigen Messungen über die fehlerhafte Gerätebedienung bis hin zu falschen Schlussfolgerungen aus den ermittelten Messdaten. Es bedarf dann eines großen Aufwands, die Ergebnisse der Fehlbegutachtungen wieder zu korrigieren.
Die 39. Aachener Bausachverständigentage haben sich daher ausführlich mit dem Thema der Bestandsbeurteilung durch Messungen befasst, wobei als erstes die Frage angegangen wurde, wann überhaupt Messungen nötig sind, um eine hinreichend genaue Aussage über die anstehenden Probleme treffen zu können. Das „zerstörungsfreie Nachdenken“ ist häufig effektiver als die störungsfreie Messung. Selbstverständlich werden die Möglichkeiten, Grenzen und Probleme der gängigen Verfahren genauer dargestellt. Detaillierter angesprochen werden im Tagungsband die Thermografie, die U-Wert-Messung vor Ort, die Luftdichtheitsmessung sowie verschiedene Verfahren der Feuchtigkeitsmessung im Bestand. Ebenso wird über die Erfahrungen mit Radar- und Ultraschalluntersuchungen berichtet. Im Fokus stehen die Praxistauglichkeit und der Aussagewert der Untersuchungsmethoden für den alltäglichen Einsatz bei Abnahmen und Mangelbeurteilungen.
Auch das „aktuelle Thema“ der Tagung hatte einen unmittelbaren Bezug zum Bauen im Bestand, da Wärmedämmverbundsysteme (WDVS) ganz überwiegend zur Verbesserung des Wärmeschutzes von Fassaden eingesetzt werden. Genauer abgehandelt werden das Überputzen und Überdämmen, die brandschutztechnische Problematik, der mikrobielle Bewuchs und die Entsorgungsprobleme von WDVS. In der Überzeugung, dass ernstzunehmende Reduzierungen des Heizenergieverbrauchs im Bestand vor allem durch WDVS erzielt werden können, waren wir bemüht, diese seit mehr als drei Jahrzehnten auf den Aachener Bausachverständigentagen immer wieder diskutierten Bauweisen durch konstruktive Kritik zu fördern.
Weiterhin werden die Probleme typischer Modernisierungsaufgaben, wie der Aufstockung und Umnutzung sowie der Erneuerung haustechnischer Anlagen angesprochen. Ein sehr strittiges Thema – nämlich die Frage, ob energetisch modernisierte Gebäude Lüftungssysteme benötigen – wird ebenfalls detailliert behandelt. Als Ausblick in die Zukunft ist der Beitrag zu verstehen, der den Fokus auf die Nachhaltigkeit von Maßnahmen im Bestand lenkt.
Das Instandsetzen, Modernisieren und Umnutzen von Gebäuden im Bestand wurde auf der Tagung selbstverständlich auch unter juristischen Aspekten behandelt. So wird die schwierige Frage angegangen, wie weit die Voruntersuchungen der Planer und Handwerker hinsichtlich des Zustands der Bausubstanz in die Tiefe gehen müssen und wann nicht entdeckte Mängel in Bestandsgebäuden als Bauherrenrisiko zu werten sind. Auch über das leidige Thema des juristischen Umgangs mit zerstörenden Bauteiluntersuchungen wird hoffentlich letztmalig und abschließend berichtet.

Ich meine, dass der vorliegende Band den derzeitigen Diskussionsstand treffend widerspiegelt und zu vielen Fragen klare Antworten gibt. Einige Fragen bleiben ungelöst. Auch dies wird im Tagungsband deutlich hervorgehoben.
Für den sorgfältig arbeitenden und überzeugend argumentierenden Sachverständigen ist nicht nur die detaillierte Kenntnis des gesicherten Wissensstandes von großer Bedeutung. Zu wissen, was man (noch) nicht weiß, ist fast noch wichtiger. Wir sind daher bemüht, auch die weißen Flecken auf der Landkarte unseres Wissensfeldes deutlich werden zu lassen.
Ich danke den Referenten für die engagierte Mitarbeit und allen Tagungsteilnehmern für das Vertrauen, das sie unserer unabhängigen Arbeit schenken, indem sie so zahlreich an unserer Tagung teilnehmen.

Prof. Dr.-Ing. Rainer Oswald

Oktober 2013

Inhaltsverzeichnis

Besondere Anforderungen und Risiken für den Planer beim Bauen im Bestand

Günther Jansen, Vors. Richter OLG Hamm

Das „Bauen im Bestand“ ist nicht nur für den Planer eine besondere Herausforderung, sondern auch für den Baujuristen. Ich will hier heute nur einige besonders wichtige Punkte herausgreifen, die Planern und Juristen Kopfzerbrechen bereiten, so die Bestimmung des geschuldeten Erfolges und die Festlegung der zu seiner Herbeiführung geschuldeten Leistungen. Damit korrespondiert nämlich die Frage der Mängelhaftung. Andere ebenfalls interessante Fragen – Honorarberechnung, Urheberrecht – müssen schon aus Zeitgründen unberücksichtigt bleiben.

1 Die rechtlichen Besonderheiten des Planervertrages

Hier sind wir schon bei dem ersten ganz großen Problem, bei dem Juristen und Planer nur schwer zueinander finden können.

Für den Juristen ist die Sache einfach: Nach seiner Vorstellung – 1. Semester – ist der Planervertrag ein erfolgsbezogener Werkvertrag. Leistungserfolg und geschuldete Leistungshandlungen müssen sich – wie bei jeder anderen Vertragsart – aus dem abgeschlossenen Vertrag ergeben, der deshalb möglichst präzise die Verpflichtungen beider Parteien beschreiben soll. Der Jurist nimmt mit Grausen zur Kenntnis, dass gerade Architektenverträge insoweit häufig sehr vage gehalten sind und Leistungsziel und geschuldete Leistungshandlungen nur sehr ungenau darstellen. Das legen die Juristen dann gerne den Architekten als eigene Nachlässigkeit zur Last, deren schreckliche Folgen die Architekten gerechterweise dann auch selbst tragen müssten.

Das wird aber nicht selten den Besonderheiten des Architektenvertrages nicht gerecht. Im Zeitpunkt des Vertragsschlusses steht nämlich sehr häufig noch gar nicht fest, wie das Bauwerk letztlich aussehen soll und welche Planerleistungen im Einzelnen erforderlich sind, um den angestrebten Erfolg zu verwirklichen. Der Bauherr hat zwar eine Zielvorstellung, weiß aber noch nicht, ob und in welchem Umfang sich diese technisch und wirtschaftlich umsetzen lässt. Der Planer weiß im Zeitpunkt des Vertragsabschlusses ebenfalls noch nicht, wie das Werk letztlich beschaffen sein soll. Es ist vielmehr eine seiner ersten Vertragsleistungen, die Grundlagen zu ermitteln und gemeinsam mit dem Auftraggeber Vorstellungen dazu zu entwickeln, was sich letztlich aus dem bislang nur vage geplanten Objekt machen lässt. Der Baujurist wird deshalb zur Kenntnis nehmen müssen, dass eine präzise Beschreibung des Leistungserfolges und der geschuldeten Einzelleistungen im Zeitpunkt des Vertragsschlusses häufig gar nicht möglich ist. Bauherr und Planer sollten aber ebenso zur Kenntnis nehmen, dass gleichwohl eine möglichst genaue Beschreibung des angestrebten Leistungserfolges und der erforderlichen Leistungshandlungen im Interesse aller Beteiligten ist. Baujuristen und Planern muss bewusst sein, dass der Planervertrag seiner Natur nach ein „dynamischer Vertrag“ ist, dessen genauer Inhalt sich häufig erst nach Vertragsabschluss im Verlaufe des dann folgenden Planungsprozesses bestimmen lässt und auch dann noch ständigen Veränderungen unterliegen kann. Diese „Dynamik“ bereitet den Juristen schon im „Normalfall“ großes Unbehagen, weil sie mit ihren mitunter etwas beschaulichen vertragsrechtlichen Vorstellungen nicht in Einklang steht.

2 Die besonderen Probleme beim Planen und Bauen im Bestand

Besondere Probleme ergeben sich aber beim Planen und Bauen im Bestand. Das liegt in der Natur der Sache. Ob und in welchem Umfang der Bestand technisch verwertbar und seine Einbeziehung wirtschaftlich sinnvoll ist, lässt sich oft erst nach Vertragsschluss sicher sagen. Davon wiederum hängt es ab, ob und in welchem Umfang sich die Zielvorstellungen des Bauherrn verwirklichen lassen. Die Einbe-

ziehung des Bestands erweitert daher den Pflichtenkreis des Planers ganz erheblich, sie kann die sonst üblichen Anforderungen verschärfen, in Einzelfällen kann sie aber auch dazu führen, dass die sonst üblichen Standards unterschritten werden dürfen. Sie führt auf jeden Fall zu einer spürbaren Erhöhung des Haftungsrisikos.
Ich will nur einige für die gerichtliche Praxis besonders wichtige Punkte herausgreifen:

2.1 Die Untersuchung der Bausubstanz

Der Planer muss die vorhandene Bausubstanz darauf überprüfen, ob sie sich hinsichtlich der verwendeten Baustoffe, der Bauart und ihres Erhaltungszustands für die beabsichtigte Weiterverwendung eignet. Die Erfüllung dieser Verpflichtung ist von zentraler Bedeutung, ihre Verletzung führt in aller Regel direkt in die Mängelhaftung[1]. Es spielt auch keine Rolle, ob die Bestandsanalyse im Vertrag ausdrücklich als geschuldete Leistung erwähnt ist. Der geschuldete Leistungsumfang wird vielmehr von allgemeinen vertragsrechtlichen Grundsätzen bestimmt[2]. Wie weit diese Verpflichtung geht, ist eine Frage der Vertragsauslegung, die – was die Untersuchung des Bestands angeht – schnell beantwortet ist:
Die sorgfältige Untersuchung der vorhandenen Bausubstanz ist beim Planen und Bauen im Bestand eine zentrale Aufgabe des Planers.
Darüber besteht in der Rechtsprechung auch kein Streit.

Beispiel[3]:
Nach dem Umbau einer alten Gaststätte in Wohnungen kommt es zu Feuchtigkeitserscheinungen in den Wänden, weil eine Horizontalsperre fehlt. Der Architekt hatte das nicht überprüft, weil es bis zum Umbau keine Beschwerden über eingedrungene Feuchtigkeit gegeben hatte. Das OLG Düsseldorf hat ihn zum Schadensersatz verurteilt; er sei verpflichtet gewesen, das Vorhandensein einer Isolierung zu prüfen; er habe sich nicht auf die Aussagen Dritter verlassen dürfen.

Dem Architekten kann auch nur dringend angeraten werden, die bei der Bestandsanalyse gewonnenen Erkenntnisse und ihre Weitergabe an den Bauherrn so bestandskräftig zu dokumentieren, dass er auch noch Jahre später im Haftungsprozess die erforderlichen Nachweise führen kann.
Das alles gilt nicht nur in der Leistungsphase 1. Zeigen sich in späteren Leistungsphasen Hinweise auf mögliche Fehleinschätzungen, muss der Planer auch diesen sofort nachgehen und den Bauherrn darüber unterrichten[4].
Besondere Risiken geht der Planer ein, wenn die Bestandsanalyse bestimmte Untersuchungsmaßnahmen – etwa Bauteilöffnungen – erfordert, die Kosten verursachen, die der Bauherr lieber einsparen würde. Rechtlich ist es natürlich möglich, dass Bauherr und Architekt vereinbaren, dass diese Untersuchungen unterbleiben und dass man es „darauf ankommen lassen will." Damit ist der Architekt aber noch nicht von der Haftung befreit. Derartige Vereinbarungen führen nämlich nur dann zu einer Haftungsfreistellung, wenn sie klar und eindeutig sind und wenn der Bauherr zuvor ebenso klar und eindeutig auf die damit verbundenen Risiken hingewiesen worden ist. Anderenfalls hat der Architekt nämlich seine Beratungspflichten verletzt. An die Aufklärung über diese Risiken sind hohe Anforderungen zu stellen. Dem Architekten kann daher nur dringend angeraten werden, sich die Beratung über die Risiken und die Weisung des Bauherrn schriftlich bestätigen zu lassen. Erfahrungsgemäß können sich Bauherren häufig an solche Gespräche später nicht erinnern. In der Regel ist der Architekt – will er sein eigenes Haftungsrisiko gering halten – gut beraten, wenn er dem Bauherrn die Risiken so eindringlich vor Augen führt, dass dieser die Kosten der Untersuchung doch noch auf sich nimmt.

2.2 Die Entscheidung über das Leistungsziel und die Art der Ausführung

Nur eine saubere Bestandsanalyse ermöglicht dem Architekten und dem Bauherrn eine sachgerechte Entscheidung darüber, ob, in

1 So auch Jochem BauR 2007, 281, 282
2 BGH Urt. v. 24.10.1996 – VII ZR 283/95, BauR 1997, 154
3 OLG Düsseldorf Urt. v. 5.3.2004 – 22 U 121/03, IBR 2005, 497; ähnlich OLG Schleswig Urt. v. 3.11.2004 BauR 2005, 604; OLG Köln Urt. v. 6.12.1995 – 11 U 92/95, IBR 1997, 469 zu übersehenem Schwamm- und Schädlingsbefall; OLG Stuttgart Urt. v. 28.9.2008 – 19 U 28/08, NZB zurückgewiesen durch BGH Beschl. v. 19.5.2011 – VII ZR 209/08 zum Umbau einer Mühle in ein Wohnhaus; Jochem BauR 2007, 282
4 BGH BauR 2000, 1217

welchem Umfang und auf welche Weise das geplante Vorhaben verwirklicht werden kann. Auch hier kommen beim Bauen im Bestand auf den Planer besondere Aufgaben und Risiken zu.

Das gilt zunächst für die Vereinbarungen über den angestrebten Leistungserfolg. Stellt sich später heraus, dass dieser auf dem vorhandenen Bestand gar nicht zu verwirklichen ist und wäre das bei einer sorgfältigen Bestandsanalyse von vornherein erkennbar gewesen, haftet der Architekt auf Schadensersatz und muss den Bauherrn so stellen, wie er bei sachgerechter Beratung stehen würde[5]. Hätte er sich bei sachgerechter Beratung gar nicht auf das Vorhaben eingelassen, trägt der Architekt die nunmehr nutzlosen Aufwendungen, die Kosten des Rückbaus und alle anderen Schäden. Das Haftungsrisiko ist also hoch.

Das gilt aber auch für Vereinbarungen darüber, wie der angestrebte Erfolg technisch herbeigeführt werden soll. Bei einem Neubau sind – wenn keine besonderen Vereinbarungen nach oben oder unten getroffen sind – die anerkannten Regeln der Technik ein verlässlicher Maßstab. Das muss auch nicht im Einzelnen mit dem Bauherrn vereinbart werden. Beim Bauen im Bestand stellen sich aber zusätzliche Fragen. Es ergibt sich daraus zusätzlicher Beratungsbedarf, der wiederum zu einem erhöhten Haftungsrisiko führt. Soll der heutige Stand der anerkannten Regeln der Technik maßgebend sein? Durchgehend? Wo – Schallschutz, Wärmeschutz, Brandschutz – sind Unterschreitungen baurechtlich zulässig, technisch sinnvoll, zumindest hinnehmbar oder wirtschaftlich geboten? Wo liegen rechtlich die Grenzen für eine Unterschreitung des Mindeststandards, wie ihn die aktuellen anerkannten Regeln der Technik vorsehen? Hier kommt eine Fülle von Fragen auf den beratenden Architekten zu und damit auch ein hohes Haftungsrisiko. Ich komme auf alle diese Fragen gleich noch zurück, wenn es um die Mängelhaftung geht.

2.3 Die Baukosten

Zu den wichtigsten Aufgaben des Architekten gehört es, die zu erwartenden Kosten richtig zu ermitteln, die Kostenentwicklung im Auge zu behalten und Kostenüberschreitungen bei der Bauausführung zu vermeiden. Das gilt in besonderem Maße, wenn das Bauvorhaben – beim Bauen im Bestand sehr häufig – als Renditeobjekt geplant ist[6]. Das Haftungsrisiko des Planers ist daher – auch ohne Vereinbarung einer Kostengarantie, eines Kostenrahmens oder einer vereinbarten Kostenobergrenze – hoch. So ist schon bei einem Neubau eine Pflichtverletzung zu bejahen, wenn der Planer erkennbar ungünstige Vertragsabschlüsse mit Unternehmern widerspruchslos hinnimmt, ohne Rücksprache mit dem Auftraggeber unnötig teure Ausführungsdetails vorsieht, im LV Einzelpositionen vergessen hat, die Kosten unzutreffend ermittelt hat (zu niedrig berechnete Kubatur[7], zu niedrig angesetzter Kubikmeterpreis[8]), erforderliche Voruntersuchungen – etwa Bodenuntersuchungen – nicht durchgeführt bzw. zumindest angeregt hat. Beim Bauen im Bestand kommen weitere Risiken hinzu. Ist die technische Brauchbarkeit der Bausubstanz nicht abschließend geklärt, muss der Planer den Bauherrn auf die bestehenden Risiken klar und deutlich hinweisen. Laufen nach dem Vertragsschluss die Kosten – unerwartet ungünstige Bodenverhältnisse, bauliche Mängel im Bestand – „aus dem Ruder“, muss er darauf möglichst frühzeitig hinweisen, um dem Bauherrn die Möglichkeit zu geben, die Planung anzupassen oder – wenn das Projekt wirtschaftlich nicht mehr tragbar ist – davon sogar ganz Abstand zu nehmen[9]. Über diese Grundsätze besteht in der Rechtsprechung Einigkeit.

Problematisch ist aber schon bei einem Neubau, wo die Grenzen dieser „Warnpflicht“ liegen. Sie entfällt oder gilt nur in eingeschränktem Umfang, wenn die Verteuerung des Bauvorhabens dem fachkundigen Bauherrn ohnehin bekannt ist[10]. Ob und in welchem Umfang dem Architekten – wenn keine Kostengarantie oder verbindliche Obergrenze vereinbart ist - ein Toleranzrahmen zuzubilligen ist, ist umstritten. Hier kommt es zunächst darauf an, in welcher Planungsphase

5 OLG Hamm Hinweisbeschluss vom 6.11.2012 – 21 U 8/12, in einem Fall, in dem der Architekt übersehen hatte, dass es nicht mit einer Erneuerung der Dachgauben und dem Einbau neuer Dachfenster getan war, sondern dass das gesamte Dach marode war und erneuert werden musste.

6 BGH BauR 1975, 434 und 1984, 420; OLG Naumburg BauR 1996, 889

7 OLG Köln NJW-RR 1994, 981

8 BGH BauR 1997, 494

9 BGH BauR 1997, 494

10 OLG Koblenz BauR 2008, 851, 854; OLG Köln NZBau 2005, 467, 470

und mit welchem Verbindlichkeitsanspruch sich der Architekt zu den Kosten geäußert hat[11]. Im Übrigen werden ganz unterschiedliche „Regelwerte“ angegeben. Der BGH hat Fehleinschätzungen von 27,7 %[12] und 16 %[13] hingenommen, bei 104 % aber eine Pflichtverletzung bejaht[14]. Die Rechtsprechung der unteren Gerichte bietet ein buntes Bild[15]. Einigkeit besteht aber darüber, dass die Anforderungen an die Genauigkeit der Kostenermittlung mit fortschreitender Planung zunehmen[16]. So wird für die Kostenberechnung ein Rahmen von 20-25 %, für den Kostenanschlag von 10–15 % genannt[17]. Dabei spielen natürlich immer die Umstände des Einzelfalles eine Rolle.

Dieses ohnehin unklare Bild verschwimmt aus naheliegenden Gründen bei Altbausanierungen und Bauvorhaben im Bestand noch weiter. Das OLG Zweibrücken[18] hält bei einer im Rahmen einer Vorplanung erstellten Kostenschätzung eine Überschreitung von 35 % für hinnehmbar, das OLG Hamm jedenfalls eine von 14,86 %[19]. Generell geht die Tendenz dahin, bei Umbauten, Altbausanierungen und beim Bauen im Bestand dem Architekten wegen der Unwägbarkeiten einen großzügiger bemessenen Toleranzrahmen zuzubilligen. Hier kommt es natürlich ebenfalls auf die Umstände des Einzelfalles und das Planungsstadium an. Überschreitungen von 30–35 % werden aber in der Rechtsprechung durchaus für noch hinnehmbar gehalten[20].

Die stark einzelfallbezogene Betrachtungsweise der Gerichte führt dazu, dass der Ausgang von Rechtsstreitigkeiten häufig schwer kalkulierbar ist. Hinzu kommt, dass die neuere Rechtsprechung dazu neigt, auch auf die Art und die Schwere der Pflichtverletzung abzustellen und einen Toleranzrahmen für schwere Pflichtverletzungen – Umsatzsteuer vergessen, völlig unrealistische Kubikmeterpreise zugrunde gelegt – gänzlich zu verneinen[21]. Das OLG München hat sogar eine Pflichtverletzung des Architekten beim Umbau eines Gebäudes mit der Begründung bejaht, der Architekt habe nicht auf die erheblichen Unsicherheiten in der Kostenschätzung und der Kostenberechnung hingewiesen, die sich daraus ergäben, dass Sanierung und Umbau im Bestand erfahrungsgemäß Baumaßnahmen seien, die in hohem Maße das Risiko von Kostensteigerungen mit sich brächten[22]. Diese eher banale Erkenntnis, auf die das OLG sich stützt, dürfte aber auch dem durchschnittlichen Bauherrn geläufig sein.

Kurz und gut:

Gerade beim Bauen im Bestand treffen den Planer umfassende Kostenermittlungs- und Beratungspflichten. Er sollte sich nicht darauf verlassen, dass die Rechtsprechung in diesen Fällen besonders großzügig sei. Das ist in dieser allgemeinen Form nicht richtig. Das Haftungsrisiko ist hoch. Der Prozessausgang ist häufig ungewiss, da die Rechtsprechung zu einer sehr einzelfallbezogenen Betrachtung neigt. Man kann dem Planer also nur raten, die zu erwartenden Kosten sorgfältig zu ermitteln und ständig im Auge zu behalten. Auf keinen Fall sollte er mit ungenauen und allzu optimistischen Schätzungen und „Berechnungen“ dem unschlüssigen Bauherrn die Entscheidung erleichtern wollen.

2.4 Die Mängelhaftung

Ist das Werk des Planers mangelhaft und hat sich dieser Mangel bereits im Bauwerk niedergeschlagen, haftet der Planer gemäß §§ 634 Nr. 4, 636, 280, 281, 249 ff. BGB auf Schadensersatz. Mangelhaft ist das Planerwerk gemäß § 633 Abs. 2 BGB, wenn es nicht die vereinbarte Beschaffenheit aufweist bzw. – soweit eine solche nicht vereinbart ist – sich nicht für die nach dem Vertrag vorausgesetzte bzw. für die gewöhnliche Verwendung eignet und nicht die Beschaffenheit aufweist, die bei Werken der gleichen Art üblich ist und die der Besteller nach der Art des Werkes erwarten kann. Die Planung muss – vereinfacht ge-

11 Ganten BauR 1974, 78, 83; zur „Grobkostenschätzung“ auch BGH NJW 1971, 1840, 1842 und BauR 1987, 225

12 BGH VersR 1957, 298 bei einer „ganz überschlägigen Schätzung

13 BGH BauR 1994, 268

14 BGH VersR 1971, 1041

15 LG Aachen BauR 2012, 1673; OLG Schleswig-Holstein IBR 2009, 340; LG Freiburg MDR 1955, 151; OLG Hamm DB 1986, 1172; LG Tübingen S/F Z 3.005 Bl. 3; OLG Stuttgart BauR 1977, 426; OLG Celle BauR 2009, 997

16 OLG Köln BauR 2002, 978; W/P Rn. 2300

17 OLG Köln BauR 2002, 978; W/P Rn. 230

18 OLG Zweibrücken BauR 1993, 375

19 OLG Hamm BauR 1991, 246

20 OLG Dresden IBR 2003, 556 mit Anm. Leupertz; OLG Stuttgart OLGR 2000, 422; OLG Schleswig IBR 2009, 340; LG Aachen BauR 2012, 1673, 1676

21 BGH BauR 2007, 2100

22 OLG München BauR 2007, 2100; W/P Rn. 2300

sagt – die Errichtung eines vertragsgerechten, mangelfreien und funktionsfähigen Bauvorhabens ermöglichen.
Was bedeutet das für den Planervertrag, wenn im Bestand gebaut werden soll?
Auch dann kommt es entscheidend auf die vereinbarte Beschaffenheit bzw. die Eignung der Planung für die nach dem Vertrag vorausgesetzte bzw. für die gewöhnliche Verwendung des Objektes an. Aber: Was bedeutet das, wenn der Leistungserfolg nur undeutlich beschrieben ist und wesentliche Ausführungsdetails im Dunkeln geblieben sind[23]? Sind dann eine Ausführung und ein Leistungserfolg geschuldet, wie sie in den nunmehr geltenden anerkannten Regeln der Technik vorgesehen sind? Oder ist beim Bauen im Bestand ein niedrigerer Maßstab anzulegen?
Die Rechtsprechung tut sich mit diesen Fragen schon deshalb sehr schwer, weil die gesetzliche Regelung und die meisten dazu ergangenen Urteile auf die Neuherstellung einer Sache ausgerichtet sind. Das Werkvertragsrecht umfasst zwar im Prinzip auch Verträge über den Umbau eines Bauwerks bzw. das Bauen im Bestand, enthält aber keinerlei Regelungen dazu, wie sich die Einbeziehung vorhandener Bausubstanz auf die Leistungspflichten des Planers und des Bauunternehmers auswirkt. Welchen Anforderungen muss die Planung genügen?
Klar ist zunächst, dass die vertraglichen Vorgaben eingehalten werden müssen. Soll die Lagerhalle nach dem Umbau mit schwerem Gerät befahrbar sein, muss der Architekt einen Boden planen, der sich dafür eignet. Darüber müssen wir nicht diskutieren.
In vielen Fällen fehlen aber klare vertragliche Vorgaben gänzlich, in anderen Fällen sind sie völlig nichtssagend. Welche Anforderungen gelten dann für die technische Ausführung, den Brandschutz, den Schallschutz, für den Schutz gegen Feuchtigkeit? Führt die Einbeziehung größerer Gebäudeteile aus dem Jahre 1929 dazu, dass die Anforderungen an den Schallschutz hinter denen der damals noch gar nicht existierenden DIN 4109 zurückbleiben dürfen, dass deren Anforderungen wegen eines Umbaus in den 60er-Jahren zugrunde gelegt werden können oder dass – da die technische Entwicklung inzwischen deutlich vorangeschritten ist[24] – die heute geltenden Maßstäbe zugrunde gelegt werden müssen? Spielt es eine Rolle, ob wir es mit einer Luxussanierung zu tun haben oder mit einem Bauherrn, der jeden Cent dreimal herumdreht?
Hier kommt es – fehlt es an vertraglichen Abreden – nach dem Gesetz entscheidend darauf an, ob sich die Planung für die gewöhnliche Verwendung des Bauvorhabens eignet = Gebrauchstauglichkeit bzw. ob es die bei Werken der gleichen Art übliche Beschaffenheit aufweist. Dieses Kriterium hilft in vielen Fällen weiter. In dem oben geschilderten Fall – Umbau einer Gaststätte in Wohnraum unter weitgehender Einbeziehung der vorhandenen Bausubstanz – ist jedenfalls klar, dass der Planungsmangel dazu führt, dass der geplante Wohnraum wegen der fehlenden Abdichtung und der deshalb aufsteigenden Feuchtigkeit nicht gebrauchstauglich ist[25].
So einfach liegt es aber nicht immer. In vielen Fällen geht es nämlich nicht um die Gebrauchstauglichkeit als solche, weil diese – mehr oder weniger – durchaus zu bejahen ist. Es gibt wahrscheinlich zahllose Altbauten, in denen die in der DIN 4109 niedergelegten Anforderungen an den Schallschutz noch unterschritten werden. Kein Mensch kommt auf den Gedanken, sie für nicht gebrauchstauglich zu halten.
Hier kommt es entscheidend auf die eigentlich schon vorher zu prüfende Frage an, wie die Vereinbarungen der Parteien nach Treu und Glauben und unter Berücksichtigung der Verkehrssitte auszulegen sind bzw. – ergänzende Auslegung – was die Parteien als redliche Vertragspartner wohl vereinbart hätten, wenn sie das Problem gesehen hätten. Hier eröffnet sich für jeden Richter ein schönes Spielfeld, auf dem er seine persönlichen Anschauungen von einem redlichen Miteinander ausleben kann. Es gibt aber auch – Gott sei Dank – einige objektive Kriterien. Handelt es sich um eine Luxussanierung, wird man beispielsweise an den Schallschutz ohnehin höhere Anforderungen stellen dürfen[26]. Was gilt jedoch für Umbaumaßnahmen bzw. beim Bauen im Bestand bei „normalen Objekten"?

23 BGH BauR 2005, 542 zu der Formulierung des Bauträgers, bei dem Objekt handele es sich „um einen vollständig und bis auf die Grundmauern sanierten Altbau"

24 Grundlegend dazu Pohlenz BauR 2013, 35

25 Jochem BauR 2007, 286

26 OLG München Urt. v. 19.5.2009 – 9 U 4198/08, rechtskräftig durch Beschluss des BGH v. 28.7.2011 – VII ZR 104/09

Das OLG Düsseldorf[27] hat dazu erklärt, bei **Baumaßnahmen im Bestand** komme es für die Beurteilung der Mangelfreiheit auf die Geltung der **allgemein anerkannten Regeln der Technik zum Zeitpunkt der Sanierung** an; in Ermangelung konkreter vertraglicher Abreden könne der Bauherr zur Erreichung eines geeigneten Trittschallschutzes erwarten, dass **im Rahmen des technisch Möglichen** die Maßnahmen angewandt würden, die erforderlich seien, um den Stand der anerkannten Regeln der Technik im Schallschutz zu erreichen, mit dem den sonst üblichen Komfortstandards genügt werde[28]. Dem wird man – so der entschiedene Fall - zustimmen können, wenn die Änderungsarbeiten im Bestand die für den Schallschutz wesentlichen Bauteile betreffen. Ist hingegen bei den für den Schallschutz wesentlichen Bauteilen überhaupt keine Änderung vorgesehen, fällt diese Schlussfolgerung schwer. Sache des Architekten ist es dann aber, den Bauherrn rechtzeitig darauf hinzuweisen, dass der Schallschutz insoweit hinter den heute üblichen Maßstäben zurückbleibt. Anderenfalls läuft er Gefahr, dass der Bauherr ihm später entgegenhält, bei sachgerechter Information hätte er natürlich auch diese Bauteile erneuern lassen.

3 Ergebnis

Beim Bauen im Bestand kommen auf den Planer besondere Pflichten, aber auch besondere Haftungsrisiken zu. Dass entgegen dem Regelungsmodell des gesetzlichen Werkvertragsrechts ganz wesentliche Vertragsleistungen erst nach Vertragsschluss im Einzelnen festgelegt werden können, liegt häufig in der Natur der Sache und ist gerade beim Planen und Bauen im Bestand unvermeidbar. Das Risiko lässt sich aber dadurch begrenzen, dass der Planer den Bauherrn schon vor bzw. bei Vertragsschluss auf die damit verbundenen Risiken deutlich hinweist und sich anschließend bemüht, möglichst frühzeitig zu verbindlichen Regelungen über die Eignung des Bestands und die insoweit offenen Fragen, das genaue Leistungsziel und die technische Ausführung zu kommen. Das alles muss sorgfältig dokumentiert werden. Diese Hinweise und Abreden sollten auch noch nach Jahren nachweisbar sein, wenn das Verhältnis der Parteien deutlich eingetrübt ist. Zu warnen ist vor allzu vollmundigen Erklärungen im Vorfeld über die Nutzbarkeit der vorhandenen Bausubstanz, das erreichbare Leistungsziel und vor allem zu dem erreichbaren wirtschaftlichen Erfolg. Hier werden nicht selten beim Bauherrn Erwartungen geweckt, die sich nicht erfüllen lassen. Als Planer lebt man zwar von seinen Planungsleistungen und nicht davon, dass man den Bauherrn mit seinen Bedenken in die Verzweiflung treibt. Gerade beim Planen und Bauen im Bestand kann es aber für den Planer überlebenswichtig sein, möglichst frühzeitig die Erwartungen des Bauherrn deutlich herabzuschrauben oder sogar ganz von dem Projekt abzuraten. Ich habe im Laufe der Jahre nicht wenige Planer erlebt, die auf diesen Gedanken leider erst im nachfolgenden Haftungsprozess gekommen sind. Da war es zu spät.

---

27 OLG Düsseldorf BauR 2010, 214; ähnlich OLG Stuttgart Urt. v. 28.9.2008 – 19 U 28/08, NZB zurückgewiesen durch BGH Beschl. v. 19.5.2011 – VII ZR 209/08

28 Dazu auch BGH Urt. v. 14.6.2007 – VII ZR 45/06, NJW 2007, 2983, 2984 und vom 4.6.2009 – VII ZR 54/07, BauR 2009, 1288 ff; OLG München Urt. v. 19.5.2009 – 9 U 4198/08, rechtskräftig durch BGH Beschl. v. 28.7.2011 – VII ZR 104/09; zum Schallschutz im Wohneigentum BGH Urt. v. 1.6.2012 – V ZR 195/11, BauR 2012, 1641; Schallschutz im Mietrecht BGH Urt. v. 6.10.2004 – VIII ZR 355/03, NJW 2005, 218 und 7.7.2010 – VIII ZR 85/09, BauR 2010, 1756 (Zeitpunkt der Errichtung des Gebäudes); Locher-Weiß, Schallschutz im Wohnbau – eine unendliche Geschichte, BauR 2010, 368

Günther Jansen

Seit 1975 als Richter überwiegend in Bausachen tätig; seit 1986 am OLG; seit 2000 Vorsitzender des 21. Zivilsenats-Bausenat; Geschäftsführendes Vorstandsmitglied des Deutschen Baugerichtstags; Mitherausgeber bzw. Mitautor verschiedener Kommentare; Verfasser zahlreicher Aufsätze.

Auswirkung der künftigen Energieeinsparverordnung auf das Bauen im Bestand

Prof. Dr.-Ing. Anton Maas, Universität Kassel

1 Novellierung der Energieeinsparverordnung

Im Februar 2013 wurde die Novelle der Energieeinsparverordnung vom Bundeskabinett verabschiedet und sie kann Mitte des Jahres im Bundesrat beschlossen werden. Das Inkrafttreten der neuen Verordnung ist für Anfang 2014 vorgesehen.

Für Neubauten werden Stufen von Niveauverbesserungen eingeführt, die eine Absenkung des max. zulässigen Jahres-Primärenergiebedarfs um jeweils 12,5 % vorsehen - einmal bei Inkrafttreten der Verordnung und einmal zum 1. Januar 2016. Diese Änderungen gelten für Wohn- und Nichtwohngebäude. Auch die Anforderungen an den Mindestwert des baulichen Wärmeschutzes (Nebenanforderungen) werden angehoben. Diese Veränderungen betreffen nicht das Bauen im Bestand, da beim Nachweis über eine Gesamtbilanzierung des Gebäudes die Anforderungen an das Neubauniveau der EnEV 2009 [1] (Referenzgebäude) gekoppelt sind.

Bei den bedingten Anforderungen im Gebäudebestand (erstmaliger Einbau, Ersatz, Erneuerung von Bauteilen) wurden keine Veränderungen am Anforderungsniveau vorgenommen. Neuerungen liegen bei der Formulierung der Anwendungsfälle vor.

Vor dem Hintergrund der erforderlichen Umsetzung der Richtlinie über die Gesamtenergieeffizienz von Gebäuden [2] (EPBD) gelten künftig eine Reihe neuer bzw. erweiterter Anforderungen bei der Ausstellung und im Umgang mit Energieausweisen.

2 Anforderungsmethodik der künftigen EnEV

Das mit der Energieeinsparverordnung 2009 eingeführte Referenzgebäudeverfahren ist auch in der kommenden Verordnung Ausgangspunkt für Anforderungsformulierungen bei Neubauten und Maßnahmen im Bestand. Während bei Neubauten, wie eingangs genannt, der Maximalwert des Jahres-Primärenergiebedarfs in 2014 um 12,5 % und in 2016 um 25 % unter den Anforderungen der EnEV 2009 liegen muss, basieren die Anforderungen bei Änderung, Erweiterung und Ausbau von Bestandsgebäuden fallweise auf der Einhaltung des Referenzgebäudeniveaus der EnEV 2009 (Bild 1) beziehungsweise auf der Einhaltung eines um 40 % höheren Maximalwertes.

Die Anforderungen an den spezifischen Transmissionswärmeverlust H'_T erfolgen bei neu zu errichtenden Wohngebäuden künftig über das sogenannte „Ankerwertverfahren". Der Maximalwert der Anforderungsgröße ergibt sich, wie der Maximalwert des Jahres-Primärenergiebedarfs, aus dem Referenzgebäude und gestaltet sich zeitlich gestaffelt wie folgt:

2014: $H'_{T\,max,2014} = 1{,}1 \cdot H'_{T\,Referenzgebäude}$
2016: $H'_{T\,max,2016} = 1{,}0 \cdot H'_{T\,Referenzgebäude}$

Der Maximalwert des spezifischen Transmissionswärmeverlusts folgt somit der Gebäudegeometrie und der Fensterflächenanteil bzw. die Fenstergröße wird zum „durchlaufenden Posten". Die Deckelung dieses Ansatzes erfolgt durch die Vorgabe, dass der Maximalwert von H'_T nicht größer sein darf als der Höchstwert nach EnEV 2009. Die Anforderungswerte nach Tabelle 1 haben somit auch künftig Bedeutung. Auch im Falle von Maßnahmen im Gebäudebestand wird auf die Anforderungswerte gemäß Tabelle 2 verwiesen. Im Falle der Nichtwohngebäude gelten hinsichtlich der Anforderungen an den maximalen Jahres-Primärenergiebedarf die gleichen Ansätze wie bei Wohngebäuden. Die Nebenanforderung wird bei Nichtwohngebäuden, wie bislang, über Maximalwerte mittlerer Wärmedurchgangskoeffizienten formuliert. Stufenweise gelten in 2014 und 2016 verschärfte Anforderungen.

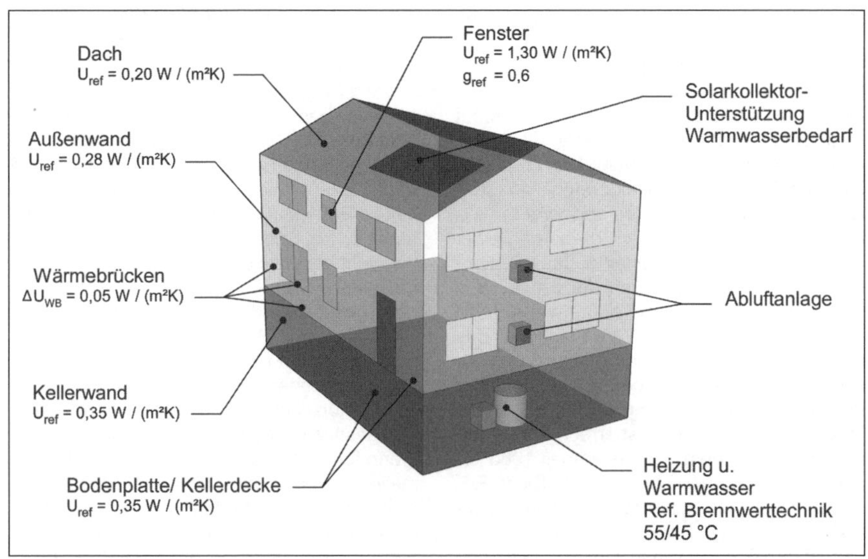

Bild 1: Referenzausführung für Wohngebäude gemäß EnEV 2009 und künftiger EnEV (schematische Darstellung der wesentlichen Komponenten)

Tabelle 1: Höchstwerte des spezifischen, auf die wärmeübertragende Umfassungsfläche bezogenen Transmissionswärmeverlusts gemäß EnEV 2009 und künftiger EnEV (Werte gemäß Kabinettfassung, Februar 2013)

Zeile	Gebäudetyp		Höchstwert des spezifischen Transmissionswärmeverlust
1	Freistehendes Wohngebäude	mit $A_N \leq 350$ m²	H'_T = 0,40 W/(m² · K)
		mit $A_N > 350$ m²	H'_T = 0,50 W/(m² · K)
2	Einseitig angebautes Wohngebäude (z. B. Reihenhaus)		H'_T = 0,45 W/(m² · K)
3	alle anderen Wohngebäude (z. B. Reihenmittelhaus)		H'_T = 0,65 W/(m² · K)
4	Erweiterungen und Ausbauten von Wohngebäuden gemäß § 9 Abs. 5		H'_T = 0,65 W/(m² · K)

3 Anforderungen der künftigen EnEV an den Gebäudebestand

Bei bestehenden Gebäuden sieht die EnEV

- Anforderungen bei baulichen Veränderungen des Gebäudes, einschließlich Erweiterung und Ausbau des thermisch konditionierten Gebäudebereichs,
- anlagentechnische und bauliche Nachrüstungsverpflichtungen sowie
- Maßnahmen zur Aufrechterhaltung der energetischen Qualität

vor. Während hinsichtlich der beiden letztgenannten Aspekte praktisch keine Veränderungen vorgesehen werden, ergeben sich für den erstgenannten Punkt einige Änderungen bzw. Präzisierungen.

3.1 Anforderungen im Falle der Änderung bestehender Gebäude

Bei Änderung bestehender Gebäude (z. B. Fensteraustausch, Dämmung der Außenwände) schreibt die EnEV energetische Mindestqualitäten für die von der Maßnahme betroffenen Bauteile vor. Diese Mindestqualitäten ergeben sich aus den Vorgaben in Anlage 3, Tabelle 1 der Verordnung.

Die Tabellenwerte gelten jeweils dann, wenn ein Bauteil ersetzt oder erstmalig eingebaut wird. Bei opaken Bauteilen greifen die Anforderungswerte ebenfalls, wenn Dämmschichten eingebaut oder Bekleidungen, Verschalungen oder Vorsatzschalen angebracht werden, wie dies z. B. bei der Erneuerung einer Dacheindeckung oder einer Außenwandverschalung der Fall ist. Auch die Erneuerung des Außenputzes einer Außenwand führt dazu, dass die betroffene Wandfläche auf das energetische Niveau gemäß Anlage 3 verbessert werden muss. Ausgenommen von der letztgenannten Regelung sind Wände, die unter Einhaltung energiesparrechtlicher Vorschriften nach dem 31. Dezember 1983 errichtet oder erneuert worden sind. Diese Regelung ersetzt die bisherige Formulierung, der Ausnahme von Fällen, bei dem der Ausgangsfall der Außenwand einen U-Wert von weniger als 0,9 W/(m^{2}K) aufweist. Mit dem Verweis auf das Datum der Errichtung oder Erneuerung soll der „Schwellenwert" auch für den Bauherrn einfacher nachvollziehbar sein.

Im Falle von Innendämmungen von Außenwänden werden in der künftigen EnEV keine Anforderungen mehr gestellt. Auch die Sonderregelungen für Außenwände in Sichtfachwerk sind nicht mehr aufgenommen.

In allen Fällen, bei denen die erforderlichen Wärmedurchgangskoeffizienten aus technischen Gründen nicht umsetzbar sind (z. B. Platzbegrenzung), muss künftig ein Dämmstoff mit einem Bemessungswert von λ = 0,035 W/(mK) statt des bisher vorgesehenen Wertes von λ = 0,04 W/(mK) eingebaut werden. Bei der Einbringung eines Einblasdämmstoffs in Hohlräume von obersten Geschossdecken gilt ein Bemessungswert von höchstens λ = 0,045 W/(mK).

Für alle Fälle der Anforderungen bei Änderung von Außenbauteilen sieht die künftige EnEV wie bislang eine Bagatellgrenze vor. Demnach greifen die Anforderungen nur, sofern mehr als 10 % des Bauteils (bezogen auf das gesamte Gebäude) betroffen sind. Es wird präzisiert, dass die Anforderungen nur für die Änderungsmaßnahmen gelten.

3.2 Anforderungen im Falle der Erweiterung/des Ausbaus bestehender Gebäude

Anforderungen stellt die EnEV ebenfalls, wenn ein bestehendes Gebäude um beheizte oder gekühlte Räume erweitert wird. Unter die entsprechende Regelung nach § 9 Absätze 4 und 5 fallen sowohl Anbauten an die bestehende Bausubstanz als auch Ausbauten innerhalb des Bestandsgebäudes, sofern bisher nicht beheizte oder gekühlte Räume, z. B. im Keller- oder Dachbereich zukünftig beheizt/gekühlt werden sollen.

Die bislang mit Blick auf den Ausbau innerhalb der schon bestehenden Gebäudesubstanz vorgesehene Bagatellgrenze von bis zu 15 m^2 Nutzfläche, für die keine Anforderungen gestellt werden, entfällt künftig.

Wenn für die Erweiterung neue Bauteile erstmalig errichtet werden sowie im Falle der Erweiterung von Gebäuden um bis zu 50 m^2 Nutzfläche, sind die Bauteile entsprechend den Anforderungen nach Anlage 3 der EnEV (s. Tabelle 2) auszuführen. Die Alternative einer gesamtenergetischen Betrachtung des bestehenden Gebäudes einschließlich der Erweiterung ist für diesen Fall in der künftigen EnEV neu aufgenommen. Hierbei gilt, wie bei Ersatz oder Austausch von Bauteilen, die „140 %-Regel" (ohne die Einbeziehung der Verschärfungen für Neubauten!).

Bei einer Erweiterung des Gebäudes um zusammenhängend mehr als 50 m^2 Nutzfläche gehen die Anforderungen der EnEV weiter. In diesem Falle müssen die betroffenen Außenbauteile so ausgeführt werden, „dass der neue Gebäudeteil die Vorschriften an zu errichtende Gebäude" einhält. Das bedeutet, dass für den neuen Gebäudeteil eine energetische Gesamtbetrachtung wie für einen eigenständigen Neubau erforderlich ist. Der Nachweis muss erbracht werden, dass der Jahres-Primärenergiebedarf den Maximalwert nicht überschreitet, der sich aus der Referenzausführung des Gebäudes ergibt; ebenso sind Maximalwerte des hüllflächenspezifischen Transmissionswärmeverlusts einzuhalten. Die Anforderungsverschärfungen für Neubauten gelten auch in diesem Fall nicht. Das bisherige Problem, dass mit der Bilanzierung des neuen Gebäudeteils auf Basis der Referenzanlagentechnik für den Neubau eine unbeabsichtigte Anforderungsverschärfung auftritt, wird künftig durch eine Neuregelung entschärft. Mit Bezug zu den Auslegungen in den DIBt-Mitteilungen Teil 14,

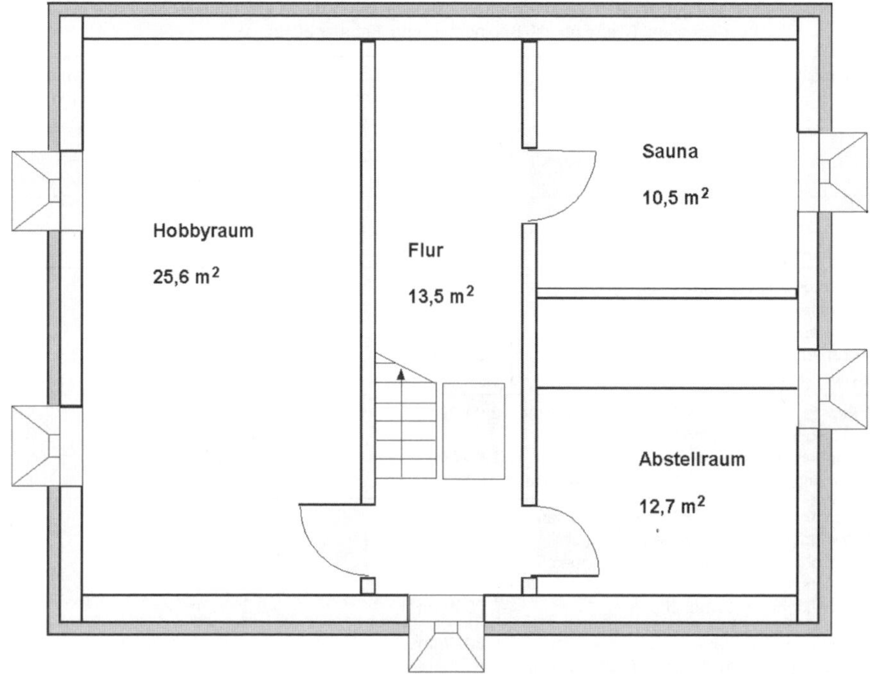

Bild 2: Kellergeschossgrundriss zur Erläuterung der Fallunterscheidung für eine Erweiterung im Gebäudebestand [3]

2011 dürfen gemäß Neufassung der EnEV die bestehende Anlagentechnik und die für den neuen Gebäudeteil vorgesehene Dichtheit der Gebäudehülle als „durchlaufende Posten" behandelt werden. Anforderungen und Kompensationsmöglichkeiten gelten somit im Wesentlichen für die Außenbauteile des neuen Gebäudeteils.

Die Fallunterscheidung für eine Erweiterung des beheizten Gebäudes innerhalb der bestehenden Bausubstanz soll am Beispiel eines bisher unbeheizten Kellergeschosses eines Wohngebäudes erläutert werden (Bild 2).

Die Anwendung des Paragraphen 5, Absätze 3 bis 5 würde in diesem Beispiel bei einem Ausbau des beheizten Gebäudebereichs um den als „Sauna" bezeichneten Raum nach EnEV 2009 keinerlei Anforderungen nach sich ziehen, da die Erweiterungsfläche unterhalb der Bagatellgrenze von 15 m^2 Nutzfläche liegt. Gemäß Neufassung der Energieeinsparverordnung besteht für diesen Raum ebenso wie für die Erweiterung um den als „Hobbyraum" gekennzeichneten Bereich, der eine Nutzfläche > 15 m^2 und < 50 m^2 aufweist, die Notwendigkeit, die umschließenden Bauteilflächen zum unbeheizten Bereich gemäß den Anforderungswerten Anlage 3 der EnEV (s. Tabelle 2) energetisch zu ertüchtigen. Die betroffenen Außenwände und die Trennwand zum Flur müssen nach der Ertüchtigung den Anforderungswert von 0,30 W/(m^2K) einhalten. Der Fußbodenaufbau ist auf einen U-Wert von 0,50 W/(m^2K) zu verbessern. Alternativ kann das gesamte Gebäude bilanziert werden und die an einen Neubau gestellten Anforderungen an Q_p und H'_T dürfen um insgesamt 40 % überschritten werden.

Falls das gesamte Kellergeschoss – mit einer Nutzfläche von > 50 m^2 – in den beheizten Gebäudebereich einbezogen werden soll, müssen die Außenbauteile so weit ertüchtigt werden, dass der neue Gebäudebereich (das Kellergeschoss) die an vergleichbare neue Gebäude gestellten Anforderungen erfüllt. Als Referenzanlagentechnik darf dabei die existierende Anlagentechnik des Gebäudes angesetzt werden.

Tabelle 2: Anforderungen an den Wärmedurchgangskoeffizienten der Außenbauteile bei Änderungen im Gebäudebestand (Werte gemäß Kabinettfassung, Februar 2013)

Bauteil	Wohngebäude und Zonen von Nichtwohngebäuden mit Innentemperaturen ≥19°C	Zonen von Nichtwohngebäuden mit Innentemperaturen von 12 bis < 19°C
	Höchstwerte der Wärmedurchgangskoeffizienten U_{max} [1)]	
1	2	3
Außenwände	0,24 W/(m²·K)	0,35 W/(m²·K)
Fenster, Fenstertüren Dachflächenfenster Verglasungen Vorhangfassaden Glasdächer	1,3 W/(m²·K) [2)] 1,4 W/(m²·K) [2)] 1,1 W/(m²·K) [3)] 1,5 W/(m²·K) [4)] 2,0 W/(m²·K) [3)]	1,9 W/(m²·K) [2)] 1,9 W/(m²·K) [2)] keine Anforderung 1,9 W/(m²·K) [4)] 2,7 W/(m²·K) [3)]
Fenster, Fenstertüren, Dachflächenfenster mit Sonderverglasungen Sonderverglasungen Vorhangfassaden mit Sonderverglasungen	2,0 W/(m²·K) [2)] 1,6 W/(m²·K) [3)] 2,3 W/(m²·K) [4)]	2,8 W/(m²·K) [2)] keine Anforderung 3,0 W/(m²·K) [4)]
Dachflächen einschließlich Dachgauben, Wände gegen unbeheizten Dachraum (einschließlich Abseitenwänden), oberste Geschossdecken Dachflächen mit Abdichtung	0,24 W/(m²·K) 0,20 W/(m²·K)	0,35 W/(m²·K) 0,35 W/(m²·K)
Wände gegen Erdreich oder unbeheizte Räume (mit Ausnahme von Dachräumen) sowie Decken nach unten gegen Erdreich oder unbeheizte Räume Fußbodenaufbauten Decken nach unten an Außenluft	0,30 W/(m²·K) 0,50 W/(m²·K) 0,24 W/(m²·K)	keine Anforderung keine Anforderung 0,35 W/(m²·K)

1) Wärmedurchgangskoeffizient des Bauteils unter Berücksichtigung der neuen und der vorhandenen Bauteilschichten; für die Berechnung der Bauteile nach den Zeilen 5a und b ist DIN V 4108-6:2003-06 Anhang E und für die Berechnung sonstiger opaker Bauteile ist DIN EN ISO 6946:2008-04 zu verwenden.

2) Bemessungswert des Wärmedurchgangskoeffizienten des Fensters; der Bemessungswert des Wärmedurchgangskoeffizienten des Fensters ist technischen Produkt-Spezifikationen zu entnehmen oder gemäß den nach den Landesbauordnungen bekannt gemachten energetischen Kennwerten für Bauprodukte zu bestimmen. Hierunter fallen insbesondere energetische Kennwerte aus Europäischen Technischen Bewertungen sowie energetische Kennwerte der Regelungen nach der Bauregelliste A Teil 1 und auf Grund von Festlegungen in allgemeinen bauaufsichtlichen Zulassungen.

3) Bemessungswert des Wärmedurchgangskoeffizienten der Verglasung; Fußnote 2 ist entsprechend anzuwenden.

4) Wärmedurchgangskoeffizient der Vorhangfassade; er ist nach DIN EN 13947:2007-07 zu ermitteln.

3.3 Energieausweise

Die Umsetzung der Anforderungen aus der EPBD bringt eine Reihe von Änderungen in der Gestaltung und in Inhalten sowie im Umgang mit Energieausweisen mit sich. Dies sind im Wesentlichen:

- Einführung der Pflicht zur Angabe energetischer Kennwerte in Immobilienanzeigen, insbesondere bei Verkauf und Vermietung; in Immobilienanzeigen für Wohngebäude erfolgt der Bezug der Energiekennwerte zukünftig auf die Wohnfläche und nicht auf die Gebäudenutzfläche
- Einführung der Pflicht zur Übergabe des Energieausweises an den Käufer oder neuen Mieter; Verdeutlichung der bestehenden Pflicht zur Vorlage des Energieausweises gegenüber potenziellen Käufern oder Mietern (Energieausweis muss bei der Besichtigung des Kauf- bzw. Mietobjekts vorgelegt werden)

- Einführung der Pflicht zum Aushang von Energieausweisen in bestimmten Gebäuden mit starkem Publikumsverkehr, der nicht auf einer behördlichen Nutzung beruht (z. B. Supermarkt, Bank, Kaufhaus, ...), wenn bereits ein Energieausweis vorliegt
- Erweiterung der bestehenden Pflicht zum Aushang von Energieausweisen in behördlich genutzten Gebäuden mit starkem Publikumsverkehr auf kleinere Gebäude
- Einführung eines unabhängigen Stichprobenkontrollsystems für Energieausweise und Berichte über die Inspektion von Klimaanlagen; der Vollzug obliegt den Ländern
- Stärkung der Aussagekraft der Energieausweise, u. a. Anpassung der farblichen Abstufung des Zahlenstrahls im Energieausweis und Angaben zum Einsatz erneuerbarer Energien

Als besonders bedeutsam ist zu sehen, dass Modernisierungsempfehlungen künftig Bestandteil des Energieausweises sind und nicht mehr lediglich eine Begleitinformation darstellen.

3.4 Modernisierungsempfehlungen als Bestandteil des Energieausweises

Der Energieausweis wird mit kurz gefassten Modernisierungsempfehlungen zur Verbesserung der energetischen Qualität des Bestandsgebäudes ergänzt. Es werden wesentliche Informationen zur empfohlenen baulichen oder anlagentechnischen Maßnahme abgebildet. Künftig erfolgt zudem eine Angabe darüber, ob die Maßnahme als Einzelmaßnahme oder in Zusammenhang mit einer größeren Modernisierung empfohlen wird, des Weiteren können Angaben zur geschätzten Amortisationszeit sowie geschätzten Kosten der eingesparten kWh Endenergie die Modernisierungsempfehlung ergänzen.

Hilfestellungen zur qualitativen und quantitativen Beurteilung von Einzelmaßnahmen oder Maßnahmenkombinationen sowie zur Abschätzung deren Wirtschaftlichkeit stehen bereits zur Verfügung. Für den Wohngebäudebereich wurde an der Technischen Universität München ein Maßnahmenkatalog mit prinzipiellen Modernisierungsempfehlungen zur Verbesserung der energetischen Qualität der Gebäudehülle entwickelt [4]. Auf Bauteilebene werden hier alle relevanten baukonstruktiven, bauphysikalischen und gestalterischen Aspekte von Modernisierungsmaßnahmen beleuchtet und zusätzlich auf ihre Wirtschaftlichkeit untersucht.

Besonders die Betrachtung von prinzipiellen Modernisierungsempfehlungen für Nichtwohngebäude gestaltet sich durch die große

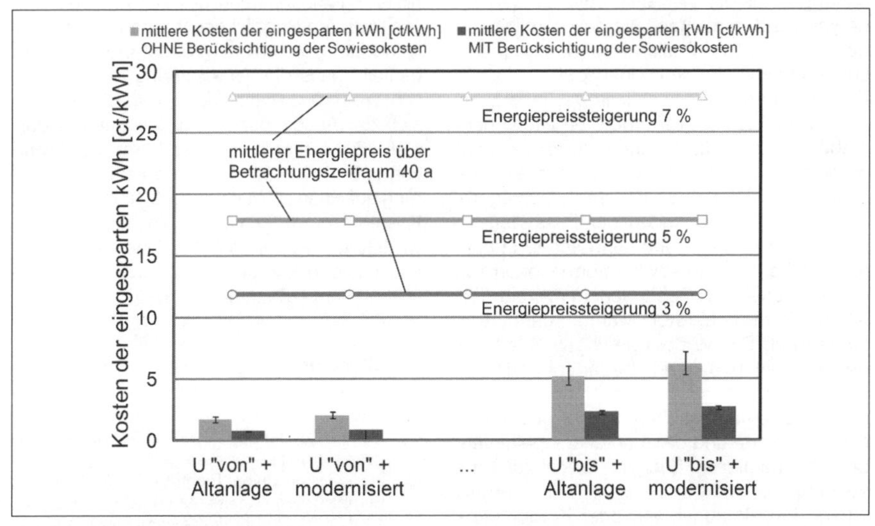

Bild 3: Wirtschaftlichkeitsbetrachtung der Modernisierungsmaßnahme „Wärmedämmverbundsystem" für die Nutzung Büro, Orientierung Ost/West, Fensterfläche f_W = 50 %; der Fehlerindikator zeigt die Variation von Orientierung und Fensterfläche. Rechenverfahren und Randbedingungen gemäß [5]

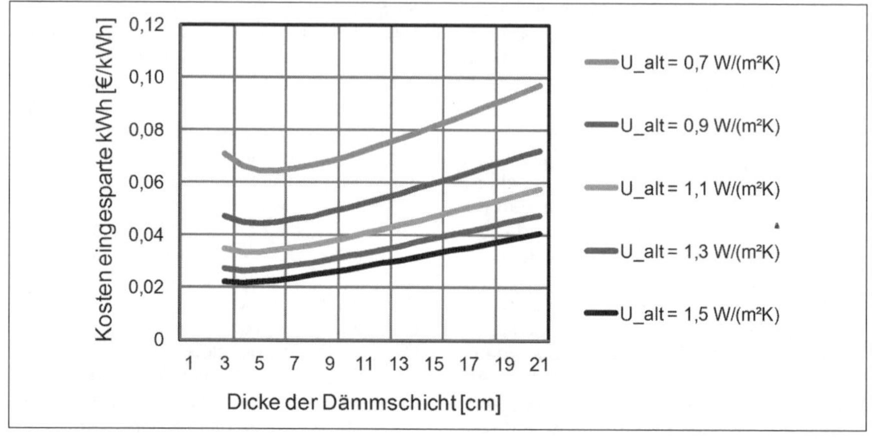

Bild 4: Kosten der eingesparten Kilowattstunde für eine Außenwanddämmung (WDVS) bei unterschiedlichen Ausgangsniveaus (Betrachtungszeitraum 25 a; Zinssatz 3,47 %; Berücksichtigung energiebedingter Mehrkosten; Wärmeleitfähigkeit des Dämmstoffs 0,035 W/(mK)). Rechenverfahren und Randbedingungen gemäß [6]

Inhomogenität des Bestands als äußerst komplex. Für diesen Sektor wurde im Rahmen eines Forschungsprojekts an der Universität Kassel ein Leitfaden entwickelt, der Hilfestellungen für die Erstellung von Modernisierungsempfehlungen zur fassadenbezogenen Sanierung von Nichtwohngebäuden bietet [5]. Aus der Vielzahl möglicher Gebäudetypen und -nutzungen wurden Bürogebäude, Schulen, Sporthallen und Hotels untersucht und im Leitfaden abgebildet.

Der Leitfaden ist in zwei Teile gegliedert. Im allgemeinen Teil des Leitfadens erhalten Energieberater und Planer einen Überblick über grundlegende Anforderungen an den Wärmeschutz im Winter und im Sommer, anlagentechnische Möglichkeiten der Fassadensanierung, feuchte-, brand- und schallschutztechnische Aspekte sowie Informationen zur Luftdichtigkeit von Gebäuden, der zweite Teil ist in Form konkreter Maßnahmenblätter strukturiert. Die Modernisierungsempfehlungen können u. a. beim bedarfsorientierten Energieausweis zur Beschreibung der bau- und anlagentechnischen sowie gestalterischen Aspekte und darüber hinaus beim verbrauchsorientierten Energieausweis zur Darstellung der möglichen Energieeinsparung infolge Einzelmaßnahmen oder Kombinationen solcher und deren Wirtschaftlichkeit herangezogen werden (Bild 3).

4 Wirtschaftlichkeit von baulichen Modernisierungsmaßnahmen

Auch wenn die EnEV keine Verschärfungen der Anforderungen im Gebäudebestand vorsieht, fallweise sogar bestehende Forderungen entfallen (Innendämmung), bedeutet dies im Umkehrschluss nicht, dass bauliche Modernisierungsmaßnahmen generell unwirtschaftlich sind. Am Beispiel der Maßnahme „Außenwanddämmung mit WDVS“ ist in Bild 4 dargestellt, dass die Verbesserung des Wärmeschutzes umso wirtschaftlicher ist, je schlechter sich der Ausgangszustand des Bauteils darstellt. Bei einem Ausgangs-U-Wert der Wand von z. B. 1,5 W/(m^{2}K) würde eine Verbesserung auf einen U-Wert von rd. 0,16 W/(m^{2}K) mit Kosten von rd. 0,04 € pro eingesparter Kilowattstunde verbunden sein. Damit ist bereits bei heutigen Energiepreisen eine Wirtschaftlichkeit der Maßnahme gegeben.

5 Literatur

[1] Verordnung zur Änderung der Energieeinsparverordnung, EnEV 2009. Nichtamtliche Lesefassung (zu der am 18. Juni 2008 von der Bundesregierung beschlossenen Fassung)

[2] Europäische Union: Richtlinie 2010/31/EU des Europäischen Parlaments und des Rates vom 19. Mai 2010 über die Gesamtenergieeffizienz von Gebäuden (EPBD). Amtsblatt der Europäischen Union, 53. Jahrgang, 18. Juni 2010, S. 13–35

[3] Maas, A. und Lüking, R.-M.: Energetische Bewertung von Bestandsgebäuden und Anforderungen im Rahmen der EnEV 2009 – Grundlagen und Anwendungen. In: Bauphysik-Kalender 2010. Hrsg.: N. A. Fouad. Ernst & Sohn Verlag Berlin (2010), S. 245–272

[4] Hauser, G.; Ettrich, M.; Hoppe, M.: Modernisierungsempfehlungen im Rahmen der Ausstellung eines Energieausweises. TU München, 2010

[5] Maas, A.; Höttges, K.; Kirchhof, W.; Klauß, S.; Krüger, N.: Leitfaden für abgestimmte Modernisierungsempfehlungen bei Nichtwohngebäuden unter besonderer Berücksichtigung der Fassade. Forschungsbericht SF – 10.08.18.7-11.12, BBSR, Universität Kassel, 2012

[6] Maas, A.; Erhorn, H.; Lüking, R.-M.; Oschatz, B. und Schiller, H.: In BMVBS (Hrsg.): Untersuchung zur weiteren Verschärfung der energetischen Anforderungen an Gebäude mit der EnEV 2012 – Anforderungsmethodik, Regelwerk und Wirtschaftlichkeit. BMVBS-Online-Publikation 05/2012

Prof. Dr.-Ing. Anton Maas

Seit 2007 Leiter des Fachgebiets Bauphysik an der Universität Kassel und seit 2008 Vorstandsvorsitzender des Zentrums für Umweltbewusstes Bauen e. V., Kassel; Stellvertretender Obmann des Normen-Gemeinschaftsausschusses „Energetische Bewertung von Gebäuden" und des Normen-Unterausschusses NABau „Wärmetransport"; Gutachter des Bauministeriums bei der Umsetzung der Wärmeschutzverordnung 1995 und der Energieeinsparverordnungen 2002, 2007, 2009 und 2012; Teilhaber eines Ingenieurbüros für Bauphysik.

Zerstörende Untersuchungen durch den Bausachverständigen – Resümee zu einem langjährigen Juristenstreit

Rechtsanwältin Katharina Bleutge, Justiziarin Institut für Sachverständigenwesen e. V. (IfS), Köln

Gerichtlich beauftragte Bausachverständige sehen sich in vielen Fällen damit konfrontiert, dass für die Beantwortung der Beweisfragen bei der Orts- und Objektsbesichtigung Bauteile zerstört, bzw. Konstruktionen geöffnet werden müssen oder das Objekt selbst in seine Bestandteile zerlegt werden muss. Insbesondere im Bereich der Ursachenerforschung von Schäden kommen Sachverständige ohne (zerstörende) Bauteilöffnungen häufig nicht aus.

Beispiele:
- Die Wand muss aufgeschlagen werden, um die Ursache eines Schimmelpilzbefalls zu ermitteln.
- Der Keller muss freigelegt werden, um die Ursache eines Feuchtigkeitsschadens zu ermitteln.
- Das Parkett muss aufgerissen werden, um den darunter liegenden Estrich zu untersuchen.
- Die Platten einer Terrasse müssen ausgegraben werden, um festzustellen, weshalb sie abgesackt sind oder kein Gefälle haben.

Ein Blick in die Rechtsprechung und Literatur zeigt: Das Thema Bauteilöffnung durch Sachverständige ist immer wieder und immer noch Gegenstand von tatsächlichen Fragen und rechtlichen Auseinandersetzungen.

Hierzu gibt es folgende Fragestellungen:
- Müssen (und dürfen) diese vorbereitenden Arbeiten vom Sachverständigen in eigener Person durchgeführt werden?
- Kann der Sachverständige diese Arbeiten durch seine Hilfskräfte oder selbständige Unternehmer unter seiner Aufsicht vornehmen lassen?
- Kann der Sachverständige verlangen, dass die beweisbelastete Partei diese Vorarbeiten durchführt?
- Kann der Sachverständige durch das Gericht angewiesen werden, diese Arbeiten selbst durchzuführen oder durch von ihm beauftragte Unternehmen durchführen zu lassen?
- Muss der Sachverständige den Berechtigten über die Risiken der beabsichtigten Bauteilöffnung aufklären und vor Beginn der Arbeiten dessen Einwilligung einholen?
- Muss der Sachverständige nach erfolgter Objektsbesichtigung den ursprünglichen Zustand wieder herstellen?
- Wie haftet der Sachverständige, wenn diese Arbeiten zu (weiteren) Schäden führen?
- Welche Besonderheiten gibt es bei der Vergütung?
- Kann der Sachverständige bei Verweigerung der Bauteilöffnung wegen Besorgnis der Befangenheit abgelehnt werden?

1 Verpflichtung zur und Pflichten bei der Bauteilöffnung/-schließung durch den Sachverständigen; Wiederherstellung des ursprünglichen Zustands

Die Rechtsprechung gibt zu der Frage, ob ein Sachverständiger gegen seinen Willen zur Bauteilöffnung und/oder -schließung angewiesen werden kann, teilweise unterschiedliche, teilweise gar keine Antworten. Insbesondere fehlt es bis heute an einer höchstrichterlichen Entscheidung, die Klarheit in diese Fragen bringt. Auch in der dazu veröffentlichten Fachliteratur sind die Antworten vielfältig und nicht immer übereinstimmend.
Um eine Pflicht des Sachverständigen zur Durchführung der zerstörenden Bauteil- oder Konstruktionsöffnung zu begründen, nehmen die Befürworter meist Bezug auf folgende Vorschrift:

§ 404a Abs. 1 ZPO
Das Gericht hat die Tätigkeit des Sachverständigen zu leiten und kann ihm für Art und Umfang dieser Tätigkeit Weisungen erteilen.

Um solche Anweisungen abzuwehren, kann sich der Sachverständige u. a. auf folgende gesetzliche Bestimmungen berufen, insbesondere, wenn er für solche Vorarbeiten nicht öffentlich bestellt ist und/oder ihm die dazu erforderlichen handwerklichen Fähigkeiten fehlen:

§ 407a Abs. 1 ZPO
Der Sachverständige hat unverzüglich zu prüfen, ob der Auftrag in sein Fachgebiet fällt und ohne Hinzuziehung weiterer Sachverständiger erledigt werden kann. Ist das nicht der Fall, so hat der Sachverständige das Gericht unverzüglich zu verständigen.

§ 407a Abs. 3 ZPO
Hat der Sachverständige Zweifel an Inhalt und Umfang des Auftrags, so hat er unverzüglich eine Klärung durch das Gericht herbeizuführen.

Hält der Sachverständige nach Studium des Beweisbeschlusses eine zerstörende Bauteilöffnung für notwendig, und will er diese nicht selbst vornehmen (lassen), sollte er bei Gericht anregen, dass die beweisbelastete Partei die dazu erforderlichen Arbeiten vornimmt. Lehnt das Gericht diese Bitte ab und weist den Sachverständigen an, die zerstörende Bauteilöffnung selbst vorzunehmen oder durch einen von ihm beauftragten Unternehmer vornehmen zu lassen, sollte der Sachverständige unter Hinweis auf die entsprechende Rechtsprechung die Unzulässigkeit dieser Anweisung geltend machen und den Beschluss des Gerichts abwarten. Es gibt allerdings auch Entscheidungen, die die Zulässigkeit einer solchen Anweisung bejahen.

Die Verpflichtung des Sachverständigen zur Bauteilöffnung und ein entsprechendes Weisungsrecht des Gerichts lehnen ab:
- LG Limburg, 30.05.2007 (Az.: 2 O 170/06), IfS-Informationen 1/2008, S. 11
- OLG Hamm, 18.10.2005 (Az.: 26 O 16/04), IBR 2007, S. 160
- OLG Naumburg 01.03.2005 (Az.: 10 W 10/05), juris § 16 ZuSEG, § 407a ZPO
- LG Schwerin, 04.10.2004 (Az.: 1 O 609/98), BauR 2005, S. 592
- OLG Frankfurt/M, 13.11.2003 (Az.: 15 W 87/03), IfS-Informationen 4/2004, S. 4
- OLG Rostock, 04.02.2002 (Az.: 7 W 100/01), IfS-Informationen 4/2004, S. 4
- OLG Bamberg, 09.01.2002 (Az.: 4 W 129/01), IfS-Informationen 4/2002, S.23

Die Verpflichtung des Sachverständigen zur Bauteilöffnung und ein entsprechendes Weisungsrecht des Gerichts bejahen:
- OLG Jena, 18.10.2006 (Az.: 7 W 302/06), IfS-Informationen 3/2007, S. 22
- OLG Stuttgart, 13.09.2005 (Az.: 3 W 43/05), IfS-Informationen 3/2007, S. 21
- OLG Celle, 08.02.2005 (Az.: 7 W 147/04), IfS-Informationen 5/2005, S. 5
- OLG Frankfurt/M, 26.02.1998 (Az.: 18 U 50/95), IfS-Informationen 4/1998, S. 28
- OLG Celle, 30.10.1997 (Az.: 4 U 197/95), IfS-Informationen 1/1999, S. 35

Bei der Schließung der vorgenommenen Öffnungs- oder Zerstörungsarbeiten, bzw. der Wiederherstellung des ursprünglichen Zustands, gelten vergleichbare Voraussetzungen wie bei der Thematik der Öffnung/Zerstörung. Zunächst ist festzustellen, dass sich auch hierbei unterschiedliche Auffassungen in Rechtsprechung und Literatur gegenüberstehen. Teilweise wird eine Pflicht und ein entsprechendes Weisungsrecht des Gerichts gegenüber dem Sachverständigen zur Wiederherstellung des ursprünglichen Zustands bejaht, teilweise abgelehnt. Will der Sachverständige den ursprünglichen Zustand nicht wieder herstellen und/oder hat er Zweifel an Art und Umfang der Schließungsarbeiten, sollte er eine entsprechende Weisung des Gerichts einholen. Entstehen durch seine Öffnungsarbeiten Gefahrenstellen, muss er diese in jedem Fall absichern (z. B. Baugruben) oder vor weiteren Schäden schützen (z. B. ein geöffnetes Dach gegen Regeneintritt sichern). Kommt der Sachverständige der Weisung des Gerichts nach oder fürchtet er kein Risiko, sollte er sich ausreichend gegen etwaige Risiken absichern.

Zur Risikoabsicherung gehört,
- dass er eine Öffnungsweise auswählt, die den geringsten Schaden verursacht.
- dass er die Erforderlichkeit einer jeden einzelnen Öffnung prüft.
- dass er die Möglichkeit und Aussagekraft einer stichprobenweisen Untersuchung in Erwägung zieht.
- dass er einen qualifizierten Fachbetrieb mit den erforderlichen Vorarbeiten beauftragt.
- dass er sich zuvor die schriftliche Einwilligung des Berechtigten (Eigentümers) zur zerstörenden Bauteilöffnung geben lässt.
- dass er sich durch eine vertragliche Zusicherung des Berechtigten (Eigentümers)

von der Haftung und der Pflicht zur Wiederherstellung des ursprünglichen Zustandes, soweit rechtlich zulässig, freistellen lässt (dazu ist der Berechtigte jedoch nicht verpflichtet).
- dass er prüft, ob dadurch entstehende Schäden durch seine Berufshaftpflichtversicherung abgedeckt sind.

Vor der Einholung der schriftlichen Einwilligung des Eigentümers/Berechtigten sollte der Sachverständige auf die entsprechenden Risiken aufmerksam machen, die insbesondere sein können:
- Beschädigung von bisher unversehrten Bauteilen (z. B. des Fußbodenbelags, um den darunter liegenden Estrich zu untersuchen)
- Kollateralschäden (z. B. Beschädigungen von Leitungen, wenn der Putz aufgeschlagen werden muss)
- Keine Wiederherstellung des ursprünglichen Zustands (z. B. nach Öffnen des Flachdachs, um die Ursache des Wasserschadens zu ermitteln).

Natürlich gehört auch zu dieser vorherigen Information, dass der Sachverständige die betroffene Partei über die Kosten informiert, die er ja bereits dem Gericht mitgeteilt hat, um seiner Pflicht aus § 407a Abs. 3 Satz 2 ZPO nachzukommen, das Gericht darauf hinzuweisen, wenn der im Beweisbeschluss ausgeworfene Kostenvorschuss nicht ausreicht, um die gesamten Kosten für das Gutachten einschließlich der Ortsbesichtigung und Bauteilöffnung abzudecken.
Übrigens ist es nicht zwingend Sache des Sachverständigen, selbst eine Zustimmung zur Bauteilöffnung von dem Berechtigten herbeizuführen. Dies ist vielmehr Sache der Partei, die mit dem Gutachten einen von ihr beantragten Beweis zu führen beabsichtigt. Die Partei hat deshalb zunächst selbst die Voraussetzungen für etwa erforderliche weitergehende Untersuchungen durch den Sachverständigen zu schaffen und - soweit dazu erforderlich - auch die Zustimmung des Berechtigten einzuholen (OLG Celle, 07.04.2009, Az.: 16 W 27/09, IfS-Informationen 2/2010, S. 12). Verweigert der Berechtigte die erforderliche Bauteilöffnung, kann das Gericht nach § 144 ZPO die Begutachtung durch Sachverständige anordnen. Es kann zu diesem Zweck einer Partei oder einem Dritten die Duldung der erforderlichen Maßnahmen – so auch eine Bauteilöffnung – aufgeben, sofern die Duldung nicht unzumutbar ist (OLG Stuttgart: Beschluss vom 11.01.2011 - 10 W 56/10, BauR 2011, S. 1531–1533).
Ob Sachverständige auch zur Bauteilschließung und zur Herstellung des ursprünglichen Zustands verpflichtet werden können, ist ebenfalls umstritten oder wird zum überwiegenden Teil gar nicht angesprochen. Bejaht wurde eine solche Verpflichtung und das Recht des Gerichts, den Sachverständigen hierzu anzuweisen, z. B. vom OLG Stuttgart (Entscheidung vom 13.09.2005, Az.: 3 W 43/05, IfS-Informationen 3/2007, S. 21) und vom OLG Celle (Entscheidung vom 30.10.1997, Az.: 4 U 197/95, IfS-Informationen 1/1999, S. 35).

2 Haftung

Wird ein Fachbetrieb mit den Öffnungsarbeiten beauftragt, haftet grundsätzlich dieser für die ordentliche Ausführung der erforderlichen Arbeiten. Der Sachverständige kann nur dann in Haftung genommen werden, wenn ihn ein so genanntes Auswahlverschulden trifft, wenn er also beispielsweise unerfahrene Schwarzarbeiter mit den Arbeiten beauftragt oder wenn er dem beauftragten Unternehmer oder Handwerker fehlerhafte Anweisungen gegeben hat. Lässt der Sachverständige jedoch die Arbeiten von seinen eigenen Angestellten erledigen, haftet er für alle durch einen Angestellten schuldhaft verursachten Schäden; der Entlastungsbeweis nach § 831 Abs. 1 S. 2 BGB (sorgfältige Auswahl und Anleitung) dürfte ihm kaum gelingen, ein Organisationsverschulden wird in diesem Fall immer gegeben sein.

3 Vergütung

Was die Vergütung angeht, gibt es grundsätzlich keine Probleme. Ob der Sachverständige nun seine eigenen Angestellten oder einen selbständigen Unternehmer mit den Vorarbeiten beauftragt, er kann die entsprechenden Kosten immer und in vollem Umfang nach § 12 Abs. 1 S. 2 Nr. 1 JVEG und § 12 Abs. 2 JVEG liquidieren. In beiden Fällen sind die beauftragten Personen notwendige Hilfskräfte des Sachverständigen. Eine Begrenzung der Stundensätze oder Pauschalen für Hilfskräfte schreibt das JVEG nicht vor. Zu beachten ist, dass der Sachverständige das Gericht darauf hinweisen muss, dass der eingeholte

Kostenvorschuss aufgrund der Durchführung der Öffnungsarbeiten voraussichtlich nicht ausreichen wird. Das Gericht muss dann einen weiteren Vorschuss einholen. Sachverständige sollten auf jeden Fall einen Vorschuss nach § 3 JVEG beantragen. Dieser Vorschuss ist dann zu bewilligen, wenn dem Berechtigten erhebliche Fahrtkosten oder sonstige Aufwendungen entstanden sind oder voraussichtlich entstehen werden oder wenn die zu erwartende Vergütung für bereits erbrachte Teilleistungen einen Betrag von 2.000 Euro übersteigt.

4 Besorgnis der Befangenheit

Die Nichtvornahme einer für die vollständige Beantwortung der Beweisfrage erforderlichen Bauteilöffnung durch den gerichtlichen Sachverständigen kann unter bestimmten Voraussetzungen auch zur Ablehnung wegen Besorgnis der Befangenheit führen. So auch in einem Fall, den das OLG Stuttgart am 28.02.2012 (Az.: 10 W 4/12) entschieden hat. Dort war der Sachverständige beauftragt worden, festzustellen, ob auf der Bodenplatte des Gebäudes eine horizontale Abdichtungsschicht, die den allgemein anerkannten Regeln der Technik entspricht, nicht vorhanden war, und ob dies auf einem Planungs- und/oder Bauüberwachungsfehler des Beklagten beruhte. Der Sachverständige stellte fest, dass kein Mangel vorliege, ohne dass er die hierfür erforderlichen Freilegungsarbeiten vornahm. Er stützte sich lediglich darauf, dass die Estrichfirma in den Aufmaßunterlagen im Untergeschoss als „Abdichtung" eine „Knauf-Katja-Dampfsperre" abgerechnet hatte. Damit – so das Gericht – erwecke seine Beantwortung den Eindruck, dass ein Mangel in der Ausführung nicht feststellbar sei mit der Folge, dass auch ein Planungs- oder Überwachungsfehler nicht in Betracht komme. Dieses Vorgehen sei geeignet, Zweifel an der Unvoreingenommenheit des Sachverständigen aufkommen zu lassen, denn der Sachverständige suggeriere ein Ergebnis der Begutachtung zu Lasten einer Partei, obwohl er, was er verschleiere, die erforderliche Beweiserhebung nicht vorgenommen habe. Die Besorgnis der Befangenheit ergebe sich auch aus der Bemerkung des Sachverständigen, dass es der beweisbelasteten Partei jederzeit freistehe, eine Öffnung der Fußböden nachträglich durchführen zu lassen. Hieraus werde deutlich, dass der Sachverständige seine Aufgabe zu Lasten der Klägerin verkenne. Gemäß dem Beweisbeschluss sei es Aufgabe des Sachverständigen gewesen, festzustellen, ob die behaupteten Mängel vorliegen oder nicht. Der Verweis auf eine nachträgliche sonstige Überprüfung gehe fehl. Hieraus vermittele sich für eine vernünftig denkende Partei, dass der Sachverständige zu der gebotenen objektiven Aufklärung eventueller Mängel nicht gewillt ist.

5 Checkliste Bauteil-/Konstruktionsöffnungen

a. Ist überhaupt eine zerstörende Bauteilöffnung erforderlich? Kann die Untersuchung des Objekts nicht auch ohne eine Bauteilöffnung fachlich beurteilt werden?
b. Hält der Sachverständige nach Studium des Beweisbeschlusses eine zerstörende Bauteilöffnung oder Konstruktionsöffnung für notwendig, sollte er bei Gericht anregen, von dort aus die beweisbelastete Partei zu bitten, die dazu erforderlichen Arbeiten selbst oder durch einen von ihr zu bestellenden Fachbetrieb vorzunehmen. Diese Anregung kann auch dahin gehen, dass dem Sachverständigen erlaubt wird, in seiner Ladung zur Ortsbesichtigung die beweisbelastete Partei zur Erledigung der notwendigen Vorarbeiten aufzufordern. Sinnvoll ist es, dass die Öffnungsarbeiten im Beisein des Sachverständigen vorgenommen werden.
c. Weist das Gericht den Sachverständigen gegen seinen Willen ausdrücklich an, die zerstörende Bauteilöffnung oder Konstruktionsöffnung selbst vorzunehmen oder durch einen von ihm beauftragten Unternehmer vornehmen zu lassen, kann der Sachverständige unter Hinweis auf einen Teil der Rechtsprechung die Unzulässigkeit dieser Anweisung geltend machen und den Beschluss des Gerichts abwarten. Hilfsweise kann er die Entpflichtung von seinem Auftrag beantragen mit der Begründung, dass handwerkliche Vor- oder Nacharbeiten nicht von seiner öffentlichen Bestellung umfasst werden. Diese Begründung gilt natürlich nicht für solche Sachgebiete, die dem Handwerk des betreffenden Sachverständigen zuzurechnen sind.
d. Will der Sachverständige den ursprünglichen Zustand nicht wieder herstellen oder hat er Zweifel an Art und Umfang der Schließungsarbeiten, sollte er eine entsprechende

Weisung des Gerichts einholen. Entstehen durch seine Öffnungsarbeiten Gefahrenstellen, muss er diese in jedem Fall absichern.

e. Kommt der Sachverständige der Weisung des Gerichts nach, sollte er sich so weit wie möglich gegen etwaige Risiken absichern. Dazu gehört,
   - dass er prüft, ob der bei Gericht eingezahlte Kostenvorschuss ausreicht, die gesamten Kosten, insbesondere die Kosten der Ortsbesichtigung und der damit zusammenhängenden Bauteilöffnung und -schließung abzudecken (wenn das nicht der Fall ist, muss er vor Beginn der Arbeiten das Gericht darauf hinweisen und den erforderlichen Mehrbetrag beziffern).
   - dass er vor allem prüft, ob die infrage kommende Prozesspartei kraft Eigentums oder anderer Berechtigung überhaupt berechtigt ist, der zerstörenden Bauteilöffnung zuzustimmen (es kann durchaus vorkommen, dass die zu begutachtende Sache gar nicht im Eigentum der klagenden oder beklagten Prozesspartei steht).
   - dass er einen qualifizierten Fachbetrieb mit den erforderlichen Vorarbeiten beauftragt und notwendige Anweisungen gibt.
   - dass er prüft, ob durch die Bauteilöffnung oder deren Schließung entstehende Schäden durch seine Berufshaftpflichtversicherung abgedeckt sind.
   - dass er sich die schriftliche Einwilligung des Berechtigten (z. B. Eigentümers) zur zerstörenden Bauteilöffnung geben lässt.
   - dass er sich durch eine vertragliche Zusicherung des Berechtigten (z. B. Eigentümers) von der Haftung und der Pflicht zur Wiederherstellung des ursprünglichen Zustandes, soweit rechtlich zulässig, freistellen lässt.

f. Grundsätzlich haftet der zugezogene Fachbetrieb für die ordentliche Ausführung der erforderlichen Arbeiten. Der Sachverständige kann in diesem Fall nur dann in Haftung genommen werden, wenn ihn ein sogenanntes Auswahlverschulden trifft (§ 831 BGB), wenn er also beispielsweise unerfahrene Schwarzarbeiter mit den Arbeiten beauftragt hat. Erledigt der Sachverständige die erforderlichen Arbeiten selbst oder lässt der Sachverständige die Arbeiten von seinen eigenen Angestellten erledigen, haftet er für alle durch einen Angestellten schuldhaft verursachten Schäden.

g. Was die Vergütung für die Öffnung und Schließung der Bauteile angeht, dürfte es theoretisch keine Probleme geben. Ob der Sachverständige nun seine eigenen Angestellten oder einen selbständigen Unternehmer mit den Vorarbeiten beauftragt, er kann die entsprechenden Kosten immer und in vollem Umfang nach § 12 Abs. 1 S. 2 Nr. 1 JVEG und § 12 Abs. 2 JVEG liquidieren. In beiden Fällen sind die beauftragten Personen notwendige Hilfskräfte des Sachverständigen. Eine Begrenzung der Stundensätze oder Pauschalen für Hilfskräfte schreibt das JVEG nicht vor.

h. Stellt der Sachverständige fest, dass er mit dem von der kostenpflichtigen Partei eingezahlten Betrag wegen der Durchführung der Ortsbesichtigung nicht auskommt, muss er unbedingt vor den erforderlichen Arbeiten das Gericht informieren, den zusätzlichen Betrag spezifizieren und dessen Entscheidung abwarten.

i. Da Ortsbesichtigungen, insbesondere wenn aufwändige Vorarbeiten zu leisten sind, teuer werden können, sollte sich der Sachverständige nach § 3 JVEG einen entsprechenden Vorschuss auszahlen lassen. Er muss nicht alles selbst vorfinanzieren.

6 Resümee

Auch wenn es etwas ruhiger um dieses Thema geworden ist: Der (Juristen-) Streit um die Verpflichtung des gerichtlichen Sachverständigen zur Vornahme von Bauteilöffnungen hat sich noch nicht erledigt, insbesondere da eine höchstrichterliche Entscheidung noch aussteht. Es bleibt also weiterhin bei der unbefriedigenden Situation, dass es hierzu unterschiedliche Rechtsprechung gibt. Zwar hat sich auch der Deutsche Baugerichtstag bereits 2008 dafür ausgesprochen, in die Zivilprozessordnung eine Ergänzung aufzunehmen, dass der Sachverständige nicht verpflichtet ist, Eingriffe in Sachen selbst oder durch Dritte vorzunehmen. Allerdings hat diese Empfehlung bis heute (noch) keine Umsetzung erfahren, sodass auch der Gesetzgeber bisher keine Klarstellung herbeigeführt hat. Auch die weitere Empfehlung des Deutschen Baugerichtstages, in § 839a Abs. 2 BGB (Haftung des gerichtlichen Sachverständigen) einzufügen, dass sich die Haftung des Sachverständigen bei einem erforderlichen und berechtigten Eingriff in eine Sache für entstehende Schäden an der Sache auf Vor-

satz oder grobe Fahrlässigkeit beschränkt, hat sich noch nicht niedergeschlagen.
Für Sachverständige birgt die Bauteil-/und Konstruktionsöffnung vielfältige Risiken, zumindest aber ist sie mit viel Aufwand und ggf. einigen Ärgernissen verbunden; sei es, weil weitere Schäden entstehen und sich der Sachverständige mit Schadensersatzforderungen auseinandersetzen muss oder auch aufgrund vergütungsrechtlicher Fragen.
Wer sich die Öffnungsarbeiten selbst zutraut und die Risiken nicht scheut, darf erforderliche Bauteilöffnungen vornehmen (lassen), wenn der Berechtigte einwilligt. Sind die Öffnungsarbeiten bereits Teil der Begutachtung, gehören diese Arbeiten zu den Pflichten des beauftragten Sachverständigen. Lehnt der Sachverständige – aus guten Gründen – die eigenständige Bauteilöffnung ab, wird er durch die überwiegende Rechtsprechung zu diesem Thema hierin unterstützt. Nimmt daraufhin die beweisbelastete Partei die Öffnungsarbeiten vor, sollte dies grundsätzlich im Beisein des Sachverständigen geschehen. Wird der Sachverständige gegen seinen Willen gerichtlich angewiesen, die Bauteilöffnung selbst vorzunehmen, muss er dieser Anweisung Folge leisten. Dann sollte er sich so weit wie möglich gegen eventuelle Risiken absichern und seinen versicherungsrechtlichen Status prüfen.

7 Rechtsprechungsübersicht zu zerstörenden Bauteil- und Konstruktionsöffnungen

(vergl. dazu auch die Rechtsprechungsübersicht in den IfS-Informationen 5/2008, S. 23)

OLG Celle, 30.10.1997 (Az.: 4 U 197/95), juris § 404a Abs. 1 ZPO

1. Hat ein gerichtlich bestellter Sachverständiger anlässlich der Begutachtung eines Hausgrundstücks das Fundament des Hauses teilweise freigelegt, ohne anschließend diesen Bereich wieder zu verfüllen, ist ein deshalb gestellter Antrag der betroffenen Partei (des Grundstückseigentümers), den Sachverständigen anzuweisen, für die Beseitigung der anlässlich seiner Untersuchung angerichteten Schäden (Erdloch) Sorge zu tragen, begründet.
2. Dies folgt aus § 404a ZPO. Diese Vorschrift enthält eine umfassende Weisungsbefugnis des Gerichts gegenüber dem Sachverständigen, der prozessual sein weisungsgebundener Gehilfe ist. Je nach Sachlage kann es Aufgabe des Sachverständigen sein, den zu begutachtenden Gegenstand durch Öffnen einer behaupteten Schadenstelle in einen äußeren Zustand zu versetzen, der ihm eine Begutachtung in der ihm als geboten erscheinenden Weise ermöglicht. Im Zuge derselben Maßnahme, nämlich der jeweiligen Begutachtung, sind möglichst umgehend die Folgen dieses Eingriffs wieder zu beheben. Kommt der Sachverständige dieser Verpflichtung nicht bereits aufgrund eigener Entscheidung nach, hat das Gericht diese Maßnahme zu veranlassen, da es die Art und Weise der Beweiserhebung und damit die Art des Eingriffs in das Eigentum der Partei bestimmt hat.

OLG Bamberg, 9.2.2002, juris § 404 a ZPO

1. Das Gericht ist grundsätzlich nicht verpflichtet, den Sachverständigen gegen dessen Willen die zur Herstellung von Bauteilöffnungen erforderlichen Werkverträge abzuschließen.
2. Soweit Bauteilöffnungen zum Zweck der Begutachtung durch den Sachverständigen vom Beweisführer durchgeführt werden können, ist eine entsprechende Weisung auch nicht im Sinne der ZPO § 404a Abs. 4 erforderlich.

OLG Rostock, 4.2.2002, BauR 2003, S. 757 = IfS-Informationen 4/2004, S. 4; juris § 404a ZPO

1. Kann die Beweisfrage vom Gerichtsgutachter nur durch zerstörende Öffnungs- und Freilegungsarbeiten (hier: Freischachtung eines Kellers) beantwortet werden, ist der Sachverständige nicht gehalten, solche Arbeiten selbst auszuführen.
2. Er ist außerdem weder zur Beauftragung externer Hilfskräfte oder Unternehmer verpflichtet, noch kann er dazu durch eine Weisung des Gerichts gezwungen werden.
3. Es obliegt vielmehr dem Beweisführer, die für die Begutachtung erforderlichen Vorarbeiten zu beauftragen. Das gilt jedenfalls dann, wenn das zu begutachtende Objekt im Eigentum der beweisführenden Partei steht.

OLG Frankfurt, 13.11.2003, OLGR 2004, 145 = BauRB 2004, S. 176 = IfS-Informationen 4/2004, S. 4 = juris § 404a ZPO

1. Zu den Pflichten des gerichtlich bestellten Sachverständigen gehört grundsätzlich

nicht auch eine Bauteilöffnung (hier: Vornahme von Kernbohrungen in Wände).
2. Anderes kann nur gelten, wenn gerade hierbei, nämlich im Rahmen der handwerklichen Tätigkeit zur Öffnung von Bauteilen, die zu treffenden Feststellungen für seine Gutachtertätigkeit unmittelbar von Bedeutung sind.
3. Selbstverständlich verbietet es § 407a Abs. 2 ZPO nicht, Handwerker von sich aus zur Bauteilöffnung einzusetzen, sie zu vergüten und das Risiko einer Durchsetzung etwaiger Haftungsansprüche gegen sie im Rahmen der Ausführung seines Gutachtenauftrags zu übernehmen. Umgekehrt kann aber aus dieser Vorschrift keineswegs abgeleitet werden, der Sachverständige sei hierzu verpflichtet.
4. Die Bauteilöffnung kann dem Sachverständigen jedenfalls gegen seinen Willen, auch nicht im Rahmen der gerichtlichen Leitung der Sachverständigentätigkeit, nach § 407a ZPO aufgegeben werden.

LG Schwerin, 4.10.2004, BauR 2005, S. 592 = juris § 356 ZPO

1. Ist es für die Erstellung des Sachverständigengutachtens über das Vorhandensein von Mängeln erforderlich, das Bauwerk zu öffnen, obliegt es grundsätzlich dem beweisführenden Eigentümer, diese für die Begutachtung erforderlichen Vorarbeiten vornehmen zu lassen.
2. Der Sachverständige ist nicht verpflichtet, diese Vorarbeiten selbst vorzunehmen bzw. vornehmen zu lassen und kann auch nicht durch das Gericht hierzu angewiesen werden.
3. Ist der Sachverständige nur unter der Bedingung, von etwaigen Gewährleistungsansprüchen freigestellt zu werden, zur Vornahme dieser Vorarbeiten bereit, hat der Beweisführer die Wahl, diese Bedingungen zu erfüllen oder selbst einen Handwerker zu beauftragen. Hierfür kann ihm eine Beibringungsfrist gemäß § 356 ZPO gesetzt werden.

LG Limburg, 12.5.2005, BauR 2005, S. 1670 = juris § 404a ZPO

1. Lehnt der Sachverständige die Freilegung von Bauteilen ab und weigert sich auch, eine Hilfsperson damit zu beauftragen, so kann das Gericht ihm gegen seinen Willen keine entsprechende Weisung nach § 404a ZPO erteilen.
2. Es ist dann Aufgabe der Antragsteller, die notwendigen Vorbereitungen für die von ihnen beantragte Begutachtung zu treffen.

OLG Sachsen-Anhalt, 1.3.2005, OLGR Naumburg 2006, 75 = BauR 2005, S. 1686

Eine schuldhafte Herbeiführung der Unverwertbarkeit eines Sachverständigengutachtens durch den Sachverständigen kann nicht angenommen werden, wenn eine angeordnete Begutachtung letztlich daran scheitert, dass die beweisbelastete Partei nicht für die erforderliche Baufreiheit Sorge trägt.

OLG Celle, 8.2.2005, BauR 2005, S. 1358 = IfS-Informationen 5/2005, S. 5 = juris ZPO § 404a = Der Bausachverständige 3/2005, S. 58

Der vom Gericht bestellte Sachverständige hat die Pflicht, notwendige bauteilzerstörende Eingriffe in das zu untersuchende Objekt selbst vorzunehmen oder durch eine Hilfskraft vornehmen zu lassen.

OLG Stuttgart 13.9.2005, IfS-Informationen 3/2007, S. 21 = juris § 404a ZPO = Der Sachverständige 2007, S. 112

Hat der Sachverständige zwecks Erstattung eines gerichtlichen Gutachtens einen Motor zerlegt, ohne diesen wieder zusammenzufügen, hat das Gericht den Sachverständigen entsprechend anzuweisen.

OLG Hamm, 18.10.2005, juris § 404a ZPO

1. Grundsätzlich hat die beweispflichtige Partei für die zur Begutachtung nötige Baufreiheit zu sorgen, also dafür, dass die Untersuchung eines unzulänglichen Bauteils möglich ist.
2. Die gerichtliche Anweisung an den Sachverständigen, er solle diese Prüföffnungen schaffen und verschließen, ist unzulässig.

OLG Jena, 18.10.2006, IfS-Informationen 3/2007, S. 22, juris § 404a ZPO

1. Der Sachverständige hat dafür zu sorgen, dass die tatsächlichen Voraussetzungen für die Erledigung seines Gutachtenauftrags geschaffen werden.
2. Er muss diese Vorbereitungsarbeiten nicht in eigener Person vornehmen, sondern es bleibt seinem Organisationsvermögen überlassen, wie er im Rahmen seiner Befugnisse seinen Auftrag erfüllt und – falls erforderlich – die hierzu erforderlichen Voraussetzungen schafft.

3. Er kann die Vorbereitungsarbeiten durch die Partei selbst ausführen lassen, er kann sie selbst übernehmen oder er kann sie an Dritte vergeben.

LG Limburg, 30.5.2007, IfS-Informationen 1/2008, S. 11 = juris § 404a ZPO = BauR 2007, S. 1779
Gegen den Willen des Sachverständigen kann dem Sachverständigen nicht gerichtlich aufgegeben werden, Bauteile selbst zu öffnen. Die Bauteilöffnung stellt lediglich eine handwerkliche Vorbereitungstätigkeit für die von dem Sachverständigen vorzunehmende Begutachtung dar.

LG Kiel, 30.1.2009, juris § 407a ZPO
Ein gerichtlich bestellter Sachverständiger ist nicht verpflichtet, auf Weisung des Gerichts Bauteilöffnungen vorzunehmen.

OLG Celle, 7.4.2009, IfS-Informationen 2/2010, S. 12 = Der Sachverständige 2009, S. 318 = juris § 404a ZPO
Es ist Sache des Beweisführers, nicht des beauftragten Sachverständigen, die Voraussetzungen (hier: Zustimmung) für eine etwa erforderliche Bauteilöffnung durch den Sachverständigen zu schaffen.

8 Literatur zur zerstörenden Bauteil- und Konstruktionsöffnungen

Die nachstehende Literaturübersicht zeigt, welche Problemfelder sich zu diesem Thema auftun und wie unterschiedlich sie von den einzelnen Autoren kommentiert werden. Hier ist der Gesetzgeber gefragt. Rechtssicherheit und klare Handlungsanweisungen an den Gerichtssachverständigen sind die Gebote der Stunde.

[1] Bleutge, Katharina: Bauteilöffnung durch Sachverständige – Eine unendliche Geschichte? IfS-Informationen 2008, Heft 5, S. 23

[2] Bleutge, Peter: Muss Gerichtssachverständiger bauteilzerstörende Untersuchungen veranlassen? IfS-Informationen 5/2005, S. 5

[3] Böckermann, Bernhard: Die Öffnung von Bauteilen im Beweisverfahren. Bau-Rechts-Berater 2005, S. 373 = IfS-Informationen 1/2006, S. 4

[4] Dötsch, Wolfgang: Richterliche Weisungen an Sachverständige zur Vornahme von Bauteilöffnungen. Der Sachverständige 2008, S. 20

[5] Dötsch, Wolfgang: Bauteilöffnung durch gerichtliche Sachverständige. NZBau 2008, S. 217

[6] Henkel, Andreas: Die Öffnung und Schließung von Bauteilen im Rahmen der Begutachtung durch den gerichtlichen Sachverständigen im Zivilprozess. BauR 2003, S. 1650

[7] Jagenburg, Inge; Baldringer, Sebastian: Haftungsprobleme und Haftungsausschluss bei der Bauteilöffnung durch Sachverständige. ZfBR 2009, S. 413

[8] Keldungs, Karl-Heinz: Probleme im Zusammenhang mit Bauteilöffnungen durch den Sachverständigen. In: Kapellmann/Vygen, Jahrbuch Baurecht 2009, Wolter/Kluwer, Köln, 2009, S. 217

[9] Kainz, Dieter: Pflicht zur Bauteilöffnung durch Sachverständige bleibt umstritten. IfS-Informationen 2/2006, S. 10

[10] Kamphausen, Peter-Andreas: Zur Frage der fehlenden Weisungsbefugnis des Gerichts gegenüber dem Bausachverständigen zur Vornahme von Öffnungsarbeiten und Freilegungsarbeiten. BauR 2003, S. 759

[11] Lehmann, Dr. Felix: Bauteilöffnung durch gerichtliche Sachverständige – Eine Darstellung aus richterlicher Perspektive. Der Kfz-Sachverständige 4/2009, S. 23, 5/2009, S. 30, 6/2009, S. 18, 1/2010, S. 24

[12] Motzke, Gerd: Die zerstörende Prüfung durch den Gerichtssachverständigen – Näheres zur Aufgabe des Sachverständigen und zur Befugnislage des Gerichts. BIS 2000, S. 38 und 87

[13] Nittner, Gunthart: Verantwortlichkeit des Sachverständigen für notwendige Beschädigungen im Rahmen der Durchführung der Begutachtung. BauR 1998, S. 1053

[14] Siebert, Bernd: Keine Pflicht des Gerichtssachverständigen zur Durchführung von Bauteilöffnungen. Juris Praxis-Report § 407 ZPO

[15] Staudt, Michael: Aktuelles zum Thema Bauteilöffnung: Der Bausachverständige 2/2008, S. 57

[16] Ulrich, Jürgen; Zielbauer, Jochen: Tatsachenfeststellung durch den gerichtlichen Sachverständigen – Ortstermin des Sachverständigen – Substanzeingriffe. Der Sachverständige 2008, S. 12

[17] Vogel, Achim: Muss Gerichtssachverständiger Bauteilöffnungen selbst vornehmen? IBR 2004, S. 442

[18] Volze, Harald: Der fehlende Versicherungsschutz bei Bauteilöffnungen. Der Sachverständige 2008, S. 24

[19] Volze, Harald: Neues Urteil zur Bauteilöffnung. Der Sachverständige 2002, S. 190

Katharina Bleutge
Seit 2004 Justiziarin und Leiterin Kommunikation beim Institut für Sachverständigenwesen e. V. (IfS); Betreuung der Redaktion der Sachverständigenzeitschrift „IfS-Informationen" und der IfS-Publikationen; Juristische Beratung des IfS und seiner Mitglieder in allen Fragen im Bereich des Sachverständigenwesens; Tätigkeit im Bereich des europäischen Sachverständigenwesens und Beteiligung an der Durchführung internationaler Studien; Referentin und Autorin zahlreicher Artikel in Fachzeitschriften.

Risiken bei der Bestandsbeurteilung: Zum notwendigen Umfang von Voruntersuchungen

Dipl.-Ing. Matthias Zöller, AIBAU, Aachen

1 Anlass und Notwendigkeit von Untersuchungen des Bestands

Viele technische Regeln befassen sich ausschließlich mit der Planung und der Ausführung von Neubauleistungen. Wird aber Bestehendes instand gesetzt, verändert oder erweitert, stellt sich die Frage, wo und in welchem Umfang bestehende Konstruktionen untersucht werden müssen. Auch für die Beurteilung zur Bewertung von Mängeln oder zur Feststellung von Schadensursachen sind ausreichende Kenntnisse der Bausubstanz erforderlich.

Bei unzureichenden oder gar fehlenden Voruntersuchungen des Bestands sind Überraschungen während der Ausführung nicht zu vermeiden. Wird z. B. eine Flachdachabdichtung auf eine in nicht einsehbaren Bereichen stark geschädigte Decke aufgebracht, die anschließend umfassend instand gesetzt werden muss, sind die Mehraufwendungen gegenüber denen, die bei rechtzeitiger Kenntnis angefallen wären, auf die unterlassene Voruntersuchung und damit auf eine fehlerhafte Planungsleistung zurückzuführen. Wann aber ist ein Sachverhalt als Planungsgrundlage hinreichend zuverlässig geklärt? Wie weit müssen Untersuchungen des Bestands gehen? Wie umfangreich müssen Untersuchungen als Grundlage zur Erstattung von Gutachten betrieben werden, um ausreichende Kenntnisse über den Bestand zu erhalten, ohne einen unnötig hohen oder gar unnützen Aufwand zu betreiben?

DIN 18531-4 [1], die Norm für Dachinstandsetzung, beschreibt Grundsätze für Instandsetzungen, die nicht nur für Dächer gelten, sondern verallgemeinert werden können: *Wertverbessernde Zielsetzungen, wie die Erhöhung des Qualitätsniveaus, der Wirtschaftlichkeit, des Wärme- oder Schallschutzes oder die Berücksichtigung ökologischer Gesichtspunkte sind bereits vor Beginn der Voruntersuchungen festzulegen,* um Zielrichtung, Umfang und Tiefe der Untersuchungen festlegen zu können. Ist das Ziel einer Instandsetzung eine lediglich auf kurzfristige Reststandzeit abgestimmte Reparatur, ist das zu vereinbaren. Dann können ggf. Voruntersuchungen eingeschränkt werden oder ganz entfallen.

Auch bei Abbruch oder umfassenden Modernisierungen können Voruntersuchungen erforderlich werden, um Kenntnis über eventuelle Schadstoffe und deswegen erforderliche besondere Maßnahmen bei Abbruch und Entsorgung planen zu können.

2 Untersuchungsmethoden

2.1 Nicht eingreifende Untersuchungen

2.1.1 Auswertung von Unterlagen

Erkenntnisse können durch die Auswertung von Unterlagen, wie Pläne, Protokolle, vorliegende Laborergebnisse sowie von Aussagen der Beteiligten gewonnen werden.

2.1.2 Feststellungen an Bauteiloberflächen

An Bauteiloberflächen können Feststellungen ohne zerstörende Öffnungen getroffen werden. Dazu zählen z. B.:

- Feststellungen von Abmessungen
- an der Bauteiloberfläche zu sehende Erscheinungen, wie Ausblühungen, Risse, Ausbrüche, Blasenbildungen oder Hohlstellen an Oberflächen, Belägen und Beschichtungen
- Differenzierungen nach der Intensität der Erscheinungen, die Rückschlüsse auf die Lage der verursachenden Stelle zulassen
- akustische Prüfungen durch Klopfen, mit Kugeln, Drähten o. ä.

In Abhängigkeit der Bedeutung des Merkmals und der Unterschiedlichkeit des Erscheinungsbilds reicht der Aufwand von repräsentativen Feststellungen bis zur quantitativ vollständigen Erfassung aller Merkmale.

2.1.3 Nicht eingreifende, geräteunterstützte Untersuchungen

Mittlerweile stehen zahlreiche Messgeräte zur Verfügung, mit denen zerstörungsarm oder gar zerstörungsfrei Erkenntnisse zur Situationen innerhalb von Bauteilen gewonnen werden können. Da aber auch der Einsatz von Geräten aufwändig sein kann, ist der Aufwand von nicht bauteilschädigenden Untersuchungen auf die Bedeutung des zu untersuchenden Merkmals abzustimmen. Dazu zählen z. B.:

- Wärmebildmessung

Mit Wärmebildaufnahmen lassen sich Temperaturen von Bauteiloberflächen, aber auch die von strömender Luft messen. Voraussetzungen dafür sind Temperaturdifferenzen. So sind Wärmebildmessungen zur Feststellung der energetischen Qualität oder von Leckstellen nur bei ausreichend großen Temperaturdifferenzen zwischen den Innenräumen und dem Freien möglich. Allerdings kann auch durch ausreichendes Beheizen der Innenräume die Voraussetzung für aussagekräftige Wärmebildmessungen geschaffen werden. Bei mit warmen oder kühlem Wasser durchströmten Leitungen lassen sich Leckstellen orten.

- Feuchtemessung

Durch Messung von elektrischen Widerständen, von elektrostatischen Feldern, durch Einsatz von Ultraschall oder Neutronensonden oder Leckortungsverfahren mit Tracergasen sind Feuchtequellen und -verteilungen auch ohne oder mit kleineren und damit begrenzten Bauteilöffnungen feststellbar.
Allerdings sind Untersuchungsergebnisse auf Plausibilität zu prüfen. Bei salzbelasteten Untergründen lassen sich z. B. nur begrenzt elektrostatische oder Widerstandmessverfahren anwenden, da Salze die Messergebisse erheblich beeinflussen können.
Solche Messmethoden sind meistens gut geeignet zur vergleichenden Feststellung, zur Bestimmung der Feuchteverteilung und zur qualitativen Abschätzung von Sachverhalten. Sie können zur Vorbereitung von gravimetrischen Messungen durch Entnahme von Proben dienen, die zur genauen quantitativen Bestimmung von Feuchtigkeitsgehalten geeignet sind.

2.2 Beschädigungsfreie eingreifende Untersuchungen

Zu dieser Kategorie sind alle Untersuchungen zu rechnen, bei denen Bauteilöffnungen keine Schäden verursachen. Dazu zählen die Endoskopie bei Bauteilen mit Hohlräumen, das Aufnehmen und wieder Anbringen von Eindeckungen oder Fassadenelementen, das Entfernen und wieder Aufbringen von Schüttungen und Belägen auf Dächern.

2.3 Schadensverursachende eingreifende Untersuchungen

Zu diesen Methoden zählen Bauteilöffnungen, die sich nicht unmittelbar ohne größeren Aufwand wieder schließen lassen. Auch mit der Zustimmung des Eigentümers sollen die durch Untersuchungen hervorgerufenen Schäden auf den notwendigen Umfang begrenzt werden. Entnommene Proben können verschiedenartig untersucht und auch Laborprüfungen unterzogen werden.

2.4 Wiederholte Untersuchungen (Monitoring)

Als weitere Methode für Untersuchungen steht das Monitoring zur Verfügung, bei dem Bauteile hinsichtlich ihres Schadenspotenzials in bestimmten Zeitabschnitten wiederholt beobachtet werden, um so bestehende Schadensrisiken anhand der tatsächlichen Entwicklung abschätzen zu können. Dazu zählen: Rissmonitoring, Beobachtungen von Wasserständen, Feuchtigkeitsentwicklung in Dächern.

2.5 Dokumentation

Die Erkenntnisse sind in Protokollen, Beschreibungen, Fotografien, Pläne, Zeichnungen, Messprotokollen oder Tabellen zusammenzufassen.

3 Vorgehensweise bei Untersuchungen

Zunächst sind Informationen über das Schadensbild und die konstruktiven Randbedingungen zu sammeln sowie Pläne und (Foto-)Dokumentationen und Angaben von Beteiligten auszuwerten. Lässt sich der Sachverhalt bereits mit diesen nicht eingreifenden Untersuchungen hinreichend klären, sind die Untersuchungen zu beenden.
Falls nicht, ist zu hinterfragen, wie groß die Bedeutung einer Abweichung ist. Kann der Untersuchungsaufwand einschränkt werden durch Grenzwertbetrachtungen, führt eine Bewertung unter Annahme einer Kombination

ungünstiger bzw. günstiger Werte zu einem eindeutigen Ergebnis diesseits bzw. jenseits eines Grenzwerts? Oder lässt sich das Problem durch Alternativen lösen (Substitution)? Auch dann können die Untersuchungen abgeschlossen werden.

Wenn sich ein Sachverhalt so nicht klären lässt, sind auf Grundlage der bislang gewonnenen Kenntnisse (Hypo-) Thesen zu möglichen Ursachen zu entwickeln. Anhand dieser sind Öffnungsstellen unter Berücksichtigung der Bedeutung des zu untersuchenden Merkmals und der möglichen Streuung der Baustoffe bzw. Bauteile festzulegen. In Abhängigkeit der Ergebnisse sind entweder die Untersuchungen zu beenden oder solange neue Thesen zur Festlegung weiterer Öffnungsstellen zu bilden, bis ein Sachverhalt hinreichend geklärt ist.

Bauteilöffnungen dienen damit der Verifizierung oder der Falsifizierung von Thesen und können Grundlage neuer Annahmen werden. Die Festlegung des Umfangs von Bauteilöffnungen ist ein rückgekoppelter Prozess, der sich zuvor nicht sicher festlegen lässt. Erkenntnisse zur sinnvollen Anzahl und zum Umfang der notwendigen Öffnungsstellen ergeben sich meistens erst während der Untersuchung.

4 Verdachtsmomente zur Notwendigkeit von Untersuchungen

Korrosionsspuren in Form von Blasenbildungen oder Verfärbungen unter Korrosionsschutzschichten können auf erhebliche Schäden im Bauteilinneren hinweisen. Geringfügige Fäulnisspuren oder feuchtigkeitsbedingte Verfärbungen an tragenden Deckenbalken können Hinweise auf die Gefährdung der Standsicherheit im Deckenauflagerbereich sein. Feine Risse in Gipsputzen können auf flächige Ablösungen der Putzschicht vom Untergrund schließen lassen.

Sind an Bauteiloberflächen scheinbar geringfügige Schäden sichtbar, die auf schwerere Schäden im Untergrund schließen lassen, sind tiefgreifendere Untersuchungen notwendig. Dazu ist eine entsprechende Erfahrung erforderlich.

5 Genauigkeitsgrad von Untersuchungen

Ein zu geringer Untersuchungsaufwand bedeutet unzureichende Kenntnisse über den Bestand, ein zu hoher ist unwirtschaftlich und kann vermeidbare Schäden zur Folge haben. Daher ist bei einer Untersuchung der optimierte Detailliertheitsgrad anzustreben (Bild 1).

Der Aufwand zur Untersuchung kann abhängen von:

- der Bedeutung des zu untersuchenden Merkmals
- der Streuung, der Varianz eines Merkmals
- dem Verhältnis des Streitwerts in Bezug zum Untersuchungsaufwand (einschl. der Beseitigung evtl. Schäden, die durch die Untersuchungen zu erwarten sind sowie der Gutachtenausarbeitung)

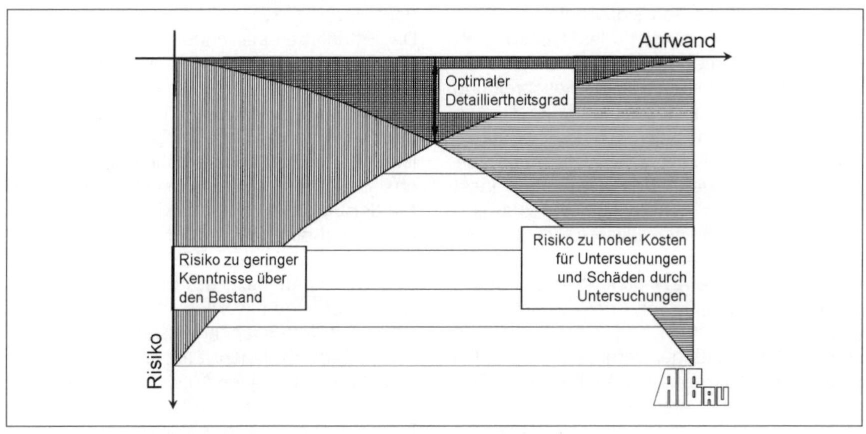

Bild 1: Untersuchungsaufwand und optimierter Detailliertheitsgrad

- Persönliche Gründe der Beteiligten (s. auch [2])

Die Bedeutung des zu untersuchenden Merkmals kann abhängen von:

- dem Ziel der Untersuchung
- Fragen der Standsicherheit
- den Gefahren für Gesundheit und Umwelt.

Wenn die Bedeutung des zu untersuchenden Merkmals untergeordnet ist, kann der Aufwand begrenzt werden. Bei Standsicherheitsfragen, sonstigen Gefahren oder Umweltrisiken ist eine Ermittlung des Schadensumfangs durch einzelne Stichproben grundsätzlich nicht angemessen, es sei denn, dass sich auch ohne weitergehende Untersuchungen ein eindeutiges Bild ergibt. Sind z. B. an Auflagerkonsolen von Unterzügen Brüche vorhanden, die den Einsturz des Gebäudes zur Folge haben können, ist eine umfassende Klärung der Ursache und des Umfangs notwendig, falls das Gebäude nicht ohnehin abgebrochen werden soll oder eine umfassende Instandsetzung geplant ist.
Zur Festlegung der möglichen Streuung sind technische und physikalische Zusammenhänge abzuschätzen, Dokumente (z. B. Pläne, Baustellenfotos) auszuwerten sowie die Erfahrung heranzuziehen. So sind Varianzen des Abdichtungsaufbaus und Dämmung von Flachdächern erfahrungsgemäß klein, ebenso die von Dämmstoffen von WDVS, während Dicken handwerklich hergestellter Putze oder flüssig zu verarbeitenden Abdichtungen größere Unterschiede erwarten lassen. Genauso kann der Zustand von Holztragkonstruktionen bewitterter Fassaden oder Dächern stellenweise sehr unterschiedlich sein.
In Grenzfällen ist eine 100%ige Beschreibung des untersuchten Gegenstands erst nach dem vollständigen Freilegen möglich. Bauteiluntersuchungen sollen aber nicht deren Zerstörung zur Folge haben. Deswegen lässt sich eine absolut sichere Aussage zum Gesamtzustand nicht formulieren. Der mit der Untersuchung Beauftragte sollte auf unvermeidbar mögliche Abweichungen der Untersuchungsergebnisse von der Realität hinweisen.
Durch Bauteilöffnungen verursachte Schäden müssen im angemessenen Verhältnis zur Bedeutung des zu untersuchenden Merkmals stehen. Entstehen durch eine erste Öffnung bereits erhebliche Schäden, sollten Alternativen für den Erkenntnisgewinn geprüft werden. Sind z. B. die Ursachen von technisch unbedeutenden und optisch nur wenig auffallenden Rissen zu untersuchen, soll vor einer Beschädigung der Putzoberfläche untersucht werden, ob überhaupt Beeinträchtigungen von den Rissen ausgehen können.
Wenn die Untersuchungen und die Beseitigung der Folgen höhere Kosten erwarten lassen als die der eigentlichen Maßnahmen, sollte geprüft werden, ob auf Grundlage von Grenzwertbetrachtungen Schlussfolgerungen gezogen werden können. Bevor z. B. die tatsächliche Wärmeleitfähigkeit eines Mauersteins einer bestimmten Stoffgruppe aufwändig durch Entnahme mehrerer ganzer Steine und Prüfung in einer Zwei-Klima-Kammer festgestellt wird, lässt sich in der Regel durch Vergleichsberechnungen unter jeweils günstigsten und ungünstigsten Annahmen von Stoffkennwerten die Bedeutung des zu erwartenden Ergebnisses sowie die daraus zu ziehenden Schlussfolgerungen ermitteln. Bei dem heute üblichen Anforderungsniveau beeinträchtigen Abweichungen einzelner Baustoffqualitäten i. d. R. weder den Mindestwärmeschutz, noch die Anforderungen an den Komfortstandard, noch mindern sie die gesamte energetische Qualität wesentlich. Bagatellen sind als vollständige Vertragserfüllung zu werten, ansonsten lassen sich unter Grenzwertbetrachtungen festgestellte Mängel üblicherweise z. B. durch Substitutionen ausgleichen.
Der Aufwand zum Erkenntnisgewinn aus Untersuchungen steht häufig in Beziehung zur Minderung des Werts des untersuchten Gegenstands (Bild 2).
Die Entnahme einer ersten Probe aus einem Putz kann bereits hohe Kosten für die flächige Überarbeitung eines Putzes nach sich ziehen, wenn nicht die Putzoberfläche durch Schadensphänomene ohnehin bereits entwertet ist. Weitere Öffnungsstellen in derselben Fläche bedeuten meistens nicht eine weitere Minderung des vorhandenen Putzes. Allerdings wird eine starke Ausweitung nur noch begrenzte zusätzliche Kenntnisse ergeben, dagegen kann der Putz durch übermäßige Untersuchungen wertlos werden. Der Aufwand der Untersuchungen soll in einem optimalen Bereich liegen. Lassen sich aber mit einem angemessenen Aufwand nicht alle Fragen klären, ist dies offen zu legen.
Eine Besonderheit der Vorgehensweise bei Untersuchungen ergibt sich bei der Unmög-

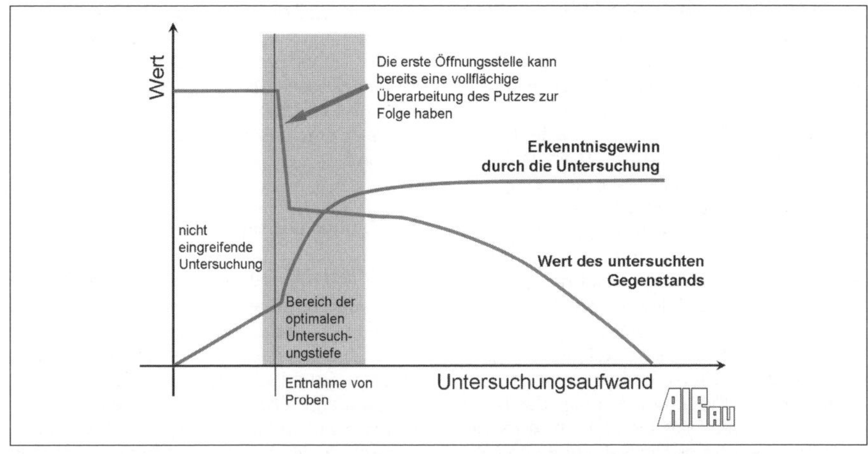

Bild 2: Aufwand und Grenzen von Untersuchungen am Beispiel eines Fassadenputzes

lichkeit von Bauteilöffnungen. So lassen sich typischerweise konkrete Fehlstellen in Abdichtungen unter Bodenplatten wegen der Hinterläufigkeit innerhalb der Schutzschichten nicht feststellen, die nicht zugänglich sind. Auch bei vorsichtigem Arbeiten kann nicht ganz ausgeschlossen werden, dass durch die Bauteilöffnung die Abdichtung unterhalb der Bodenplatte beschädigt wird. Untersuchungen zur Beantwortung von Fragen nach Leckstellen in Bauwerksabdichtungen unter Gebäuden können dem Abbruch des Gebäudes gleich kommen (Bild 3). Sie lassen sich i. d. R. nur durch nicht eingreifende Untersuchungen beantworten, insbesondere durch Auswertung von Fotodokumentationen. Sonst sollte geprüft werden, ob ohne weitere Untersuchung die Bodenplatte nachträglich als wasserundurchlässiges Bauteil aufgerüstet werden kann.

Ebenso können andere Gründe eingreifenden Untersuchungen entgegen stehen, wenn z. B. dafür notwendige Betriebsunterbrechungen zu erheblichen finanziellen Schäden führen.

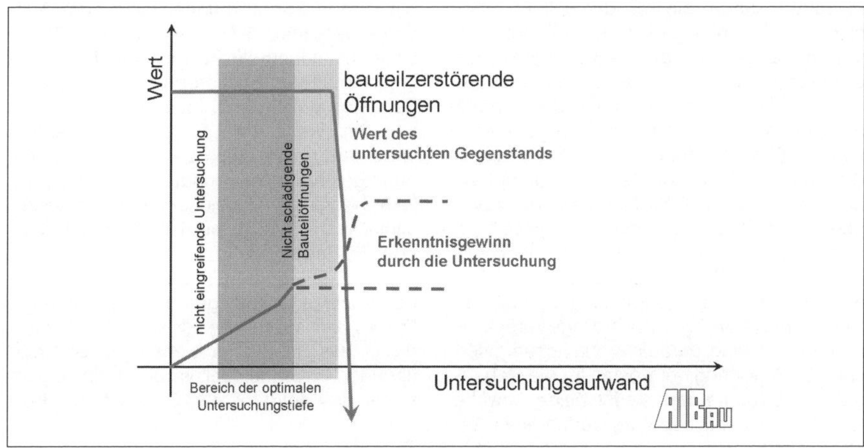

Bild 3: Aufwand und Grenzen von Untersuchungen an Abdichtungen unter Bodenplatten

6 Mitwirkungspflicht des Auftraggebers

Die Mitwirkungspflicht ergibt sich aus dem Grundsatz, dass Schäden durch die Beteiligten abzuwenden, zumindest aber gering zu halten sind. Dazu folgendes Beispiel:
Der nördliche Teil eines PVC-Bodenbelags einer Schulsporthalle wird nach einem Fehler des Dachdeckers bei der Erneuerung der Dachabdichtung überschwemmt. Wasser sickert durch Fugen des Kunststoffbelags, der unterseitig Wasser aufnimmt, quillt und sich wellt. Der Fußbodenaufbau auf der Stahlbetonbodenplatte besteht aus: dem PVC-Belag, einer Sportbodenbahn aus Gummischrot und einem Gussasphaltestrich auf Schaumglasdämmplatten. Dieser Aufbau ersetzte vor Jahren einen Holzschwingboden, der durch einen vorherigen Wasserschaden stark geschädigt worden war. Die Betreiberin und Geschädigte fordert, dass die Sporthalle nach den Sommerferien zum Schulbeginn für Schüler, aber auch für die Vereine uneingeschränkt und ohne Unfallgefahr nutzbar sein muss. Auf dieser Grundlage kommt der Sachverständige zum Ergebnis, dass der Belag im geschädigten Bereich auszutauschen ist, aufgrund der Feuchtebeständigkeit der Dämmung und des Estrichs der sonstige Aufbau verbleiben kann. Die Kosten für den Teilaustausch werden ohne Abzug für Wertsteigerung („Neu für Alt") auf 68.000 € geschätzt, für den vollständigen Austausch des Belags unter Abzug des dadurch entstehenden Wertvorteils auf 61.000 €. Der Schaden beläuft sich damit auf 61.000 €.
Die Sporthallenbetreiberin beseitigt die Unfallgefahr durch die „Bodenwellen" aber nicht, sondern nimmt die Halle in Benutzung. Ein Jahr später verklagt sie auf Grundlage des Sachverständigengutachtens den Dachdecker auf Zahlung von 61.000 €, der sich mit der Begründung wehrt, dass kein Schaden vorläge. Erst daraufhin wird der Sachverständige mit der Ergänzung seines Gutachtens beauftragt. Dieser stellt fest, dass der zuvor gequollene PVC-Belag nicht mehr gewellt ist, auch andere Schäden sind nicht mehr vorhanden. Es stellt sich heraus, dass das bereits deutlich vor Klageerhebung der Fall war. Der Sachverständige rät, die Klage zurückzunehmen. Er wird daraufhin auf Schadensersatz zur Erstattung der Kosten für die Gebühren des Gerichts und die für beide Anwälte aus dem vergeblichen Klageverfahren in Anspruch genommen.
Die Inanspruchnahme des Sachverständigen scheitert, weil die Klage trotz Bekanntheit der nicht mehr vorliegenden Schäden eingereicht wurde. Daher hätte der Auftraggeber schon vor der Klageeinreichung den Sachverständigen mit der Gutachtenergänzung beauftragen müssen, um das Prozessrisiko neu zu bewerten.

7 Bauherrenrisiko

7.1 Beispiel Baugrunduntersuchungen

Ein Baugrundgutachten soll Aufschluss über die Bodenverhältnisse geben. Das ist aber nur an den eigentlichen Untersuchungsstellen möglich. So erläutert DIN 4020 [3], die Norm für geotechnische Untersuchungen:
Allgemeines zu Planung von Baugrunduntersuchungen: Aufschlüsse in Boden und Fels sind als Stichprobe zu bewerten. Sie lassen für zwischenliegende Bereiche nur Wahrscheinlichkeitsaussagen zu, so dass ein Baugrundrisiko verbleibt ...
Baugrundrisiko: ein in der Natur der Sache liegendes, unvermeidbares Restrisiko, das bei Inanspruchnahme des Baugrunds zu unvorhersehbaren Wirkungen bzw. Erschwernissen, z. B. Bauschäden oder Bauverzögerungen, führen kann, obwohl derjenige, der den Baugrund zur Verfügung stellt, seiner Verpflichtung zur Untersuchung und Beschreibung der Baugrund- und Grundwasserverhältnisse nach den Regeln der Technik zuvor vollständig nachgekommen ist und obwohl der Bauausführende seiner eigenen Prüfungs- und Hinweispflicht Genüge getan hat.
Mit diesen Formulierungen wird zum Ausdruck gebracht, dass auch bei sorgfältigen Untersuchungen ein Restrisiko verbleibt. Da im Rahmen von Stichproben keine Vollerhebungen möglich sind, kann an nicht untersuchten Stellen die Bodenbeschaffenheit andersartig sein. Auch bei einer mangelfrei durchgeführten Baugrunduntersuchung sind lokal begrenzte Abweichungen nicht auszuschließen, wie z. B. bei kleinflächigen Ton- oder Torflinsen.
Das Gutachten kann so zu einem -räumlich begrenzten- unrichtigen Ergebnis führen. Dieses hier formulierte Risiko ist ein Grundrisiko, das bei stichprobenartigen Untersuchungen unvermeidbar ist und beim Eigentümer des untersuchten Gegenstands liegt (Bild 4).
Trotz der nicht vermeidbaren Einschränkung des Aussagewerts von Untersuchungen lässt

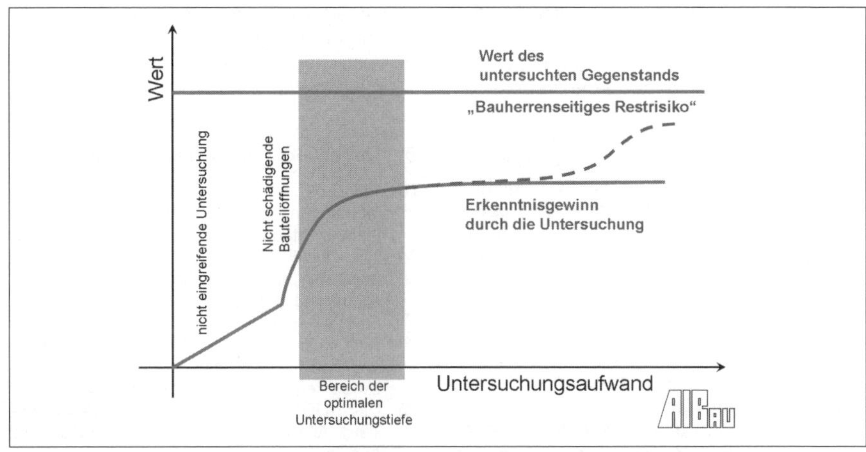

Bild 4: Aufwand und Grenzen von Untersuchungen des Baugrunds

sich Streit nicht sicher vermeiden, da dem Untersuchenden in solchen Fällen die Sorgfaltspflichtverletzung vorgeworfen werden kann, er hätte durch eine weitere Untersuchung die Problematik erkennen können. Das ist das Risiko, das der mit den Untersuchungen Beauftragte eingeht.

7.2 Beispiel Estrichprüfung

DIN 18560-1 [4] fordert nur in Ausnahmefällen die Prüfung von Estrichen:

Bei Estrichmörteln nach DIN EN 13813, die auf der Baustelle gemischt und hergestellt werden, ist die „Erstprüfung für jede Baustelle“ grundsätzlich nicht erforderlich, wenn durch Wechsel der Ausgangsstoffe oder Änderung des Herstellungsverfahrens keine von der Deklaration wesentlich abweichende Festigkeitsklassen oder Eigenschaften zu erwarten sind.

Die Grundlage für das Entwerfen oder Vorgeben einer Estrichrezeptur sind die Ergebnisse von Erst- oder anderen Prüfungen und Erkenntnisse aus den Langzeiterfahrungen eines Betriebes mit vergleichbaren Estrichen …

Die Bestätigungsprüfung ist nur in Sonderfällen durchzuführen, wenn z. B. erhebliche Zweifel an der Güte des Estrichs im Bauwerk bestehen. Es kann nötig werden, die Eigenschaften durch Entnahme von Proben aus dem Estrich zu bestimmen.

Bei Estrichen sind Prüfungen mit Entnahmen von mehreren größeren Proben verbunden. Für auf der Baustelle hergestellte Estriche gilt die Vermutung, dass diese ausreichend fest sind, da bei eingebauten Estrichen für Festigkeitsprüfungen größerer Probestücke zu entnehmen sind und Prüfungen deswegen deren Zerstörung nahe kommen.

Für Estriche aus Werktrockenmörtel gilt dasselbe, wobei die Qualität der Mörtel durch werkseitige Erstprüfungen (ITT = Initial Type Testing) und werkseigene Produktionskontrolle (FPC = Factory Production Control) nach DIN EN 13813 [5] erforderlich werden.

Die Festigkeitsprüfungen von eingebauten Estrichen sind daher die Ausnahme und auf begründete Verdachtsfälle zu beschränken, weil die Untersuchungen mit einer erheblichen Schädigung des Prüfgegenstands einher geht.

8 Fazit

Ein geringer Untersuchungsaufwand bedeutet geringe Kosten für Voruntersuchungen, kann aber unnötig hohe Kosten bei Instandhaltungen durch ständige Anpassungen an die erst im Rahmen der Ausführung erkennbaren Verhältnisse bedeuten. Andererseits ist nicht jeder Untersuchungsaufwand zu rechtfertigen. Eine vollständige Zerstörung des zu untersuchenden Gegenstands bedeutet dessen Verlust und macht eine Untersuchung i. d. R. überflüssig.

Sind bereits Schäden vorhanden, werden Bauteile durch Öffnungen i. d. R. nicht zusätzlich geschädigt. Das ist z. B. bei breiten Rissen in Putzen der Fall. Ein bereits entwer-

teter Gegenstand kann nicht weiter geschädigt werden.
Bei einer entsprechenden Bedeutung des zu untersuchenden Merkmals können Vollerhebungen notwendig werden. So kann es bei Standsicherheitsproblemen erforderlich werden, jedes relevante Bauteil zu untersuchen.
Bei allen Untersuchungen, auch bei solchen, die keine Schäden am Untersuchungsobjekt verursachen, ist der Aufwand auf die Bedeutung des Merkmals abzustimmen. Nicht jeder Aufwand ist angemessen, z. B. eine umfassende Vermessung eines Gebäudes zur bildlichen Darstellung unbedeutender Rissbildungen oder eine vollständige nicht zerstörende Freilegung zur Feststellung des Zustands eines Unterdachs.
Grundsätzlich sind Untersuchungen zu beenden, sobald der Sachverhalt geklärt ist und weitere Untersuchungen, gleich welcher Art, keinen zusätzlichen Erkenntnisgewinn erwarten lassen.
Die Festlegung des Untersuchungsaufwands ist immer eine Entscheidung im Einzelfall und meistens eine Sachverständigenaufgabe.
Genauso ist Sachverständigen, die im Rahmen der Gutachtenerstattung den Untersuchungsaufwand festlegen, ein Ermessenspielraum zuzugestehen, der die Situation berücksichtigen muss, in der der Untersuchungsaufwand festgelegt wurde.

9 Regelwerke und Quellenangaben

[1] DIN 18531-4:2010-05 Dachabdichtungen – Abdichtungen für nicht genutzte Dächer- Teil 4: Instandhaltung

[2] Nitzsche, F: Wie viel Untersuchungsaufwand muss sein und wer legt ihn fest? Aachener Bausachverständigentage 2009, Vieweg und Teubner, Wiesbaden 2009

[3] DIN 4020:2010-12 Geotechnische Untersuchungen für bautechnische Zwecke – Ergänzende Regelungen zu DIN EN 1997-2

[4] DIN 18560-1:2009-09 Estriche im Bauwesen – Teil 1: Allgemeine Anforderungen, Prüfung und Ausführung

[5] DIN EN 13813:2003-01 Estrichmörtel, Estrichmassen und Estriche - Estrichmörtel und Estrichmassen, Eigenschaften und Anforderungen

Dipl.-Ing. Matthias Zöller
Architekturstudium an der TU Karlsruhe; eigenes Architektur- und Sachverständigenbüro in Neustadt a. d. Weinstraße; Lehrbeauftragter für Bauschadensfragen an der Fakultät für Architektur an der Universität Karlsruhe; Freier Mitarbeiter im AIBau; ö.b.u.v. Sachverständiger für Schäden an Gebäuden und Referent im Masterstudiengang Altbauinstandsetzung an der Universität Karlsruhe; Referententätigkeit (Architektenkammern, IfS); Fachveröffentlichungen, Mitherausgeber IBR.

Sachgerechte Anwendung der Bauthermografie: Wie Thermogrammbeurteilungen nachvollziehbar werden

Christoph Tanner, Ing.-Büro Baucheck-Tanner, Winterthur

Hinweis:
Da die Vortragsthematik bei der Farbkeilgestaltung und der Temperaturskalierung der Thermogramme einen Schwerpunkt hat, kann mit dem schwarz-weiß Druck dieses Beitrages nicht der volle Informationsgehalt ausgeschöpft werden. In den angegebenen Literaturbeiträgen sind aber Grafiken und Infrarotbilder meist in Farbe dargestellt.

Zusammenfassung

Viele Hauseigentümer schätzen Wärmebilder, denn damit können sie sehen, welchen energetischen Zustand ihr Gebäude hat. Was sie aber meist nicht wissen: Je nach Bilddarstellung, die der Thermograf vorgibt, resultieren völlig unterschiedliche Wirkungen in den Wärmebildern. Eine Hilfestellung kann hier die Methode „QualiThermo" geben, mit der die Bildskalierungen standardisiert dargestellt werden. So können auch IR-Bilder miteinander verglichen werden, die bei unterschiedlichen Außentemperaturen aufgenommen wurden. Im Rahmen eines Förderprojekts des Schweizerischen Bundesamtes für Energie (BFE) konnte die Methodik an einem Testgebäude überprüft und weiterentwickelt werden. Dabei wurden Messdaten für Simulationen und Sensitivitätsanalysen ermittelt, womit diejenigen Meteo-Faktoren erkannt wurden, welche bei Wärmebildaufnahmen besonders zu beachten sind.

Mit dem Tool QualiThermo steht nun ein Instrument zur Verfügung, welches in beschränktem Rahmen vergleichbare und nachvollziehbare IR-Bildauswertungen zulässt. Ein ausführlicher Projekt-Schlussbericht dokumentiert die Ergebnisse und gibt viele Hinweise und Tipps für die Praxis.

1 Was bringen Wärmebilder?

Die auf dem Markt angebotenen Infrarot (IR)-Kameras werden immer leistungsfähiger und kostengünstiger. Damit sind bereits viele Thermografie-Anbieter auf dem Markt, die schnell und günstig Wärmebilder (auch Infrarotbilder oder Thermogramme genannt) erstellen. Bei diesen Schnellverfahren bleiben allerdings die Fachkenntnisse und die seriöse Bildauswertung und -interpretation oft auf der Strecke, und es resultieren leider immer wieder Fehlinterpretationen.

Sollen aus Wärmebildern nur Wärmebrücken oder verborgene Konstruktionsdetails erkannt werden, so ist dies wenig aufwändig und wenig anspruchsvoll. Sollen jedoch IR-Aufnahmen als visuelle Grundlage und Entscheidungshilfe für ein Sanierungskonzept dienen oder bei einem Neubau als energetische Qualitätskontrolle mit sichtbarem Beleg, so beinhaltet dies nicht nur qualitative, sondern teilweise auch quantitative Beurteilungen der Bilder. Das stellt viel höhere Anforderungen an den Thermografen, denn er muss bei den Vorbereitungen, den Aufnahmen, den Auswertungen und den Interpretationen viele Punkte beachten.

Fakt ist, dass heute sehr viele Gebäude mit wenig Aufwand thermografiert werden, wobei auch sorglos Angaben zu Energieverlusten von Bauteilen abgeleitet werden. Ergeben sich daraus falsche Entscheidungen für die Sanierung, so kommt das günstige Schnellverfahren den Hauseigentümer teuer zu stehen. Die hier vorgestellten Untersuchungen liefern Erkenntnisse zur Bauthermografie von außen, im Wissen, dass sich auch Innenaufnahmen für verschiedene Fragestellungen gut oder sogar besser eignen.

Außen- und Innenthermografie

Das Thema Außen- oder Innenaufnahmen wird unter Fachleuten kontrovers diskutiert. Eigentlich sind diese Diskussionen überflüssig, da es nicht darum geht, die bessere Methode zu finden. Es geht darum, unter Berücksichtigung des Auftragszieles **und** der finanziellen Möglichkeiten(!) die maximale Information mit der größtmöglichen Sicherheit erreichen zu können. Bezüglich dem Argument des günstigeren Übergangskoeffizien-

Tabelle 1: Außen- und Innenthermografie

Außenthermografie	
Vorteile	**Nachteile**
Die meisten Wärmebrücken zeigen sich ideal: - punktuelle Wärmebrücken - Radiatoren-Nischen - Deckenstirnen - Fensterleibungen, – u. v. a.	Keine, bzw. nur sehr vage Vermutungen zur Schimmelpilzproblematik möglich. Wenig und unsichere Informationen über Keller und Dach.
Grossflächige, übersichtliche Darstellungen, mit wenigen Bildern viel erfassen (ganze Fassade)	Fassaden teilweise durch Vegetation verdeckt. z.T. IR-„problematische“ Konstruktionen und Material: Hinterlüftete Fassaden, Glas- und Metallfassaden.
Temperaturentwicklung bekannt (Meteo-Daten)	Viel weniger konstante Temperaturen als innen. Wetterprognosen oft unzutreffend, das bedeutet permanentes Risiko bezüglich idealer Bedingungen.
Warmluftaustritte oft erkennbar (Austrittstellen = Risikostellen) (Eintrittsstellen = Behaglichkeitsproblem)	Sind keine Warmluftaustritte sichtbar, so heisst das nicht, dass es keine Luftleckstellen hat, bzw. dass das Gebäude eine gute Luftdichtheit hat!
Außenaufnahmen = schnell und ohne Störung der Bewohner	Nachteinsätze, nächtliche Gebäuderundgänge im Winter sind nicht ganz gefahrlos.
Aufwand eher gering, Kosten tief	Keine vollständige, energetische Zustandserfassung. Interpretationen zum Wärmedurchgang sind je nach Einflussfaktoren heikler als auf der Innenseite.
Innenthermografie	
Vorteile	**Nachteile**
Innenaufnahmen = Gebäudebegehung. Damit ergibt sich auch ein Augenschein	Es sind viele Aufnahmen notwendig (was ist wo ...?) Aufwand und Kosten sind höher als außen
Kritische Wärmebrücken geben Hinweise zur Schimmelpilzproblematik und zu Tauwasser	Nicht alle Wärmebrücken sind sichtbar, z. B. wegen Möbel, Vorhängen, Teppichen, aktiven Radiatoren etc.
Informationen von Dach und Keller möglich	IR-Bilder nur bedingt vergleichbar mit anderen Wohnraum-Bildern. → Unterschiedliche Raumtemp.!
Im Wohnbereich relativ „stabile“ Raumtemperaturen, viel kleinere Amplituden als außen	Effektive Vorgeschichte (meist) nicht erfassbar (z. B. nächtliche Temperaturabsenkung, Lüften, etc.).
Kaltlufteintritte teilweise erkennbar	Keine Info über Warmluftaustritte Warmluftaustritte = Gefahrenstellen!
Je nach Fall Kombination mit BlowerDoor, dann sehr gute Leckagenvisualisierung möglich	Zusatzmessungen, nur in speziellen Fällen möglich/sinnvoll
Aufnahmen auch am Tag möglich, Wetter ist viel weniger entscheidend als bei Außenaufnahmen.	Störung der Bewohner

ten auf der Innenseite sei hier auf die Auswertung der Messungen im BFE-Projekt verwiesen [2]. Es zeigt sich, dass bei guten IR-Meteo-Bedingungen die Wärmeübergänge außen und innen nahezu gleich sind.
Natürlich sind Innenaufnahmen, mit relativ stabileren Temperaturen, besser geeignet für Aussagen zum Wärmedurchgang einzelner Bauteile. Aber auch hier sind analog zu außen alle Randeinflüsse vorsichtig zu prüfen. Unbestritten besser sind auf der Innenseite die Wärmeflussmessungen (= Langzeitmessungen), bei denen die Thermografie zur Überprüfung der Homogenität des Messortes eingesetzt wird.
Auch zur Unterstützung von BlowerDoor Messungen Sind IR-Einsätze von innen sehr wertvoll, wenn z. B. für die Lecksuche das Differenzbildverfahren (Subtraktion) eingesetzt wird.

2 Einflussfaktoren auf die Qualität von Thermogrammen

Wie gut sich IR-Aufnahmen durchführen, auswerten und interpretieren lassen, hängt von vielen verschiedenen Faktoren ab. Tabelle 2 enthält eine Übersicht dazu. Es ist die Kunst des Thermografen, dem Auftrag entsprechend und situationsgerecht die wichtigsten Faktoren und deren Auswirkungen zu erkennen und darauf angemessen zu reagieren.

3 Die standardisierte Bilddarstellung mit QualiThermo

Eine IR-Aufnahme ist eine radiometrische Messung. Das Resultat ist eine Zahlenmatrix, aus der mittels Farbkodierung ein Falschfarbenbild erzeugt wird. Für die Bilderzeugung muss also zuerst ein Farbkeil und eine Temperaturskalierung festgelegt werden.
Wird eine Fassade von 3 Thermografen aufgenommen, so resultieren demnach 3 unterschiedliche Wärmebilder. Aber damit nicht genug, denn 3 Tage später, bei einer kälteren Außentemperatur, ergäben sich 3 weitere Varianten. Da Wärmebilder via deren Farbwirkung vorwiegend emotional bewertet werden (nach dem Muster rot = schlecht), ist eine individuelle, subjektive Bildskalierung in vielen Fällen problematisch, denn es kann z. B.

Bilder 1a + 1b: Aus einer einzelnen IR-Aufnahme generierte IR-Bilder mit unterschiedlichen Temperatur-Skalierungen: Links eine Darstellung mit großer Spannweite der Skalierung (= geringe Empfindlichkeit), rechts eine kleine Spannweite (= hohe Empfindlichkeit).

Tabelle 2: Zusammenstellung der Einflussfaktoren bei der Gebäude-Thermografie

Meteo
Aktuelle Luft- und Strahlungstemperatur
Aktueller Gradient (momentane Temperaturveränderung)
Temperaturverlauf (vergangenen 48 h)
Solarer Strahlungsverlauf (vergangenen 48 h)
Momentaner Bewölkungsgrad
Momentane Temperatur des Himmels
Windstärke
Windrichtung
Luftfeuchtigkeit
Niederschläge/Intensität von Schnee, Regen
Objekt
Gebäudekonstruktion
Konstruktionen bekannt (z. B. hinterlüftete Fassaden)?
Materialien bekannt (mit/ohne Wärmedämmung)?
Emissionsverhalten der Oberflächen?
Wärmedurchgang bekannt?
Struktur der Fassaden (Verwinkelungen)
Gebäudealter
Sanierungen/Umbauten
EFH – MFH – Industrie – Lager etc.
Gebäudeumgebung
Hanglage
Variable Messdistanzen möglich? (→ Messfleckgröße!)
Störende Vegetation? (Bäume, Hecken, Spalier etc.)
Störstrahlung aus Umgebung? (Nachbar, Stadt?)
Distanz zu Nachbargebäuden
Bewohner informiert und instruiert?
Betriebszustand/Nutzung
Innentemperaturen (21 ± 1°C)?
Bewohner anwesend?
Beheizung mit Nachtabsenkung?
Unbeheizte Räume?

Kamera/Technik
Leistungsdaten der IR-Kamera
Anzahl Pixel (Auflösung)
Messunsicherheit
Drift od. Offset der Kamera (gekühlt/ungekühlt?)
Wartung/Kalibrierung
Volle Bildschärfe garantiert?
Auswertesoftware
Bildwiedergabe mit notwendigen Daten?
Individuelle oder automatische Bildgenerierung
Verwendung von QualiThermo
Dienstleister, Subjektives
Zweck der IR-Aufnahmen
Visualisierung von Schwachstellen
Energetische Beurteilungen
Außen- oder Innenaufnahmen
IR „nur“ zur Unterstützung von anderen Messungen
Ausbildung/Erfahrung
Bauphysik
Energieberatung
Baukonstruktion
Kameratechnik
Erfahrung?

dazu führen, dass Fenster ersetzt werden, weil deren Rahmen in einem Thermografiebericht rot erscheinen. In einem anderen Bericht erscheinen die gleichen Rahmen gelb oder grün und werden als akzeptabel beurteilt. Einzige Norm, die in Anlehnung zur Thematik beigezogen werden kann, ist die EN 13187 [1]. Darin ist u. a. zu lesen: *„Die Auswertung von Thermogrammen, die bei instationären Bedingungen gewonnen werden, erfordert einen hohen Grad an Erfahrung und Fachwissen über Bauphysik."* Zudem werden Referenzbilder, Berechnungen, Laboruntersuchungen oder Erfahrungswerte gefordert, die zum Vergleich eine klar bekannte oder berechnete Situation zeigen sollen.

Aus diesen Erkenntnissen kam schon 2006 die Idee, das zentrale Element für die Bilddarstellung – die Skalierung des Farbkeils – zu standardisieren. Nach vielen Tests mit einem einfachen Tool, konnte dann vor allem dank dem Forschungsprojekt *„Energetische Beurteilung von Gebäuden mit Thermografie und der Methode QualiThermo"*, das vom Schweizerischen Bundesamt für Energie (BFE) finanziert wurde, das QualiThermo-Werkzeug in eine praxistaugliche Form gebracht werden. Im Projekt war jedoch klar, dass nicht alle Einflüsse zur Thematik wissenschaftlich vollständig untersucht werden können. Es galt deshalb, pragmatische Ansätze anzunehmen, um innert nützlicher Frist möglichst viele praxisrelevante Erkenntnisse abzuleiten. Die hier vorgestellten Resultate stammen hauptsächlich aus diesem Forschungsprojekt, an dem die Eidgenössische Materialprüfungs- und Forschungsanstalt (Empa), die Hochschule Luzern (Technik und Architektur, ZIG) sowie QC-Expert AG und der Thermografie Verband Schweiz (theCH) beteiligt waren. Der Schlussbericht [2] ist frei verfügbar auf dem Netz. Eine ausführliche Zusammenfassung findet sich außerdem in einem Aufsatz der Zeitschrift „Bauphysik" Heft 6/2011 [3].

4 Grundlagen der Methode QualiThermo

Um bei verschiedenen Außentemperaturen in einem Wärmebild immer gleiche Farben eines Objektes erzeugen zu können (damit die Bildwirkung vergleichbar bleibt), sollte sich das Gebäude in einem quasi-stationären Zustand befinden. Weiter sollte es möglichst frei von Störeinwirkungen wie Solareinstrahlung, Wind, Nässe durch Regen, etc. sein. Die Intensität der Solarstrahlung ist der Hauptgrund, warum IR-Außenaufnahmen grundsätzlich nur in der 2. Nachthälfte und nur bei bewölktem Himmel zu erstellen sind.

Der physikalische Ansatz hinter der Skalierungsmethode QualiThermo ist einfach: Je größer die Temperaturdifferenz innen – außen, desto größer ist die Spannweite des Farbkeils. Konkret umfasst die Temperaturskalierung bei QualiThermo (V 3.0, vom 16.12.2011) 56 % der Temperaturdifferenz innen - außen, mit folgenden Default Werten:

Oberer Skalenwert = + 8.0°C, unterer Skalenwert = –4.0°C, bei einer Außentemperatur von –0.4°C und einer Innentemperatur von +21°C (siehe Bild 2).

Der Farbkeil basiert hier auf der IR-Auswertesoftware PicWin-IRIS, Version 7.1 [4]. Dort ist ein „Original"-Farbkeil mit 240 Farben und den entsprechenden RGB-Farbanteilen definiert. Muster siehe Bild 2, rechter Bildrand. Mit diesen Vorgaben liegt die Außentemperatur immer im gleichen, blauen Bereich (psychologische Wirkung: blau = kalt). Sie wird 30 % über dem unteren Skalierungswert festgelegt, damit auch Unterkühlungen der Oberflächen noch ersichtlich werden. Grundsätzlich kann auch eine andere Farbpalette verwendet werden. Wesentlich ist dann, dass alle Erfahrungswerte, Referenzbilder und der Interpretationsschlüssel auf der gleichen Farbpalette basieren.

Um systematische Fehler zu vermeiden, müssen immer alle Temperaturen mit der (gleichen) IR-Kamera gemessen werden, auch die Außen-Lufttemperatur! Details dazu siehe [2]. QualiThermo kann auch für IR-Innenaufnahmen verwendet werden. Dabei gelten die analogen Definitionen, allerdings bezogen auf die Innenseite (siehe Bild 2, graue Linien oben). Für IR-Innenaufnahmen sind die aktuellen Meteo-Daten weniger relevant, dafür braucht es genauere Innenraumtemperaturen.

QualiThermo ist kein Wunderding! Es ist lediglich eine einfache Umsetzung der beschriebenen Idee. Damit ist es aber schon besser, als gar nichts zu haben.

Anpassungen der Skalierung

Wie erwähnt, herrschen optimale Aufnahmebedingungen, wenn sich das Gebäude in einem quasi-stationären Zustand befindet. Dies ist in der Praxis jedoch kaum der Fall, da sich die Oberflächentemperaturen infolge ständig wechselnder Meteo-Bedingungen dauernd verändern. Im Rahmen des BFE-Projekts

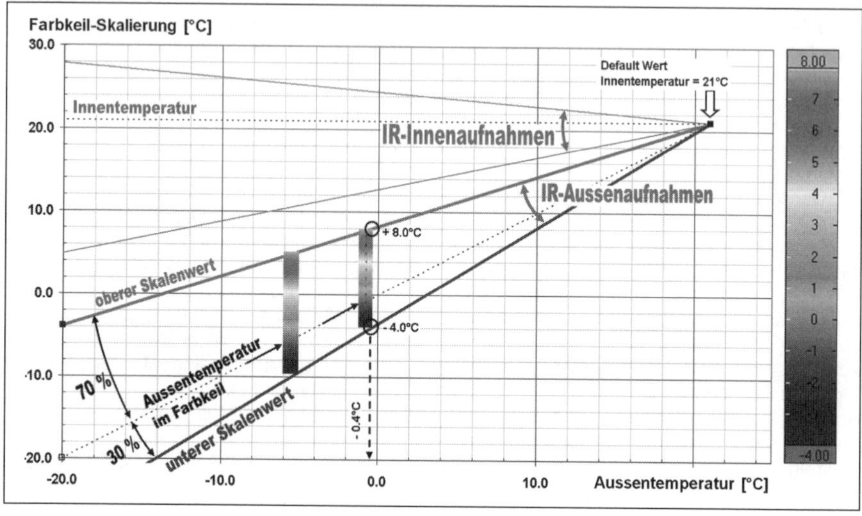

Bild 2: Grafische Darstellung des Skalierungsverfahrens mit QualiThermo (grau: für Innenaufnahmen)

wurden dazu umfangreiche Untersuchungen gemacht, beispielsweise wie die Strahlungstemperatur der Außenumgebung berücksichtigt werden kann (vor allem wirksam bei klarem oder nur teilweise bewölktem Nachthimmel) oder welche Auswirkungen die Faktoren Wind und Temperatur-Gradient haben. Ob sich ein klarer Nachthimmel einstellt, hängt von der Genauigkeit der Meteo-Prognosen ab. Somit lässt sich nicht verhindern, dass sich ab und an ungünstige Situationen ergeben, insbesondere in Bergregionen, wo es kaum Hochnebel gibt. Es ist deshalb sinnvoll, in jedem Fall die wichtigste Strahlungskomponente, die Himmelstemperatur, während den Aufnahmen zu bestimmen. Daraus kann mit dem Tool QualiThermo (Version 3.0) bei Bedarf eine Anpassung der Skalierung abgeleitet werden. Bei plausibler Begründung können solche Anpassungen auch für andere Ursachen, wie z. B. für das träge Verhalten einer Betonkonstruktion, angewendet werden. Grundsätzlich sind jedoch günstige Aufnahmebedingungen anzustreben und Skalierungsanpassungen sollten nur in Ausnahmefällen vorgenommen werden.

Praxisbeispiel

Die Bilder 3 und 4 zeigen das gleiche, alte MFH. Obwohl die zwei IR-Aufnahmen bei ganz unterschiedlichen Außentemperaturen entstanden, konnten mittels QualiThermo gleichwertige Bilddarstellungen erzeugt werden. Dabei ist erkennbar, dass es sich um ein ungedämmtes Mauerwerk mit einem U-Wert im Bereich von ca. 1.2 bis 1.5 W/m²·K handelt. Die Fenster zeigen nur mäßige Wärmeverluste. Es dürfte sich also um 2-IV-Gläser mit WS handeln, was bedeutet, dass die Fenster in den letzten Jahren einmal ersetzt wurden. Weitere Beispiele, was mit Wärmebildern alles erkannt werden kann, zeigt die Dokumentation „Infrarotaufnahmen von Gebäuden“ [5]. Dort sind die meisten Aufnahmen bereits nach dem Prinzip von QualiThermo dargestellt.

Interpretationsschlüssel

Werden die Kriterien und Bedingungen von QualiThermo eingehalten, so können den Bauteilen anhand der Farben in beschränktem Rahmen Energieverluste zugeordnet werden. Ein möglicher „Interpretationsschlüssel“ dazu ist unten in Bild 5 dargestellt. Der Schlüssel ist ein pragmatischer, unscharfer Ansatz, gültig für „ausgezeichnete“ oder „gute“ Aufnahmebedingungen!
Achtung: Werden Spiegelungen (z. B. bei Fenstergläsern), lokale Meteo-Ereignisse und Konstruktionsgegebenheiten nicht beachtet, so können trotz Standardisierung Fehlinterpretationen entstehen. An lokalen Stellen (z. B. bei Wärmebrücken) kann deshalb nicht ohne zusätzliche Informationen einfach ein U-Wert abgeleitet werden. Hier sind bauphysi-

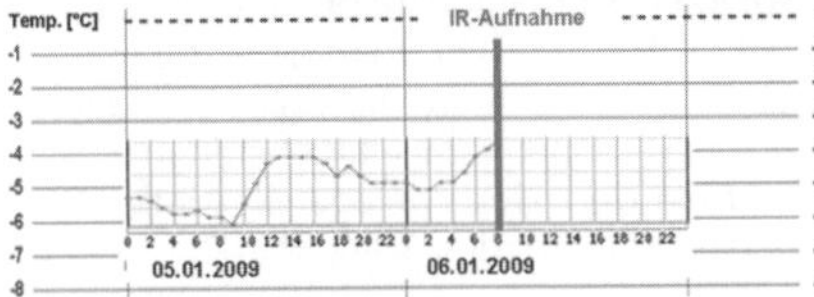

Bild 3: Wärmebild eines alten MFH mit ungedämmtem Backsteinmauerwerk. Temperatur-Skalierung mit QualiThermo

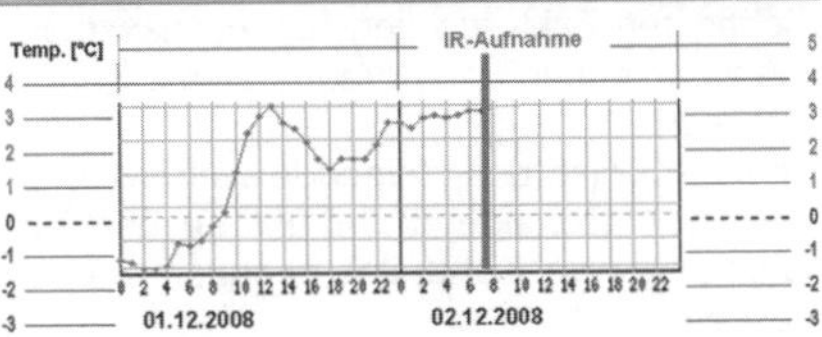

Bild 4: Wärmebild des gleichen Gebäudes, jedoch bei einer anderen Aussentemperatur. Skalierung ebenfalls mit QualiThermo

kalisches Wissen und Erfahrung entscheidend. Unbedingt zu beachten sind zudem die Hinweise im Kapitel 6 „*Unsicherheiten und Toleranzen*“.

Der „Interpretationsschlüssel“ ist relativ, also bezogen auf das Potenzial des Bauteils, anzusehen. Bei Abschätzungen zum Gesamtenergieverlust sind auch die Flächenanteile zu beachten. „Erhebliche“ Wärmeverluste der Wände können summarisch viel höhere Energieverluste ergeben, als eine Haustür oder eine Wärmebrücke mit „großen“ Verlusten.

Ob eine Bewertung nachvollziehbar und plausibel ist, hängt entscheidend von der Art der Berichterstattung ab. Deshalb beschreibt auch die EN 13187 [1], was in einem Untersuchungsbericht alles anzugeben ist. Das BFE-Projekt zeigt weitere wichtige Faktoren, die bei der Anwendung von QualiThermo zu deklarie-

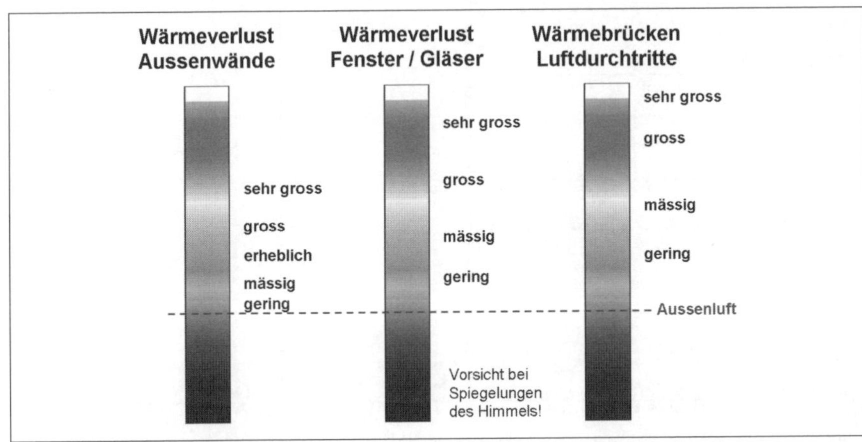

Bild 5: Mögliche Formulierungen als Interpretationsschlüssel für Bauteil-Bewertungen, basierend auf der QualiThermo-Farbkeilskalierung

ren sind. Solche Angaben sind für den Fachmann von großer Bedeutung, was auch in den Qualitätsstandards für Thermografieaufnahmen erläutert wird, siehe z. B. theCH [6].

5 Der Meteo-Einfluss auf die Qualität von Thermogrammen

Wie gut sich IR-Außenaufnahmen durchführen, auswerten und interpretieren lassen, hängt von vielen verschiedenen Faktoren ab. Es ist die Kunst des Thermografen, dem Auftrag entsprechend und situationsgerecht die wichtigsten Faktoren und deren Auswirkungen zu erkennen und darauf angemessen zu reagieren.

Sicher aber ist, dass folgende Wetter-Faktoren ganz entscheidend sind und bei den Aufnahmen „unter Kontrolle" gehalten werden müssen:

- **Aktuelle Lufttemperatur (muss mit der IR-**Kamera ermittelt werden!)
- **Momentaner Bewölkungsgrad/Momentane Himmelstemperatur**
- **Windstärke,** Windrichtung
- Niederschläge/Intensität von Schnee, Regen*)
- **Temperaturverlauf** (vergangene 48 h)
- **Solarer Strahlungsinput vom Vortag**
- Luftfeuchtigkeit

*) Leichter Regen ist für IR-Aufnahmen OK, solange die Fassaden nicht nass werden.

Liegt keine klare Information über die fett gedruckten Faktoren vor, so ist eine IR-Bildinterpretation kaum nachvollziehbar. Die Meteo-Einflüsse können am einfachsten mit Diagrammen der nächstgelegenen Meteo-Station deklariert werden (siehe Bild 6).

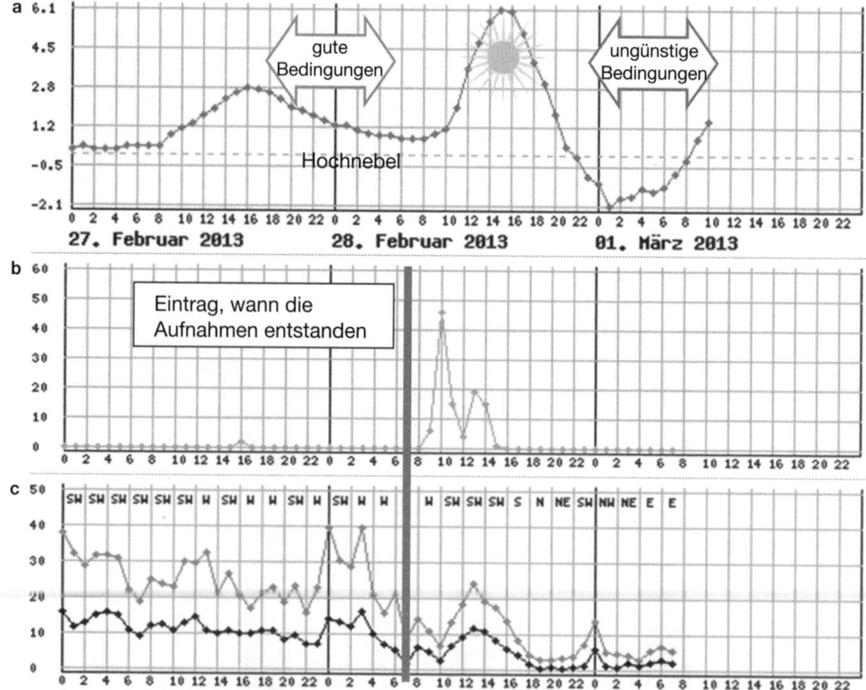

Bild 6: a. Verlauf der Lufttemperatur. Für die Nachvollziehbarkeit ist ein solches Diagramm zwingend notwendig; b: Deklaration der Sonnenscheindauer Bsp: Zürich-Affoltern; c: Deklaration der Windgeschwindigkeit. Bsp: Zürich-Affoltern. Bildquelle: MeteoSchweiz

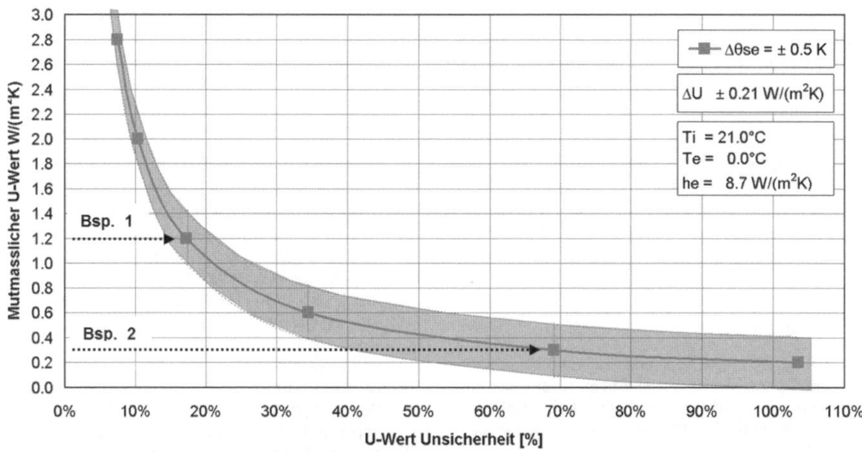

Bild 7: Genauigkeit einer U-Wert-Bestimmung mit der Toleranzgrenze ± 0.5 K. Grundsätzlich lässt sich daraus erkennen, dass die Aussage umso viel unsicherer wird, je besser ein Bauteil gedämmt ist und je unstabiler die Meteobedingungen vor und während den Aufnahmen sind.

6 Unsicherheiten und Toleranzen bei Aussagen zum U-Wert

Bei der Anwendung der Thermografie am Bau müssen grundsätzlich zwei Problemkreise berücksichtigt und getrennt voneinander analysiert werden:

1. Bestimmung der „wahren" Oberflächentemperaturen.
2. Interpretation der Oberflächentemperaturen bezüglich Wärmedämmvermögen des Bauteils unter Berücksichtigung aller gegebenen Randbedingungen.

Für diese Aufgaben sind bauphysikalische Kenntnisse zum instationären Wärmedurchgang erforderlich. Es muss beurteilt werden, wie nahe sich ein Bauteil beim quasistationären Zustand befindet. Dazu benötigt man qualitative Angaben zur thermischen Vergangenheit und es sind diverse Meteo-Informationen erforderlich (Lufttemperatur, Luftfeuchte, Windeinwirkung, kurz- und langwellige Strahlungszustände), aber auch Hinweise über den Aufbau der Konstruktion.
Will man nun aus IR-Bildern auf Grund der Oberflächentemperaturen U-Werte ableiten, so haben die Unsicherheit der Messungen sowie die Interpretation der Oberflächentemperaturen einen entscheidenden Einfluss auf die Genauigkeit der Aussage. Bei einer definierten, akzeptierten Toleranz der Oberflächentemperatur und einem bekannten Wärmeübergangskoeffizienten außen, kann die Unsicherheit des abgeschätzten U-Wertes ermittelt werden (siehe Bild 7). Details zur Berechnung siehe [2].
Im BFE-Projekt wurden Betrachtungen mit 3 Toleranzgrenzen durchgeführt:

± 0.3 K für ausgezeichnete Aufnahmebedingungen
± 0.5 K für gute Aufnahmebedingungen (dazu die Grafik in Bild 7)
± 1.0 K für mäßige Aufnahmebedingungen

Beispiel 1 zu Bild 7:
Eine alte, ungedämmte Wandkonstruktion mit einem U-Wert im Bereich von 1.2 W/m²·K ist meist klar erkennbar. Die Unsicherheit der Aussage beträgt ca. ± 17 %. Bei einer Toleranz von ± 1 K wären es jedoch bereits ca. ± 35 %!

Beispiel 2 zu Bild 7:
Bei gut gedämmten Wänden (U < 0.3 W/m²·K) ist die Oberflächentemperatur nahe an der Außentemperatur und wird von den Meteo-Bedingungen - relativ gesehen - stark beeinflusst. Deshalb liegt die Unsicherheit bei ± 70 % und steigt bei einer Toleranz ± 1.0 K sogar auf 140 %!

Hinweis:
Die Messunsicherheit der IR-Kamera muss sinnvollerweise innerhalb der definierten Toleranzgrenze liegen. Dies wird bei QualiThermo methodisch dadurch erreicht, indem die zu bestimmende Lufttemperatur ebenfalls mit der IR-Kamera gemessen wird (= „IR-Lufttemperatur", Verfahren dazu siehe [2]). Damit basieren alle Messungen auf dem gleichen Messmittel und ein systematischer Fehler zur „wahren" Temperatur entfällt.

7 Referenzen

[1] EN 13187:1998 Wärmetechnisches Verhalten von Gebäuden – Qualitativer Nachweis von Wärmebrücken in Gebäudehüllen – Infrarot-Verfahren (ISO 6781:1983 modifiziert). Brüssel: CEN 1998

[2] Tanner, Ch.; Lehmann, B.; Frank, Th.: Schlussbericht 2011 Energetische Beurteilung von Gebäuden mit Thermografie und der Methode QualiThermo. Bern: Bundesamt für Energie (BFE). www.thech.ch/de/publikationen-literatur/bfe-bericht-qualithermo

[3] Tanner, Ch.; Lehmann, B.; Frank, Th.; Ghazi Wakili, K.: Vorschlag zur standardisierten Darstellung von Wärmebildern mit QualiThermo. In: Bauphysik, Heft 6/2011

[4] Software PicWIN-IRIS Version 7.1, ebs-thermography München, Deutschland

[5] Tanner, Ch.: Infrarotaufnahmen von Gebäuden. Erläuterungen und Hintergründe zu den am meisten beobachteten Problemstellen bei Wärmebildern von Gebäude-Außenaufnahmen. Thermografie Verband Schweiz, 2009 www.thech.ch/de/publikationen-literatur/baudokumentation

[6] Qualitätsstandard Bau, Thermografie Verband Schweiz (theCH), www.thech.ch/de/publikationen-literatur/normen-und-richtlinien

[7] MeteoSchweiz: www.meteoschweiz.admin.ch/web/de/wetter/aktuelles_wetter.html

Christoph Tanner

Dipl. Architekt FH; Von 1987 – 2005 an der Eidgenössischen Materialprüfungs- und Forschungsanstalt (Empa, Abt. Bauphysik) mit bauphysikalischen Messungen sowie praxisorientierten Forschungsprojekten beauftragt; Gründungsmitglied der QC-Expert AG, sowie seit 2007 Gründungsmitglied und Vizepräsident des Thermografie Verbandes Schweiz; Seit 2010 selbständiger Experte für Thermografie und BlowerDoor; Laufende Forschungsprojekte mit der Hochschule Luzern sowie der Empa; Verfasser zahlreicher Publikationen zu den Themen Thermografie und Blower Door Messungen.

Messtechnische Bestimmung des U-Wertes vor Ort

Dipl.-Phys. Norbert König, Fraunhofer-Institut für Bauphysik IBP, Stuttgart

1 Ziele

Der Bauherr und Investor wünscht sich ein Gebäude das technisch hochwertig, fehlerfrei produziert, langfristig schadensfrei und kostengünstig zu betreiben ist. Darin kann man behaglich wohnen oder produktiv arbeiten bei geringen Betriebskosten und guter Energieeffizienz. Die Erfüllung der gesetzlichen Anforderungen (Mindestwärmeschutz nach Landesbauordnung LBO, wirtschaftlicher Wärmeschutz nach EnEV/Bauproduktengesetz BauPG) sind i. Allg. über die Gebäudeplanung abgedeckt. Doch nur in wenigen Fällen erhält der Bauherr Kenntnis aus der Planung zu den wärme- und feuchteschutztechnischen Eigenschaften der Hüllbauteile. Nur dann kann er Alternativen bei den zu verwendenden Baustoffen, Bauteilen und Konstruktionsarten (für Herstellung und spätere Wartung) selbst verstehen und bewerten. Um Bauvorhaben wirtschaftlich erfolgreich, mangel- und unfallfrei zu erstellen, ist die Überprüfung der Planungs- und Herstellungsprozesse von der Fertigung bis zur Nutzung von größter Bedeutung. Meist fehlt aber dazu die Fachkenntnis (siehe Großflughafen Berlin!) oder man will es nicht prüfen. Auch sind abgestimmte QM-Verfahren, die es in anderen Branchen (wie dem Maschinen- oder Fahrzeugbau) perfekt gibt, im Bauwesen selten und die jeweilig passenden Messmethoden und Messgeräte zu wenig bekannt. In diesem Vortrag sollen Beispiele für die „messtechnische Bestimmung des U-Wertes vor Ort", also unter freiem Himmel, beleuchtet werden.

Die meisten der an der Baustelle verfügbaren Materialien sind zwar etikettiert, jedoch können diese vom Vorarbeiter oder Bauhelfer kaum mit dem Sollzustand nach Ausschreibung verglichen werden. Der Einbau und die Detail-Ausführung, beispielsweise von Fugen und komplizierten dreidimensionalen Anschlüssen wie Wandecken, Dachrandbereiche oder auskragende Bauteile (Wärmebrücken) liegen in der Verantwortung des Bauleiters oder Handwerkers vor Ort. Daraus ergeben sich vielfach ausführungstechnische sowie bauphysikalische Probleme hinsichtlich Schallbrücken, niedriger Oberflächentemperaturen (Tauwasser- und Schimmelbildung), Luftundichtheit, Materialunverträglichkeit, Korrosion und Bauschäden. Die tatsächliche Ausführung ist selten korrekt dokumentiert und im Streitfall kaum nachvollziehbar. Doch dazu sind ja die Bausachverständigen da! Für den kleinen Bereich der Bestimmung des Wärmedurchgangskoeffizienten U (dem früheren k-Wert) vor Ort wird im Folgenden berichtet.

2 Umfeld, Rahmenbedingungen

Meine Erfahrungen im Wärmeschutz von Bauteilen beruhen auf mehr als 35 Jahre Projektpraxis im Fraunhofer-Institut für Bauphysik IBP. Viele Messungen im Labor und an ausgeführten Gebäuden und technischen Anlagen haben gezeigt, was geht und wo die Messunsicherheiten zu groß sind. Diese Erkenntnisse flossen auch in die Mitarbeit bei DIN-, CEN- und ISO-Normenausschüsse und beim Sachverständigenausschuss „Wärmeleitfähigkeit und Wärmedämmstoffe" des DIBt in Prüfregeln für neue Zulassungen ein. Zum Beispiel 1993/4 bei der damals neuen Norm ISO 9869 „In-situ thermal resistance ..." und seit 2010 in die zu erstellende Norm „Thermal insulation - Building elements and structures - In-situ measurement of thermal performance". In dieser Arbeitsgruppe 13 von CEN TC89 wird heftig diskutiert, nach welchen Prinzipien und Messmethoden man vor Ort die thermischen Eigenschaften von opaken Bauteilen und die Wärmeverluste ganzer Gebäudestrukturen bestimmen kann. Vor allem die Einflüsse von Wind, Luftdurchgang, Sonnenzustrahlung und nächtliche Abstrahlung sollen einbezogen werden. Damit erhofft man sich (vor allem die französischen Kollegen) ergänzende, „dynamische" Kennwerte zu den stationär im Labor bestimmten R- und U-Werte. Was kann man aus diesen Erfahrungen lernen?

2.1 Regelwerke

Die Definitionen und Formeln zum Wärmedurchgangskoeffizienten U (früher k-Wert) sind u. a. genannt in der Normenreihe DIN 4108 „Wärmeschutz im Hochbau", DIN EN ISO 6946 „Bauteile, ..., Berechnungsverfahren" und DIN EN ISO 7345 „Wärmeschutz, physikalische Größen und Definitionen". Die Methoden zur Bestimmung der Oberflächentemperaturen und des Wärmeflusses durch Bauteile erläutern die Normen ISO 9869 Wärmeschutz, Bauteile, Vorortmessung des Wärmedurchlasswiderstandes und des Wärmedurchgangskoeffizienten, 1994-08 und die Neufassung als Teil 1, Entwurf 2012. Im Teil 2 des Normentwurfs ISO 9869-2 werden die Möglichkeiten mit der IR-Kamera und einem ET-Sensor diskutiert: „in-situ measurement of thermal resistance and thermal transmittance, Infrared method". Die klassische Bestimmungsmethode mit dem kalibrierten oder geregelten Heizkasten im Labor ist seit 1996 europäisch in DIN EN ISO 8990 genormt. Die Handhabung und Kalibrierung solcher Messgeräte wie Wärmestrommesser und Thermoelemente zur U-Wert-Messung sind ausführlich in der Normenreihe DIN EN 1946 „Durchführung der Messungen von Wärmeübertragungseigenschaften ..." (1999/2000) beschrieben.

In der baurechtlich relevanten Normenreihe DIN 4108 ist 2010 als Teil 8 der DIN-Fachbericht Wärmeschutz und Energie-Einsparung in Gebäuden – Vermeidung von Schimmelwachstum in Wohngebäuden – erschienen. Dort wird im Abschnitt 8 „Begutachtung bei bestehenden Gebäuden" die Empfehlung ausgesprochen: „Die Begutachtung eines vorhandenen Schimmelpilzschadens sollte daher eindeutig die Frage klären, ob die Ursache auf baukonstruktive oder nutzerbedingte Einflüsse zurückzuführen ist". Mögliche Messungen dazu sind im Kap. 8.1 vorgeschlagen:

- Messung von Raumlufttemperatur und Raumluftfeuchte zur Beurteilung hinsichtlich einer Schimmelbildung nur als Langzeitmessung,
- Messung der Oberflächentemperaturen je nach Fragestellung als Kurzzeitmessung (z. B. Infrarotverfahren zur Ortung von Fehlstellen in der Wärmedämmung; orientierende Aussage) oder als Langzeitmessung (z. B. Oberflächentemperaturen im Bereich von Wärmebrücken; quantitative Aussage),
- Messung von Luftschadstoff- und Sporenbelastung, Baufeuchte und Luftströmungen als Kurzzeitmessung.

Für Messungen zur Beurteilung von Wärmebrücken und des baulichen Mindestwärmeschutzes wird ausgesagt (Zitat): *„Kurzzeitmessungen werden als nicht geeignet angesehen. Infrarotmessungen sind ohne weitere Absicherung in der Regel nicht Ziel führend. Für quantitative Aussagen sind Langzeitmessungen erforderlich. Langzeitmessungen in diesem Zusammenhang bedeutet: Die kontinuierliche Messung und Mittelung in der Regel über mindestens zwei Wochen bei einer Außentemperatur von ≤ 5 °C (im Mittel über die Messperiode), wobei gleichzeitig jeweils die innere und äußere Oberflächentemperatur in einem nicht besonnten Bereich, die Lufttemperatur und möglichst die Luftfeuchte zu erfassen und auszuwerten sind. Bei besonnten Bereichen sind nur die Nachtzeiträume oder bewölkte Tage für die Auswertung heranzuziehen. Bei entsprechendem Nachweis der Tauglichkeit sind andere, ingenieurmäßige Mess- und Nachweisverfahren möglich."* Wie dies gerätetechnisch umsetzbar ist, wird in Kap. 3 berichtet.

2.2 Bestimmungsmethode, Definitionen

Der Wärmetransport durch Bauteile (Wände, Dächer etc., siehe Bild 1) hängt ab von

- der Wärmeleitfähigkeit der Baustoffe (Materialart, Rohdichte ρ, Temperaturniveau T, Feuchtegehalt w),
- der Temperaturdifferenz ΔT Innenluft/Außenluft, oft angegeben als $(\theta_i - \theta_e)$,
- den Übergangskoeffizienten α innen + außen (d. h. Wind, Sturm, Strahlung, Regen etc.),
- den stationären oder instationären Randbedingungen (Witterung).

Mit der Annahme, dass keine instationäre Wärmespeicherung stattfand (Sonne, nächtliche Himmelsstrahlung etc.) gilt für den quasistationären Zustand:

$$q_i = 1/R_{si} \cdot (\theta_i - \theta_{si}) \quad \text{und} \quad q_i = q_e \quad \text{sowie}$$
$$q = (\theta_{si} - \theta_{se})/(s/\lambda)$$
$$\rightarrow \quad U = q/(\theta_i - \theta_e) = \alpha_i \cdot (\theta_i - \theta_{si})/(\theta_i - \theta_e) \quad \text{in} \quad W/m^2{\cdot}K$$

d. h. aus Wärmestromdichte, den Temperaturen innen und außen (Oberflächen, Luft) und dem Wärmeübergangskoeffizient (normiert,

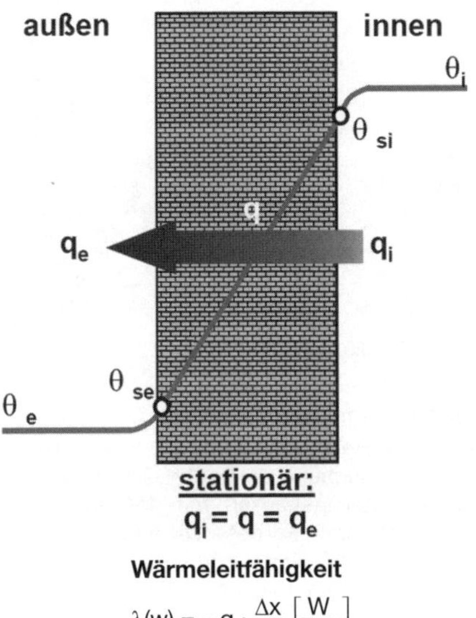

Wärmeleitfähigkeit

$$\lambda(w) = -q \cdot \frac{\Delta x}{\Delta T} \left[\frac{W}{mK}\right]$$

$$\lambda(w) = \lambda_{Tr} \cdot \left(1 + b \cdot \frac{w}{\rho_{Tr}} \left[\frac{W}{mK}\right]\right)$$

Bild 1: Schematische Darstellung des Wärmetransports

α_i = 7,7 W/m$^2 \cdot$ K) kann ohne Kenntnis der Wärmeleitfähigkeit des Baustoffs der Wärmedurchgangskoeffizient U **näherungsweise** bestimmt werden.

Die korrekte Formel nach DIN EN ISO 13790:2008-09 „Energieeffizienz von Gebäuden – Berechnung des Energiebedarfs für Heizung und Kühlung", lautet für das thermische Gleichgewicht eines Raumes Φ unter z. B. Berücksichtigung der solaren Einstrahlung I_j beim Nutzungsgrad η und der Wärmestrahlung von Oberflächen (zwei letzten Terme):

$$\Phi_t = (\Sigma UA + \Sigma\psi L + \Sigma\chi)\,\Delta\theta_t + \rho c V \Delta\theta_t + \Sigma_j UAR_{se} h_r \Delta\theta_{er} F_f t - \eta \Sigma_j UAR_{se} \alpha_j I_j$$

Dort sind also die dynamischen Parameter zur Beschreibung der realen Zustände an Gebäuden genannt. Somit müsste der „dynamische" U-Wert eigentlich mit „U-Faktor" benannt werden, wie dies in USA auch geschieht, siehe http://en.wikipedia.org/wiki/U-factor#U-value.

Die Methode zur Bestimmung des Wärmedurchgangs ist seit 1994 in ISO 9869 "Thermal insulation, Building elements – In situ measurement of thermal resistance and thermal transmittance" beschrieben. Dort ist ausführlich dargestellt, dass die quasistationären Zustände in der Praxis (in situ) nicht exakt vorkommen, jedoch hilfsweise die Messmethode funktioniert, wenn folgende Bedingungen gegeben sind oder beachtet werden:

- konstante Materialwerte und gleiche Randbedingungen mit einer Mittelwertbildung der schwankenden Temperaturen über längere Zeiträume,
- der Anteil der im Bauteil gespeicherten Wärmemenge ist gering im Vergleich zur transportierten Wärmemenge,
- Verwendung von Programmen zur dynamischen Analyse der instationären Messwerte (Mehrfachregression, wie in ISO 9869 Annex B beschrieben),
- korrekte Auswahl und Verwendung der Temperatursensoren, Wärmestrommesser und Wetterstation,
- gute Kenntnis und Einweisung in diese Messtechnik (Personalkompetenz).

Da die Bestimmung des U- oder R-Wertes nach ISO 9869 früher ohne die heute angebotene Mikroelektronik und Funksensorik sehr aufwändig war, kam diese Messmethode nur in Sonderfällen zum Einsatz. Beliebter war die Bestimmung der Oberflächentemperaturen und der Wärmebrücken mit Hilfe der Infrarot-Thermografie (ISO 6781), die schneller auszuführen war (siehe Vortrag zuvor von C. Tanner). Messgeräte, die heute zur U-Wert-Bestimmung angeboten werden, sind beispielhaft im Kap. 3 beschrieben.

3 Messgeräte, Erfahrungen

Aus eigener Messpraxis und Literaturquellen werden im Folgenden vier unterschiedliche Methoden zur Bestimmung des U-Werts vorgestellt.

3.1 Messungen mit Wärmestrommesser HFM

Ein Beispiel für eine komplette Messeinheit nach ISO 9869 wird z. B. als „TRSYS01" von Fa. Hukseflux angeboten, http://www.hukseflux.com/product/trsys01.

Diese besteht aus i. Allg. zwei Wärmestrom-Messplatten HFM (Nr. 5) und 2 Paaren von Thermoelementen (Nr. 4) plus einer Datenerfasssungseinheit (Nr. 1), siehe Bild 2.

Die vom Hersteller angegebene Messunsicherheit bei der Temperaturmessung von 0,1 K kann bei gut kalibrierten Wärmestrom-

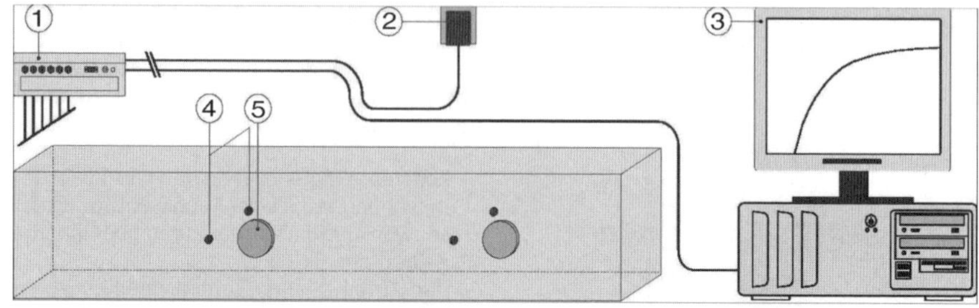

Bild 2: Schematische Darstellung der Messeinrichtung nach ISO 9869 (nach Hukseflux)

Messplatten unter Beachtung der Montage- und Messbedingungen zu einer Gesamtunsicherheit von +/–5 % führen.

Im Fraunhofer IBP werden vor allem bei Freilanduntersuchungen in Holzkirchen an realen Gebäuden und Testräumen nach dieser Methode mit HFM und Thermoelementen U- oder R-Werte gemessen. Die Kalibrierung der HFM erfolgt i. Allg. im Labor-Plattengerät nach DIN 12664 bei integrierter Montage oder im Labor-Heizkasten nach ISO 8990. Aus einer Untersuchung an Dach-Dämmsystemen an den Zwillingshäusern mit Messungen des Energieverbrauchs des Testraumes im Vergleich zu den Wärmeströmen durch die HFM entstanden die folgenden Fotos und Diagramme (Bild 3, aus Sinnesbichler/Schade: IBP-Bericht ESB-006-2009).

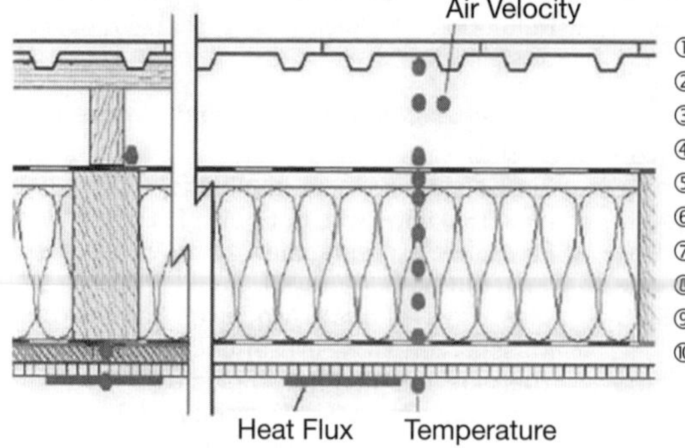

Bild 3: Beispiel für Anbringung der HFM am Dach an der Raumseite (links), Ansicht der Testhäuser in Holzkirchen (rechts) und schematischer Querschnitt des Daches mit Lage der HFM (unten)

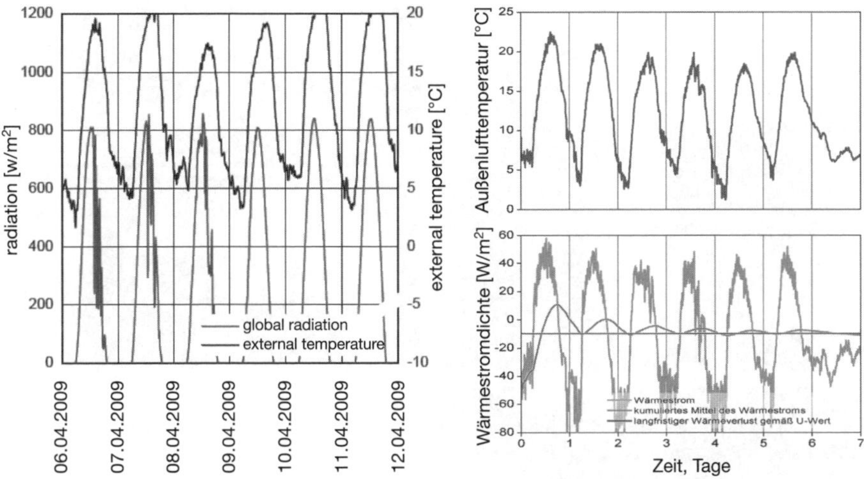

Bild 4: Fast ideale Schönwetterperiode (links, aus ESB-06-2009) und Mittelwertbildung zum U-Wert (rechts, aus wikipedia/ U-Wert/sch)

Im Bild 4 sind typische, für die Mittelwertbildung der Wärmestromdichte ideale Witterungsverläufe in einer kalten Aprilwoche dargestellt: links die Tag-Nachtschwankungen der Außentemperatur und die Globalstrahlung mit starken, täglichen Schwankungen, rechts die Integration der Wärmestromdichte zum Mittelwert über die 6 Tage Messzeit von ca. – 10 W/m².

3.2 Messung mit Thermoelementen

Von einigen Herstellern werden Messgeräte mit Thermoelementen angeboten, die den U-Wert direkt messen können, siehe http://de.wikipedia.org/wiki/U-Wert oder http://www.testo.de/view/product/de/05636353. Nachfolgend sind eigene Erfahrungen aus Messungen mit dem Gerät 635-2 im Labor und vor Ort an Fassaden oder Mauerwerk aufgeführt.

Die U-Wert-Messung an Dreifachverglasung im Labor (links) ergab 0,53 W/m²·K und zum direkten Vergleich mit dem geschütztem Heizkasten 0,64 W/m² · K, d. h. eine große Messabweichung von ca. –17 %. Dies wird verursacht durch die „grobe" Messung der Oberflächentemperatur an der Glasoberfläche. Eine Messung an Zweifach-Verglasung mit Funkfühler für Außentemperatur (ca. –2 °C, Mitte) ergibt einen „realistischen" U-Wert von 1,3 W/m²·K (Display, rechts). Allerdings sind diese Ergebnisse ohne eine gemessene Wärmestromdichte nicht ausreichend prüfbar.

Eine zweite Messung am Fassaden-Dämmpaneel unter dem Fenster zeigt die einfache Handhabung, siehe Bild 6: Anbringung der 3 Oberflächen-Thermoelemente sternförmig mit Plastilin auf der Rauminnenseite. Im Steckkopf des Kabels zum Messgerät befindet sich der Raumluftsensor. Der Außentemperatursensor ist im Funkfühler integriert und wird auf gleiche Höhe wie die raumseitigen Thermoelemente mit Abstand zum Bauteil aufgelegt. Der Funksensor sendet die Außenluftdaten über die Bluetooth-Frequenz bei 868 MHz an das Messgerät; dabei sind Mauerwerk oder ein Blechpaneele kein Hindernis. Das Ergebnis der Messung am späten Abend ohne Sonneneinfluss und bei Hochnebel (kaum Temperaturschwankungen) ergab einen U-Wert von 1,56 W/m² · K, was bei diesen guten Randbedingungen fast dem Sollwert von 1,65 W/m² · K entsprach.

Eine weitere Testmessung an Mauerwerk ohne und mit 10 cm Wärmedämmverbundsystem ergab ebenfalls realistische Werte bei stabilen Witterungsbedingungen: U = 1,5 W/m² · K ohne WDVS und an anderer Stelle des Mauerwerks mit WDVS U = 0,43 W/m² · K. Eine qualitative Unterscheidung der 2 Mauerwerksbereiche durch eine solche Messung ist einfach möglich.

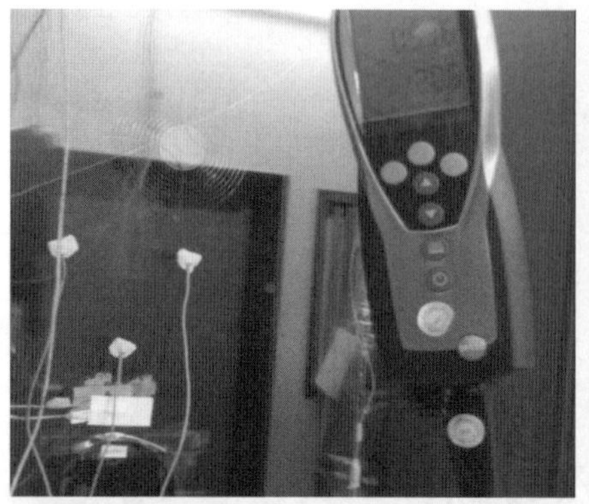

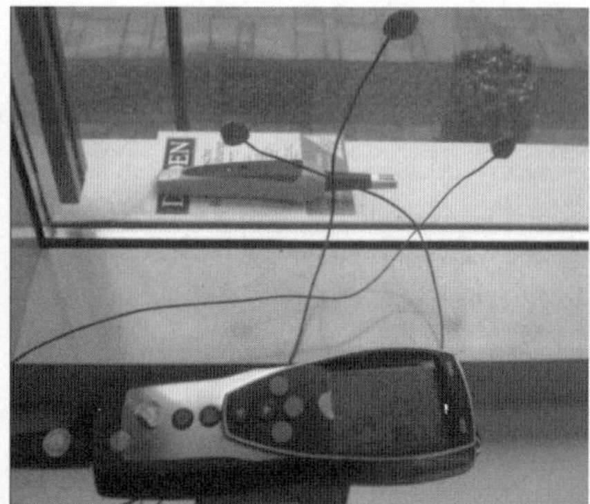

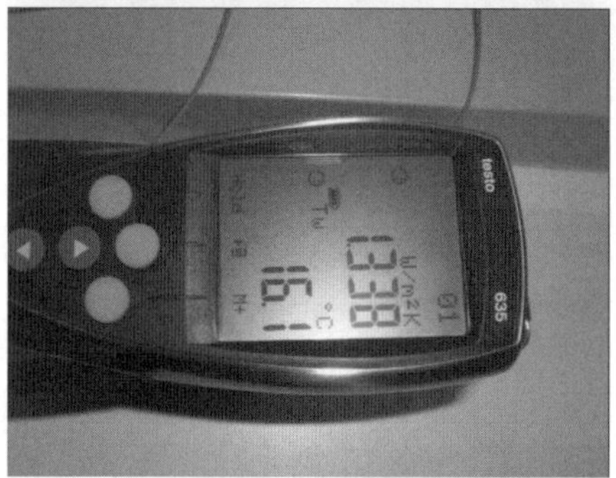

Bild 5: Messung an Verglasungen mit dem U-Gerät 635-2

Bild 6: Messung des U-Werts von einem Fassadenpaneel vor Ort innerhalb von wenigen Minuten

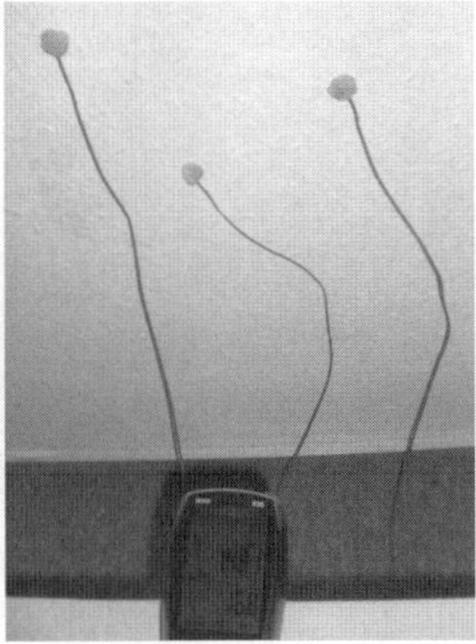

Bild 7: Messung von Mauerwerk ohne WDVS (links) und mit WDVS (Mitte, rechts) an trübem Wintertag

3.3 Messung mit Mini-Heizplatte

Ein neu entwickeltes Messgerät „U-g-lass" aus dem Projekt FensterCheck wird vom Hersteller Fa. Netzsch, siehe http://www.fenstercheck.info/pdf/FeC_Flyer_d_2010_09.pdf demnächst angeboten. Es arbeitet mit einer Heizplatte im Miniformat und ist speziell zur Bestimmung des U-Werts von Verglasungen konzipiert. Die Montage der 2 Gerätehälften erfolgt mit Saughaltern innen und außen an der Verglasung (siehe Bild 8) sowie einer Absturzsicherung.

Zukünftig wird in Bauteilen wie hochwertigen Verglasungen und Fenstern eine elektronische Kennzeichnung vorhanden sein: RFID-Transponder, ggf. auch mit Barcode-Etikett, die Angaben zum Hersteller, Lieferant, Einbaudatum etc. zur Verfügung stellen. Damit könnte bei solchen U-Wert-Messgeräten mit integriertem RFID-Reader die Ergebnisdarstellung direkt bei der Messung automatisiert mit den ermittelten Daten des jeweiligen Fensters (oder einem anderen Bauteil) gekoppelt und dokumentiert werden. So lässt sich der Aufwand für das FM im Gebäudebetrieb insbesondere für sicherheitsrelevante Wartung und Begehung reduzieren und Kosten sparen. Hinweise hierzu finden sich unter www.RFIDimBau.de und im Fraunhofer-Bericht „RFID- Kennzahlen und Bauqualität", siehe unter http://www.irbnet.de/daten/rswb/09119019866.pdf.

3.4 Messungen mit kalibriertem Heizkasten im Freigelände

An großformatigen Bauteilen oder ganzen Fassaden kann der mittlere U-Wert auch in Prüfeinrichtungen gemessen werden, die nach der Methode „kalibrierter Heizkasten" arbeiten, s. z. B. www.tu-cottbus.de/fakultaet1/de/thermophysik/forschung/labormesstechnik/ solarenergieforschung/solartestanlage.html.

Eine neue Messeinrichtung im Fraunhofer IBP Holzkirchen zur Bestimmung des U-Werts im Freigelände bei natürlicher Bewitterung unter

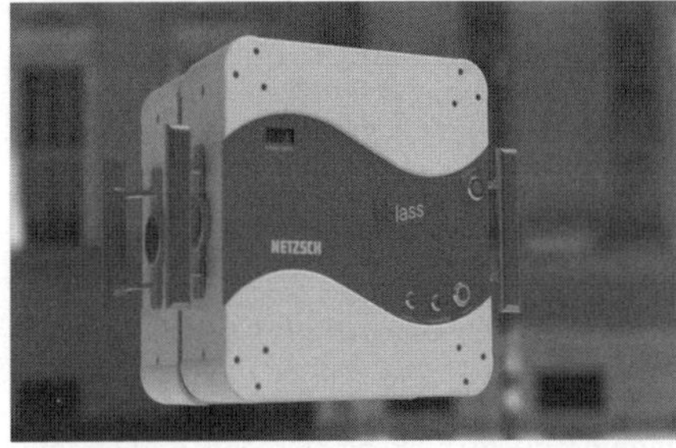

Bild 8: Innovatives Messgerät U-g-lass, nach Glaser (www.fenstercheck.info)

Bild 9: Ansicht des drehbaren, kalibrierten Heizkastens im Freigelände des IBP Holzkirchen

verschiedener Orientierung und Neigung gegen den Himmel zeigt Bild 9. Weitere Details zur Durchführung, Messtechnik und Kalibrierung sind im Bericht ESB-003/2012 enthalten (Download in der IBP-Internetseite unter „Publikationen").

Diese Anlage wurde am 10./11. April 2013 vorgestellt beim Seminar „Mehr als nur Fassade", siehe IBP-Internetseite unter „Veranstaltungen" und steht für Messungen des U-Werts von großformatigen, komplexen Bauteilen zur Verfügung.

Messungen des Wärmedurchgangs an Gebäuden und großformatigen Bauteilen dauern i. Allg. viele Tage und enthalten Wärmespeichervorgänge. Diese lassen sich mit dynamischen Berechnungen und Simulationen des Wärmetransports zusammenführen und zu Prognosemethoden für die Planung integrieren. Welche Ziele damit erreichbar sind und welche Methoden was leisten können, wird derzeit im Projekt „IEA-Annex 58: Reliable Building Energy Performance Characterisation based on full scale dynamic measurement" u. a. mit Beteiligung des Fraunhofer IBP Holzkirchen erarbeitet. Weitere Hinweise dazu finden sich im Internet unter http://www.kuleuven.be/bwf/projects/annex58/index.htm.

4 Ausblick, Zusammenfassung

Die Bestimmung des Wärmedurchgangskoeffizient U an ausgeführten Bauteilen wie Mauerwerk, Dächer, Fenster oder Verglasung kann vor Ort mit heutigen Messgeräten, Wärmestrommessern und Sensoren mit Funkübertragung relativ einfach durchgeführt werden. Die Gerätehersteller bieten selbst Methoden mit Heizplatten im Miniformat an, dank der modernen Mikroelektronik und mobilen Datenspeichern im Gigabit-Bereich. Die notwendigen Kalibrierungen und fachgerechte Handhabung der Sensoren und Geräte sind in den Normen wie ISO 9869 und EN 1946 beschrieben. Unter Beachtung dieser Regeln können bei richtiger Witterung und ggf. unter Verwendung von dynamischen Auswerte-Programmen gute, qualitative Messergebnisse erzielt werden. Bei manchen neuen Messgeräten sollten anerkannte Ringversuche mit vergleichenden Labormessungen noch die Messunsicherheit und die Praxistauglichkeit für gute, quantitative Ergebnisse belegen. Dann stehen den Bausachverständigen, aber auch den Bauherrn und den Marktüberwachern, ein interessantes Betätigungsfeld offen.

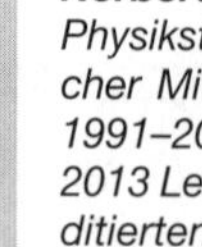

Norbert König

Physikstudium Universität Stuttgart, Dipl.-Phys.; Ab 1976 wissenschaftlicher Mitarbeiter beim Fraunhofer-Institut für Bauphysik (IBP), Stuttgart; 1991–2008 Leiter der Abteilung „Neue Baustoffe und Bauteile"; 1991–2013 Leiter der vom DIBt anerkannten und von DAP/DAkkS flexibel akkreditierten PÜZ-Stelle „Wärme-Kennwerte"; 2008–2013 zusätzlich Geschäftsfeld-Verantwortlicher RFID/ Bauprodukt-Kennzeichnung, siehe – http://www.RFIDimBAU.de –; Seit 2013 im Altersruhestand und noch beratend für Fraunhofer-IBP tätig.

Langjährige Mitarbeit in nationalen und internationalen Gremien u. a. im DIBt- Sachverständigenausschuss „Wärmedämmstoffe", bei der Standardisierung im DIN NABau „Wärmedämmstoffe", „Wärmeschutz" und Obmann im Ausschuss 98 „Wärmetechnisches Messen"; In CEN TC 89 Mitarbeit bei WG 12 „Reflective Insulation" und WG 13 „In-situ thermal performance of construction products, building elements and structures" als Leiter der TG 2-3 "elements and components".

Typische Fehlerquellen bei der Luftdichtheitsmessung

Dipl.-Ing. (FH) Wilfried Walther, Büro für Bauphysik und Energieberatung, Springe, Vorsitzender des FLiB e. V., Berlin

1 Einleitung

Messungen der Luftdurchlässigkeit der Gebäudehülle werden in Deutschland aus zwei Motiven heraus durchgeführt: Zum einen soll die Qualität der Luftdichtheitsebene hinsichtlich Luftlecks von Verklebungen und Abdichtungsmaßnahmen überprüft werden,
„Zu errichtende Gebäude sind so auszuführen, dass die wärmeübertragende Umfassungsfläche einschließlich der Fugen dauerhaft luftundurchlässig entsprechend den anerkannten Regeln der Technik (bis 2004 den Stand der Technik) abgedichtet ist." (EnEV 2009, § 6, vgl. EnEV 2002 und 2007, § 5 der jeweiligen Fassung)
und zum anderen soll die Gesamtleckagefläche der Gebäudehülle, ausgedrückt durch die Luftwechselrate n_{50}, begrenzt werden, zur Reduzierung der Lüftungswärmeverluste:
„Wird die Dichtheit eingehalten, kann in der Berechnung des Jahres-Primärenergiebedarfs (Heizperiodenverfahren, Referenzverfahren) eine reduzierte Luftwechselrate (und damit geringerer Lüftungswärmeverlust) eingesetzt werden." (vgl. EnEV 2009, § 6)
Die KfW stellt, analog der EnEV, in ihren technischen Mindestanforderungen folgende Anforderungen:
„Der Ansatz eines reduzierten Luftwechsels mit $n = 0{,}6\ h^{-1}$, bzw. $0{,}55\ h^{-1}$ bei Gebäuden mit Lüftungsanlage kann nur verwendet werden, wenn auch nach Abschluss des Sanierungsvorhabens die entsprechend erforderliche Luftdichtheit des Gebäudes mit einer Blower-Door-Messung nachgewiesen wird." (KFW-Technische Mindestanforderungen, Anforderungen bei der energetischen Fachplanung und Baubegleitung an den Sachverständigen, Seite 3)
Am Beispiel der Arbeitsschritte einer Luftdurchlässigkeitsmessung für eine EnEV-Nachweismessung können folgende Fehlerquellen benannt werden:

2 Schritt eins: Vorbereitungen, vor dem Messtermin

Arbeitsschritte:
Zweck der Messung klären, Anforderungsgröße nachfragen, Termin bestimmen.

Fehlerquellen:
- Es wird nicht nach dem Zweck der Messung gefragt oder der Auftraggeber kann keine Angaben machen. Der Zweck der Messung regelt aber die Verfahrensschritte zur Gebäudepräparation und gibt Vorgaben der einzuhaltenden Grenzwerte (EnEV-Schlussmessung, Messung nach DIN 4108-7, DIN V 18599 Vorgaben des PHI, etc.).
- Daten werden falsch übermittelt (Wohnfläche statt Nettogrundfläche).
- Keine Überprüfung der Volumenberechnung mit den Plänen.
- Systemgrenze ist nicht definiert.

Relevanz: Hoch

Grund:
Das Messergebnis, die Luftwechselrate n_{50}, wird gebildet aus der Division des Leckagestroms V_{50} durch das Gebäudeinnenvolumen (Nettorauminhalt [DIN 277:2005]). Die korrekte Bestimmung des Innenvolumens ist genauso wichtig, wie die korrekte Messung des Leckagestroms V_{50}. Ersichtlich wird damit auch, dass eine Messung erst im fertigen Zustand durchgeführt werden kann. Fehlende Einbauten (z. B. Dunstabzugshauben) können das Ergebnis noch verändern. Für die Bestimmung des Nettorauminhaltes müssen die Systemgrenzen definiert sein.

Typischer Fehler:
Ungenügende Informationen über das Objekt, die Systemgrenzen sind unklar.

3 Schritt zwei: Vorbereitungen am Messtermin

Arbeitsschritte:
Durch alle Räume gehen, um das Gebäude messfähig zu erklären, zu messende Gebäudeteile und Räume bestimmen, Maße kontrollieren, Bezugsgrößen bestimmen oder überprüfen. Einbauort des Messgerätes festlegen, Heizungsart erfassen, Lüftungsart erfassen, Zutritt zum Objekt verhindern (evt. Türen abschließen).

Fehlerquellen:
- Aus Zeitdruck werden Räume schlichtweg vergessen zu untersuchen.
- Systemgrenzen sind „interpretierbar“ (Planungsfehler, es sind Heizkörper außerhalb der Systemgrenze installiert).
- Der Nettorauminhalt wird am Objekt nicht kontrolliert und nicht korrigiert.
- Als Messort wird eine sehr undichte Tür-/Fensteröffnung (z. B. Haustüre) gewählt und wichtige Leckagen werden nicht erfasst.
- Raumluftabhängige Feuerstätten werden als solche nicht erkannt (Folgefehler für die Gebäudepräparation).
- Lüftungsanlage wird nicht als solche erkannt (Folgefehler für die Gebäudepräparation).
- Kein Zutrittsverbot zum Objekt während der Messung.
- Das Objekt ist nicht fertiggestellt und es wird trotzdem gemessen.

Relevanz: Hoch

Grund:
Die am Messtermin vorgefundene Situation definiert Bezugsgrößen (Netto-Innenraumvolumen) und die Gebäudepräparation. Beides wirkt direkt auf das Messergebnis.

Typischer Fehler:
Planungs- und Ausführungsänderungen zwingen Messdienstleister zu einer (falschen) Entscheidung. Es wird trotzdem gemessen.

4 Schritt drei: Gebäudehülle präparieren

Arbeitsschritte:
Durch alle Räume gehen, Innentüren öffnen und sichern (Keile), Fenster und Außentüren schließen, Heizung ausschalten, Lüftung ausschalten. Außenluft-/Fortluftkanäle abdichten, weitere Öffnungen abdichten/schließen/keine Maßnahme entsprechend dem Zweck der Messung.

Fehlermöglichkeit:
- Aus Zeitdruck werden Räume vergessen.
- Kein Luftverbund mit den zu messenden Räumen, Gebäudeteilen.
- Fenster sind nur angelehnt, statt verschlossen.
- Technische Geräte sind in Betrieb (Lüftungsgerät geht während der Messung an).
- Verfahrensnotwendige Maßnahmen werden nicht beachtet. Öffnungen sind nicht nach den vereinbarten Regeln abgedichtet/geschlossen oder „keine Maßnahme“ (z. B. Kaminöfen nicht präpariert, Ballblasen zu locker eingebaut, Abdichtung unkorrekt vorgenommen).

Relevanz: Hoch

Grund:
Es gibt unterschiedliche Vorgaben, wie die Gebäudepräparation auf den jeweiligen Messzweck hin abgestimmt werden soll. Die EnEV selbst nennt kein spezifisches Verfahren sondern nur die DIN EN 13829. Die Vorgaben sind darin (Verfahren A) klar und eindeutig und durch den Fachverband Luftdichtheit im Bauwesen in einem Beiblatt zur DIN 13829 (2002) präzisiert worden. Da die Fachkommission Bau seit Veröffentlichung der Staffel 5 (2004) einerseits auf das Verfahren B verweist und zudem bei der Beantwortung von Auslegungsfragen zu diesem Verfahren eine konträre Auffassung in manchen Details vertritt, wenden Messdienstleister nicht immer eine einheitliche Präparation an.

Typischer Fehler:
Vorgaben zur Gebäudepräparation werden wegen fehlender Checklisten und eines „Leitfadens zur Gebäudeabdichtung“ unterschiedlich interpretiert.

5 Schritt vier: Messgerät einbauen

Arbeitsschritte:
Referenz-Schlauch nach außen legen, Rahmen mit Plane dicht einbauen, Gebläse funktionsfähig einsetzen, Druckmessgeräte einschalten und funktionsfähig anschließen.

Fehlerquellen:
- Das Ende des Referenzschlauchs ist zu nahe am Ausströmungsbereich der Luft des Gebläses, oder ist nicht windgeschützt.
- Plane undicht eingebaut.
- Gebläse nicht gewartet.

- Volumenstrom-Messeinrichtung wird nicht störungsfrei angeströmt.
- Druckmessgeräte sind nicht kalibriert.

Relevanz: Niedrig

Grund:
Die Erfahrungen aus Ringversuchen des Fachverbandes und von Schulungs- und praktischen Qualifizierungsprüfung des FLiB e. V. zeigen, dass der Geräteeinbau durch den Messdienstleister i. d. R. gut beherrscht wird. Fehler werden normalerweise durch den Messdienstleister gleich erkannt und korrigiert. Druckmessgeräte können regelmäßig nachkalibriert werden. Fehler sind im Auswertungsprotokoll ersichtlich.

Typischer Fehler: Keiner

6 Schritt fünf: Vormessung – Prüfung der Gebäudepräparation und große Leckagen

Arbeitsschritte:
Konstante Druckdifferenz (ca. 50 Pa) einstellen, durch alle Räume gehen, Präparation überprüfen, ggf. nachbessern, große Leckagen notieren.

Fehlerquellen:
- Die Leckageortung findet nicht mit der höchsten vorgesehenen Druckdifferenz statt, Luftströme werden nicht wahrgenommen.
- Es werden nicht alle Räume untersucht und Öffnungen sind offen, die geschlossen sein sollten.
- Temporäre Abdichtungen werden nicht auf Dichtheit überprüft.

Relevanz: Hoch

Grund:
Durch eine Öffnungen mit 100 cm^2 strömt bei 50 Pascal Druckdifferenz ein Volumenstrom von ca. 200 m^3 Luft (1 cm^2 = 2 m^3/h). Diese Luftmenge erhöht bei einem EFH (Innenraumvolumen 400 m^3) die Luftwechselrate n_{50} um den Wert 0,5 1/h.

Typischer Fehler:
Es werden Räume vergessen zu untersuchen und temporäre Abdichtungen nicht kontrolliert.

7 Schritt sechs: Hauptmessung – Volumenstrom-Messung durch Differenzdruck-Messreihe

Arbeitsschritte:
Aktuelle Umgebungsbedingungen Wind und Temperatur außen/innen notieren, natürliche Druckdifferenz bestimmen, Messreihe mit Unterdruck aufnehmen, Messreihe mit Überdruck aufnehmen.

Fehlerquellen:
- Wetterdaten werden nicht notiert oder falsch eingegeben.
- Ablesefehler bei einer manuellen Messung.
- Weitere falsche Eingabe von Randbedingungen.

Relvanz: niedrig

Grund:
Durch eine detaillierte Beschreibung der Durchführung einer Messreihe in DIN EN 13829 mit Kriterien, bei welchen Messwerten eine Messreihe als ungültig erklärt wird, ist eine Bestimmung des Leckagestroms V_{50} mit geringer Unsicherheit möglich. Die grafische Auswertung der Messreihe zeigt größere Messfehler, die durch Wind, Ablesefehler oder andere Störeinflüsse, entstanden sind an. Die Notwendigkeit einer Wiederholungsmessung wird leicht ersichtlich. Die Messwertaufnahme und -auswertung ist meist „EDV-gestützt" und somit sind Fehler reduziert. Die Bildung eines Mittelwertes aus Überdruck-/Unterdruckmessung eliminiert Temperatur- und Windeinflussfehler. Die Messunsicherheit der Luftvolumenströme wird nach DIN EN 13829 mit einer Genauigkeit von ±7% des Messwertes gefordert und von den Geräten eingehalten. Die Druckwertaufnehmer für den Differenzdruck unterliegen einer Toleranz nach EN DIN 13829 von ±2 Pa. und werden bei elektr. Messgeräten weit unterschritten. Eine falsche Eingabe der Größe der Reduzierblende (bei manchen Messsystemen) in die Auswertesoftware, kann durch den nachfolgenden Schritt „Messung überprüfen" erkannt werden.

Typischer Fehler:
Messwerte werden nicht sofort überprüft, keine Wiederholungsmessung.

8 Schritt sieben: Messung überprüfen

Arbeitsschritte:
Überprüfen der Messwerte, Auswertegrafik, Fehlerbereiche auf Unregelmäßigkeiten, Abgleich der „gefundenen Leckagen" mit dem Leckagestrom V_{50}.

Fehlerquellen:
- Auswertungsergebnisse der Messreihen werden ignoriert.
- Wiederholungsmessung wird nicht durchgeführt, um Messwert zu bestätigen oder zu korrigieren.

Relevanz: mittel

Grund:
Messdienstleister können die Messreihe und weitere Auswerteergebnisse auf Fehler hin untersuchen. Die Anzahl großer Leckagen kann mit dem Wert der Luftdurchlässigkeit V_{50} auf Plausibilität hin überprüft werden (große Leckagen bedeuten große Volumenströme).

Typischer Fehler:
Messergebnisse werden nicht sofort auf Plausibilität überprüft.

9 Schritt acht: Abbau

Arbeitsschritte:
Messeinrichtung abbauen, durch alle Räume gehen, Präparationen zurückbauen, (z. B. Ballblasen einholen), alle Geräte wieder einschalten.

Typischer Fehler: Keiner

10 Zusammenfassung

Mit ausreichender Genauigkeit wird der Leckagestrom V_{50} als erste Größe bei der Ermittlung der Luftwechselrate n_{50} durch eine Messreihe nach DIN EN 13829 (2001) ermittelt. Eine Mittelwertbildung aus einer Überdruck-, oder Unterdruckmessung egalisiert Ungenauigkeiten durch Witterungseinflüsse.
Ein bedeutender Fehler kann bei der Bestimmung des „zu messenden Gebäudevolumens" gemacht werden. Die Ursache liegt dabei weniger beim Messdienstleister, sondern häufig an einem fehlenden oder unschlüssigen Luftdichtheitskonzept und Verlauf der Systemgrenzen. Verlaufen Dämmebene und Luftdichtungseben nicht zusammen in einer Gebäudeschicht ist die Bestimmung des zu messenden Gebäudevolumens unklar. Ebenso wenn z. B. Heizkörper außerhalb der Systemgrenze liegen.
In gleicher Größenordnung können Fehler bei der Gebäudepräparation gemacht werden. Selbst bei großer Sorgfalt des Messdienstleisters können Fehler bei der Interpretation der existierenden Regelungen entstehen. Es fehlt schlichtweg eine akzeptierte Informationsschrift wie baulich gewollte Öffnungen abgedichtet, geschlossen oder im Nutzungszustand gelassen werden. Im Zweifelsfalle wird Messdienstleistern empfohlen eine zusätzliche Messung durchzuführen.
Bei Nichtbeachtung der DIN 277 (2005) werden ebenfalls Fehler bei der Bestimmung der Nettogrundfläche und der Bestimmung der lichten Raumhöhe gemacht.
Unterstützung für qualitativ hochwertige Messungen bietet der Fachverband Luftdichtheit im Bauwesen (FLiB) Checklisten und Musterprüfberichte an.

11 Literatur

[1] Fachkommission Bautechnik der Bauministerkonferenz (2004): Auslegungsfragen Teil 5, Seite 2ff

[2] Auslegung zu § 5 i.V.m. Anhang 4 Nr. 2 (Luftdichtheitsprüfung) , DiBt (Hrsg.). (2009): Teil 11, Seite 19ff, Auslegung zu § 6 i.V.m. Anlage 4 Nr. 2 EnEV 2007 (Luftdichtheitsprüfung). (2011): Teil 14, Seite 2ff, Auslegung zur § 6 Abs. 1 Satz 3 i. V. m. Anlage 4 Nummer 2 EnEV 2009 (Nachweis der Luftdichte bei Nichtwohngebäuden), DiBt (Hrsg.)

[3] Köpcke, Ulf (2012): Die Luftdichtheit der Gebäudehülle im öffentlichen und privaten Baurecht. In: Gebäude-Luftdichtheit – Band 1, Kapitel 6, FLiB e.V. (Hrsg.)

[4] Rolfsmeier, Stefanie: Erfahrungen mit Luftdurchlässigkeit bei Ringversuchs-Messungen – Vortrag anlässlich 5th international Buildair-Symposium am 21./22. Oktober 2010 in Kopenhagen

[5] Solcher, Oliver: Gebäudepräparation bei Gebäuden mit Lüftungsanlagen – Bericht über den FLiB-workshop – Auswirkungen der Gebäudepräparation in der DIN V 18599. Vortrag anlässlich 7th international Buildair-Symposium am 11./12. Mai 2012 in Stuttgart

[6] Vogel, Klaus; Renn, Markus (2012): Überprüfung der Luftdichtheit (Anforderungen und Gebäudepräparation) In: Gebäude-Luftdichtheit – Band 1, Kapitel 3.7, FLiB e.V. (Hrsg.)

[7] Zeller, Joachim (2012): Messung der Luftdurchlässigkeit der Gebäudehülle. In: Gebäude-Luftdichtheit – Band 1, Kapitel 3.1, FLiB e.V. (Hrsg.)

[8] Zeller, Joachim (2012): Messgenauigkeit und Fehlerrechnung. In: Gebäude-Luftdichtheit – Band 1, Kapitel 3.4, FLiB e.V. (Hrsg.)

Dipl.-Ing. (FH) Wilfried Walther

Dipl.-Ing. (FH), Holzingenieur, Sachverständiger für Bauphysik, selbstständig mit eigenem Büro für Bauphysik und Energieberatung in Springe; Zunächst wissenschaftlicher Mitarbeiter am Fraunhofer Institut für Bauphysik in Holzkirchen und seit 1991 Mitarbeit im Energie- und Umweltzentrum am Deister (e. u. [z.]) bei Hannover; Seitdem in der Entwicklung und Lehre in den Themenfeldern Niedrig-Energie-Haus, energetische Altbaumodernisierung und „Luftdichtheit der Gebäudehülle“ tätig; Gründungsmitglied des „Fachverbandes Luftdichtheit im Bauwesen“ und seit 2012 auch 1. Vorsitzender, sowie Obman einer Arbeitsgruppe der WTA Merkblattreihe „Luftdichtheit im Bestand“; Seine Arbeitsschwerpunkte sind bauphysikalische Berechnungen und Seminare zu Wärmebrücken, Innendämmung, instationäre Feuchteberechnungen und „Luftdichtheit“.

Erfahrungen beim Umgang mit einem Messgerät auf Mikrowellenbasis zur Feuchtebestimmung am Baustoff Porenbeton

Dipl.-Ing. Holger Harazin, ö.b.u.v. Sachverständiger für Schäden an Gebäuden, Leipzig

1 Einleitung

Für die technische Bewertung baulicher Zustände durch Sachverständige ist die alleinige Inaugenscheinnahme oft nicht ausreichend. Um den Zustand von Baukonstruktionen oder deren Teile zu dokumentieren, ist meist der Einsatz von Messgeräten unerlässlich. Der Anwender von Messtechnik hat sich allerdings darüber im Klaren zu sein, was das verwendete Messgerät zu leisten vermag, wie die ermittelten Ergebnisse zu bewerten sind und welche Schlussfolgerungen aus den Anzeigewerten getroffen werden können.

Neben der Kenntnis der gerätespezifischen Toleranzen kann es durchaus für die Interpretation des Messergebnisses von Bedeutung sein, auf welcher Grundlage die angezeigten Messwerte basieren.

Im nachfolgenden Beispiel werden eigene Erfahrungen aus dem Einsatz eines Messgerätes zur Feuchtebestimmung an Porenbetonwänden vorgestellt, welches die Feuchtigkeit auf Basis von Mikrowellen anzeigt.

2 Problemstellung

Durch planungsbedingte Verzögerungen und Fehlkoordinierung der Gewerke während der Erstellung des Rohbaus einer Dreifeldturnhalle wurden die Mauerwerksinnenwände aus Porenbeton mit erheblicher Feuchtigkeit beaufschlagt. Bei der Gebäudekonstruktion handelte es sich um eine Stützen-Riegel-Konstruktion. Die Innenwände aus Porenbeton wurden im Sozialtrakt meist zwischen den Stützen als nicht tragende Innenwände ausgeführt. Über dem dreigeschossigen Sozialtrakt des Gebäudes war ein Flachdach mit Attika vorgesehen.

Die Herstellung der Dächer erfolgte mit großem zeitlichem Verzug nach der Herstellung der Porenbetoninnenwände. Während dieser niederschlagsreichen Zeit konnte Wasser zu den gemauerten Innenwänden bis ins Erdgeschoss gelangen (Bild 2) und hier durch ständige Wasserbeaufschlagung zum Teil auch zur Bildung von Biomasse führen. Betroffen waren fast ausschließlich 24–30 cm starke unverputzte Porenbetonwände, hergestellt im Klebeverfahren. Einige wenige Wände besaßen eine Dicke von 17,5 cm.

Das Bauvorhaben sollte schnellstmöglich fertiggestellt werden.

Aufgrund der Sachlage und der Eigenschaften von Porenbeton war u. a. der Feuchtegehalt, den die Wände besaßen, zu ermitteln und zu bewerten und festzustellen, ob lediglich die Wandoberflächen, oder aber auch der gesamte Wandquerschnitt der einzelnen Mauerwerkswände erhöhte Feuchtigkeit besaßen. Erschwerend kam hinzu, dass zwischen Objekterstbesichtigung und Beauftra-

Bild 1: Gebäudeansicht

Bild 2: Typische Innenwand

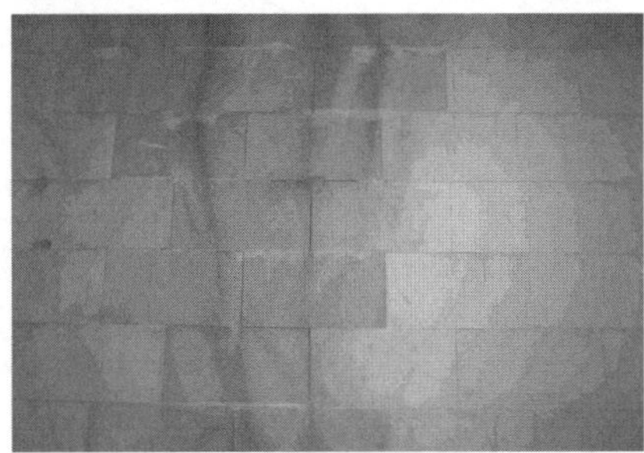

Bild 3: Teilweise sichtbarer Bewuchs

gung zur Feuchtigkeitsuntersuchung mehrere Monate vergingen und durch die in der Zeit hergestellte Dachabdichtung die Mauerwerksoberflächen bereits zum Teil abgetrocknet waren.
Bei der Lösung der Aufgabenstellung waren zu beachten:

- Eine zügige Abwicklung der Feststellungen und eine schnelle Auswertung der Messergebnisse (Fertigstellungstermin und ggf. teilweiser Mauerwerksaustausch) waren sicherzustellen.
- Die zu untersuchende Wandfläche betrug ca. 1.500 m^2, bestehend aus Wänden von zumeist 20 m^2 und kleiner.
- Der Feuchtegehalt und die Eindringtiefe des Wassers in die einzelnen Wände waren zu ermitteln (oberflächennah oder Kernbereich).
- Die Wahrscheinlichkeit eines Rechtsstreits zwischen den Parteien war gegeben.

Es musste eine Messmethode bzw. ein Messgerät gefunden werden, das:

- gut handhabbar und mobil ist,
- Anzeigewerte mit geringen Zeitverzögerungen liefert,
- ausreichend genaue Messdaten liefert,
- kostengünstig einsetzbar und beschaffbar ist und
- Ergebnisse aus mehreren Tiefen ermöglicht.

3 Geplante Vorgehensweise

Für die Durchführung der Messaufgabe wurde ein Gerät ausgesucht, das nach Angabe des Herstellers die vorhandene Feuchtigkeit im Baustoff Porenbeton auf Mikrowellenbasis bis in eine Tiefe von 30 cm und mehr ermitteln kann und gemäß den Herstellerinformationen über eine ausreichende Messgenauigkeit verfügte.
Im Internet wurden vom Hersteller auf der firmeneigenen Seite unter anderem folgende Parameter zur Verfügung gestellt:

- Einsatzbereich: 0 % < F < 400 % (Feuchtesatz), materialabhängig
- 0 % < F < 80 % (Feuchtegehalt), materialabhängig
- Absolutgenauigkeit: 0,1 ... 0,5 % erreichbar, materialabhängig
- Messvolumen: Messkopf 1: 20 cm^3, Messkopf 2: 10 ... 15 Liter
- Eindringtiefe: materialabhängig, Messkopf 1: bis zu 4 cm, Messkopf 2: bis 30 cm
- Temperaturbereich: 0 .... 70 °C

Die verwendeten Messköpfe 1 und 2 wurden nach Rücksprache mit dem Hersteller für die Messung des Porenbetons mit der beschriebenen Wandstärke vorgeschlagen und angeboten. Ein derartiges Gerät schien für den Einsatz geeignet und wurde daraufhin direkt beim Hersteller angemietet.
Um die Funktion des Gerätes darzustellen, aber auch um spätere Zweifel an der Funktionstüchtigkeit des Gerätes auszuräumen, wurden in Abstimmung mit dem Hersteller Probeflächen angelegt, aus denen Proben für eine labortechnische Untersuchung (Darrtrocknung) entnommen werden sollten. Die Proben sollten aus einer Tiefe von bis zu 4 cm und bis zu ca. 20 cm entnommen werden.
Die Probeflächen wurden u. a. so gewählt, dass in den einzelnen Flächen selbst eine möglichst gleichmäßige Feuchtigkeitsverteilung vorhanden war, aber die Flächen untereinander eine möglichst unterschiedliche Feuchtigkeit aufweisen, um das zu untersuchende Feuchtigkeitsspektrum des Baustoffs im Gebäude abzubilden. Die Flächen waren jeweils in zwei Tiefen, in ca. 4 cm und über die gesamte Wanddicke zu untersuchen (Messung vor Ort). Aus dem Bereich der Probeflächen waren Proben zu entnehmen, deren Feuchtigkeit nach der Darrtrockenmethode zu ermitteln war, um die Ergebnisse mit denen des Messgerätes zu vergleichen.
Im Anschluss an die Auswertung der Ergebnisse aus den Probeflächen sollte dann die Untersuchung aller Wände mit dem Messgerät vor Ort stattfinden.

4 Prüfung des Messgeräts für den geplanten Einsatz

Nach der Anmietung des Messgeräts vom Hersteller wurden die Geräteunterlagen durchgesehen. Aus dem Datenblatt des Gerätes konnte entnommen werden, dass im Gerät eine Messkurve (Kalibrierung) für Porenbeton mit einer Rohdichte von 400 kg/m^3 hinterlegt und abrufbar war (In der Geräteanzeige konnte Porenbeton ausgewählt werden. Ein Hinweis auf die Rohdichte war nicht vorhanden).

Nach Rücksprache mit dem Hersteller waren weitere Datensätze für Porenbeton nicht vorhanden. Eine Verwendung für die Aufgabe wurde trotzdem nicht ausgeschlossen, denn die tatsächlich vorhandene Rohdichte musste erst durch Probenahme ermittelt werden. Damit war klar, dass eine komplett zerstörungsfreie Messung mit dem Gerät nicht möglich ist, da immer Proben für die Ermittlung der Rohdichte des zu untersuchenden Materials entnommen werden müssen, um die Genauigkeit der Messergebnisse zu erzielen, wie sie vom Hersteller angegeben wurde.

Vor Ort wurden, wie im Bild 4 beispielhaft dargestellt, mehrere Messfelder (in Abstimmung mit dem Messgerätehersteller mindestens 5 x 5 Messpunkte mit einem Messabstand von ca. 25 cm) angelegt.

Mit Hilfe eines vom Messgerätehersteller zur Verfügung gestellten Programms konnten die Messergebnisse, wie in den Bildern 5 bis 8 beispielhaft dargestellt, für die Auswertung ausgelesen werden.

Bei den Bildern 5 und 6 handelt es sich um eine visuell trockene Probefläche und bei den Bildern 7 und 8 um eine visuell nasse Probefläche.

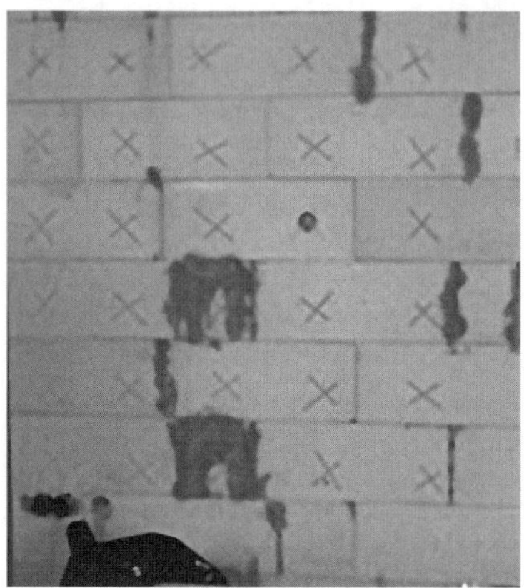

Bild 4: Probefläche vor Ort

Auffällig bei der Probefläche 2 sind die niedrigen Messwerte, wie sie typisch für Ausgleichsfeuchten von Porenbeton sind [3].

Die Probeentnahmen erfolgten wie geplant für das Messfeld vorn in einer Wandtiefe von ca. 0 – 4 cm und für das Messfeld gesamt an gleicher Stelle bis ca. 20 cm.

Die Ergebnisse aus den labortechnischen Untersuchungen der Proben nach der Darrtrockenmethode aller vier Entnahmestellen sind in Tab. 1 dargestellt.

Die Ergebnisse in der Tabelle 1 zeigen Abweichungen zwischen der Darrtrocknungsme-

Tabelle 1: Gegenüberstellung der Messergebnisse

Probefläche	Messtiefe/ Probenentnahme*	Feuchtegehalt Darrtrocknung	Feuchtegehalt Messgerät	Abweichung
1	bis 4/4 cm	20,74 %	1,70 %	91,80 %
	bis 24/20 cm	23,32 %	5,30 %	77,27 %
2	bis 4/4 cm	19,06 %	1,50 %	92,13 %
	bis 24/20 cm	31,89 %	4,10 %	87,14 %
3	bis 4/4 cm	66,37 %	37,80 %	43,05 %
	bis 30/20 cm	65,00 %	41,30 %	36,46 %
4	bis 4/4 cm	50,51 %	21,90 %	56,64 %
	bis 24/20 cm	52,47 %	22,80 %	56,55 %

* Die Proben für die Darrtrocknung wurden aus den Tiefen bis 4 cm und von 4 cm bis 20 cm entnommen

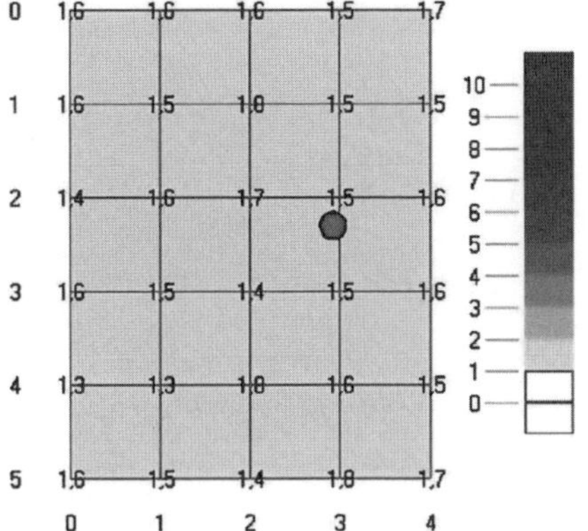

Bild 5: Probefläche 2 vorn

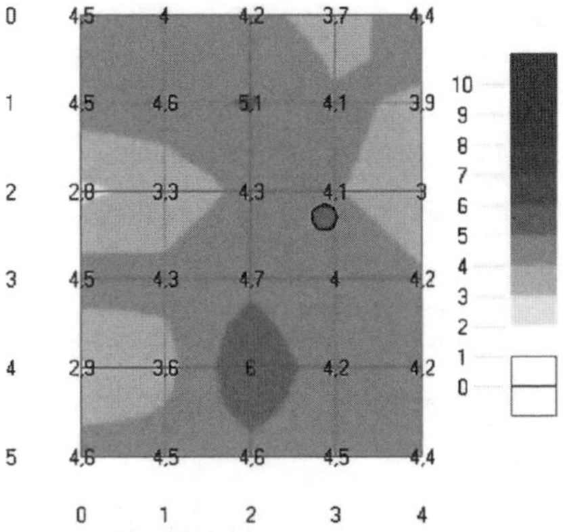

Bild 6: Probefläche 2 gesamt

thode und den Gerätemessergebnissen von bis zu über 90 %. Folglich konnten die Untersuchungen nicht wie geplant durchgeführt werden.

Bei der Analyse des Fehlers wurde festgestellt, dass die Rohdichten der beprobten Materialien ca. 0,7 kg/dm³ und ca. 0,55 kg/dm³ betrugen und somit von den Werten der Gerätekalibrierung abwichen. Der Hersteller wies außerdem darauf hin, dass die Anzeige auf seinem Messgerät den Feuchtesatz in „wet base" ausweist. Die in Deutschland übliche Messung (z. B. nach WTA-Merkblatt 4-11-02/D) [1] wurde vom Messgerätehersteller als „dry base" bezeichnet.

Zur Erläuterung: Als Grundlage für die Messung der Feuchte von mineralischen Baustoffen im deutschen Bauwesen wird z. B. das WTA-Merkblatt 4-11-02/D [1] herangezogen. Demnach ermittelt sich der Wassergehalt oder auch Feuchtegehalt in Masseprozent wie folgt:

$$u_m = \frac{m_f - m_{tr}}{m_{tr}} \cdot 100\ \% \qquad \text{[nach WTA]}$$

mit

m_f = Masse der feuchten Baustoffprobe in kg

m_{tr} = Masse der trockenen Baustoffprobe in kg

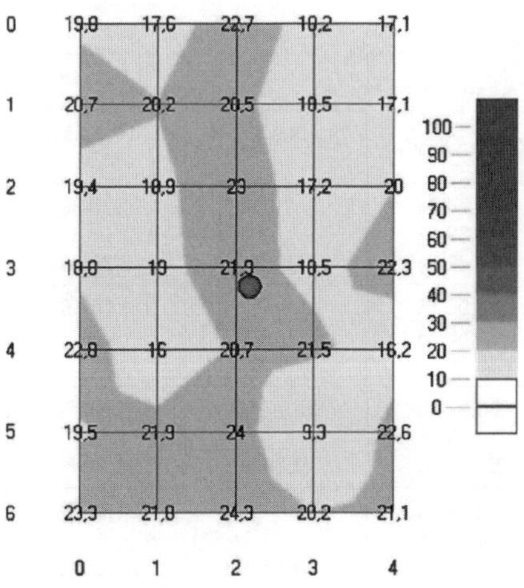

Bild 7: Probefläche 4 vorn

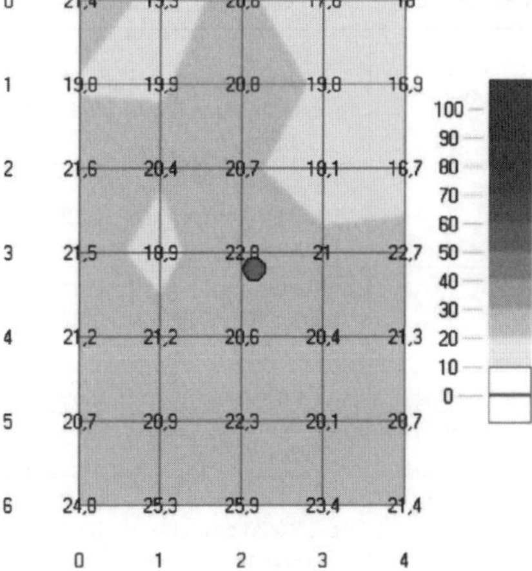

Bild 8: Probefläche 4 gesamt

Die Anzeigewerte des Messgeräts wurden aber auf der Basis der Masse der feuchten Baustoffprobe, also wie folgt ermittelt:

$$u(\text{wet base}) = \frac{m_f - m_{tr}}{m_{tr}} \cdot 100\ \%$$

[nach Gerätehersteller]

mit

m_f = Masse der feuchten Baustoffprobe in kg
m_{tr} = Masse der trockenen Baustoffprobe in kg

Eine Umrechnung von „wet base" in „dry base" ist nach folgender Formel möglich:

$$db = \frac{1}{\frac{100}{wb} - 1} \cdot 100\ \% \qquad \text{[nach Verfasser]}$$

mit
db – dry base (u_m) in %
wb – wet base in %

Im Diagramm 1 werden die Abweichungen, die sich durch die verschiedenen Bestimmungsmethoden ergeben, im Bereich des vor Ort vorhandenen Feuchtigkeitsspektrums bildlich dargestellt. Hier ist ersichtlich, dass die Abweichung des Messgeräteanzeigewertes von der Bestimmung nach WTA bei höheren Feuchtegehalten im Baustoff zunimmt. Eine Umrechnung des Anzeigewertes in „dry base" ist vor Ort unpraktikabel. Die gemessenen Werte sind nur durch Umrechnung interpretierbar und daher eher verwirrend. So ist bei einem Anzeigewert am Messgerät von

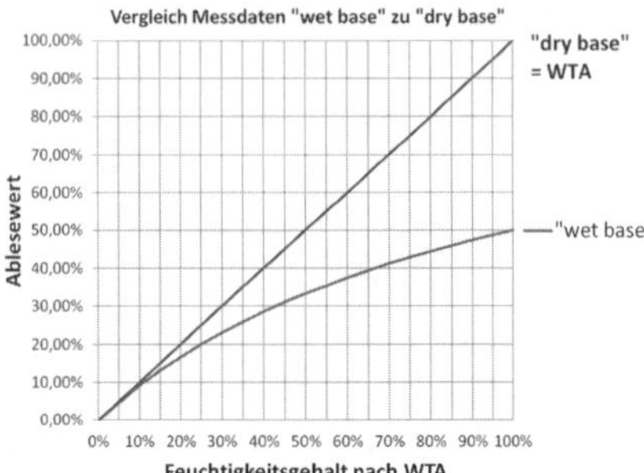

Diagramm 1

40% tatsächlich ein Feuchtegehalt nach WTA von etwa 70% im Baustoff enthalten. Darauf, dass die Ergebnisse am Messgerät ausschließlich nach „wet base" angezeigt werden, wurde vom Hersteller im Vorfeld nicht hingewiesen. Der Sachverhalt konnte auch aus den vorliegenden Unterlagen nicht entnommen werden. Somit war eine richtige Interpretation der Messergebnisse ohne Rückfrage beim Hersteller nicht möglich.

Auf welche Weise sich die Umrechnung der Messergebnisse auswirkte, wird in der Tabelle 2 dargestellt.

Die Ergebnisse in der Tabelle 2 zeigen, dass die vom Labor ermittelten Werte von den gemessenen Werten trotz Umrechnung in „dry base" (siehe Tabelle 2) erheblich abweichen. Ob die Ursache hierfür an der unterschiedlichen Rohdichte zwischen dem vorhandenen

Tabelle 2: Gegenüberstellung der Ergebnisse

Probefläche	Messtiefe/ Probeentnahme	Rohdichte in [kg/dm³]	Feuchtegehalt in [M - %] (Darrmethode)	Feuchtegehalt* dry base in %	Messung Messgerät (wet base) in %
1	bis 4/4 cm bis 24/20 cm gesamt	0,70 0,69	20,74 % 23,32 % 21,82 %	1,73 % 5,60 %	1,70 % 5,30 %
2	bis 4/4 cm bis 24/20 cm gesamt	0,67 0,67	19,06 % 31,89 % 25,38 %	1,52 % 4,38 %	1,50 % 4,10 %
3	bis 4/4 cm bis 30/20 cm gesamt	0,69 0,70	66,37 % 65,00 % 65,68 %	60,77 % 70,36 %	37,80 % 41,30 %
4	bis 4/4 cm bis 24/20 cm gesamt	0,57 0,56	50,51 % 52,47 % 51,49 %	28,04 % 29,53 %	21,90 % 22,80 %

* Ermittlung auf Basis der Werte des Messgeräts

untersuchten Material und dem vom Messgeräthersteller für das im Messgerät eingestellte Material allein festzumachen ist, wurde nicht untersucht.
Die vom Hersteller angegebene Genauigkeit konnten im Praxiseinsatz nicht erreicht werden. Der Einsatz des Messgerätes war nicht wie geplant möglich.

5 Änderung der Vorgehensweise

Um die Untersuchungen am Gebäude dennoch durchführen zu können, war es erforderlich, Zusammenhänge zwischen dem Messergebnis von dem gemieteten Messgerät und den Ergebnissen der Darrtrockenmethode herzustellen. Dazu wurden die Messergebnisse in einem Diagramm dargestellt.
Folgende Erkenntnisse können dem Diagramm entnommen werden:

- Offenbar ist ein Zusammenhang zwischen den Messgeräteergebnissen und den Messungen aus der Darrtrocknung vorhanden.
- Die einzelnen Ergebnisse des Messgerätes liegen z. T. weit unter den tatsächlichen Feuchtegehalten.

Demnach war mit dem Messgerät in gewissem Umfang eine qualitative Messung der Porenbetonwände erreichbar. Deshalb wurde eine andere Vorgehensweise, nämlich die Kombination beider Messverfahren (Messgerät und Darrtrocknung) angewendet. Die Wände wurden mit dem Messgerät voruntersucht und aus den auffälligen Wänden Proben entnommen, die dann weiter labortechnisch untersucht wurden. Da Porenbeton in der Regel direkt nach der Herstellung auf die Baustelle transportiert und verarbeitet wird, ist der herstellungsbedingte Feuchtegehalt Grundlage für die Beurteilung der üblichen Beschaffenheit des Porenbetons. Zu untersuchen waren entsprechend Wände, deren vorhandener Feuchtegehalt größer war als der herstellungsbedingte. Grundlage hierfür sind die Angaben des Bundesverbandes Porenbeton [5], die einschlägige Literatur und die Angaben der Industrie. Demnach beträgt der herstellungsbedingte, volumenbezogene Feuchtegehalt in Abhängigkeit von der Rohdichte und dem Herstellungsverfahren 15 V-% ± 2 V-% (volumenbezogener Feuchtegehalt), wobei für die angegebene Toleranz keine Veröffentlichungen bekannt sind. Herstellungsbedingt sind im Porenbeton also höchstens 17 V-% Wasser enthalten.

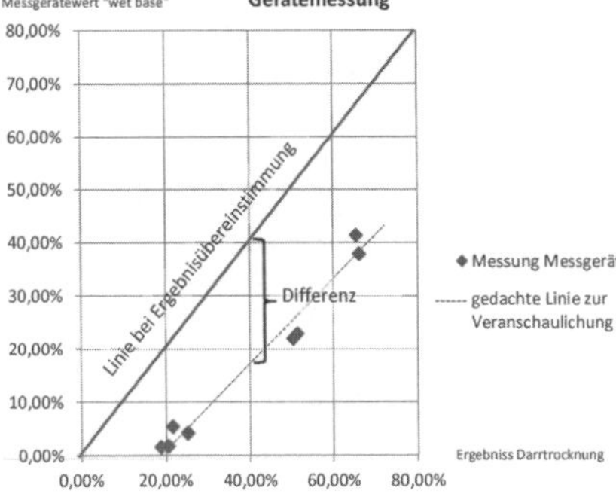

Diagramm 2

Bei der Bewertung des Feuchtegehalts von Porenbeton sind neben dem langwierigen Trocknungsverhalten [4] [3], das Schwinden bzw. die damit verbundene Rissanfälligkeit in Abhängigkeit vom Feuchtegehalt und von den Baustoffkennwerten [2], sowie die Oberflächenbeschaffenheit als Putzuntergrund [6] und die Möglichkeit des Schimmelbewuchses [7] zu beachten.
Nach folgender Formel wurde der volumenbezogene Feuchtegehalt u_v nach WTA bestimmt, um den vorhandenen und den herstellungsbedingten Feuchtegehalt in V-% zu vergleichen:

$$u_v = u_m \cdot \frac{\rho_{tr}}{\rho_w} \text{ in \%} \quad \text{[nach WTA]}$$

mit

$u_m =$ Feuchtegehalt in %

$\rho_{tr} =$ Rohdichte des trockenen Baustoffs in $\frac{kg}{dm^3}$

$\rho_w =$ Rohdichte des Wassers in $\frac{kg}{dm^3}$

Nach den Ergebnissen der Tabelle 3 war bei den Messungen vor Ort darauf zu achten, dass nur die Wände beprobt und labortechnisch untersucht wurden, bei denen das Messgerät ca. 4-6 % Feuchtegehalt und mehr anzeigte (direkte Messgeräteanzeige).

6 Durchführung der Messungen

Auf der Grundlage der Vorüberlegungen wurde mit den Messungen vor Ort begonnen. Bei den Messungen an den Wänden wurde jedoch festgestellt, dass bei Messgeräteanzeigewerten zwischen 6 % und 12 % nur geringe örtliche Abweichungen ausreichten. Aus

Tabelle 3: Ermittlung des Feuchtegehalt in Volumen-% (V-%)

Probefläche	Messtiefe/ Probeentnahme	Feuchtegehalt in [M - %]	Feuchtegehalt in [V - %]	Messung Messgerät
1	bis 4/4 cm bis 24/20 cm gesamt	20,74 % 23,32 % 21,82 %	14,51 % 16,09 % 15,05 %	1,70 % 5,30 %
2	bis 4/4 cm bis 24/20 cm gesamt	19,06 % 31,89 % 25,38 %	12,77 % 21,36 % 17,00 %	1,50 % 4,10 %
3	bis 4/4 cm bis 30/20 cm gesamt	66,37 % 65,00 % 65,68 %	45,79 % 45,50 % 45,31 %	37,80 % 41,30 %
4	bis 4/4 cm bis 24/20 cm gesamt	50,51 % 52,47 % 51,49 %	28,79 % 29,38 % 28,83 %	21,90 % 22,80 %

diesem Grund wurde vor Ort entschieden, Proben aus den Wänden zu entnehmen, bei denen das Messgerät Werte größer 12 % anzeigte und Wände für den Anzeigebereich von 6 % bis 12 % durch Stichproben zu untersuchen. Im Ergebnis dieser Vorgehensweise entfielen weitestgehend unnötige Probeentnahmen und die abschließende Auswertung der Laborergebnisse zeigte, dass der Einsatz des Messgerätes sinnvoll und letztendlich erfolgreich war.

7 Schlussfolgerung

Abschließend ist für das verwendete Feuchtemessgerät auf Mikrowellenbasis Folgendes festzustellen:

- Die Messungen mit dem Messgerät können zerstörungsfrei erfolgen, wenn die Rohdichte des zu untersuchenden Materials bekannt ist. Ansonsten ist die Rohdichte mittels Probenahme zu ermitteln.
- Üblicherweise wird im deutschen Bauwesen der Feuchtegehalt der Materialien in Prozent bezogen auf die Trockenmasse angegeben. Das verwendete Gerät zeigt den Feuchtegehalt bezogen auf die Feuchtmasse an. Hier ist eine Umrechnung erforderlich.
- Der Messgerätehersteller stellte eine Kalibrierung für nur eine Rohdichte für Porenbeton zur Verfügung, die am Bauwerk nicht vorhanden war. Somit war eine Prüfung der Messgenauigkeit des Gerätes nicht möglich.

Letztendlich waren die Messabweichungen zwischen Messgerät und Darrtrockenmethode so groß, dass lediglich eine grobe qualitative Aussage möglich war. Im vorliegenden Fall wäre ohne Prüfung der Ergebnisse des Messgerätes eine andere, eine falsche Bewertung der vorgefundenen Zustände die Folge gewesen.

Die Verwendung des Messgerätes war dennoch hilfreich. Durch das Anlegen der Probeflächen und die Auswertung der hier gewonnenen Messdaten konnte eine gewisse Kalibrierung und dadurch eine qualitative Bestimmung der Feuchtigkeit der Wände vor Ort erfolgen und die Proben konnten gezielt aus den entsprechenden Wänden für eine quantitative Feuchtigkeitsbestimmung entnommen werden. Der Vorteil der Messungen mit dem Messgerät auf Mikrowellenbasis liegt in der Möglichkeit, die Wände über ihren gesamten Querschnitt und bis in verschiedene Tiefen auf Feuchtigkeit hin zu untersuchen. Durch den gezielten, hier beschriebenen Einsatz des Messgerätes wurden unnötige und umfangreiche Probeentnahmen vermieden.

8 Literatur

[1] WTA-Merkblatt 4-11-02/D: Messung der Feuchte von mineralischen Baustoffen. Stand 10/2003

[2] Homann, Martin: Richtig Bauen mit Porenbeton. Fraunhofer IRB Verlag, Stuttgart 2003

[3] Porenbetonbericht 11, Wärme- und Feuchteschutz, Dr. Künzel, Bundesverband Porenbeton; 2003

[4] Porenbeton Fachtagung 2004; Nachhaltig bauen mit Porenbeton – Blickpunkt Bauphysik; Dipl.-Ing. T. Schoch; Bundesverband Porenbeton

[5] Homann, Martin: Porenbeton Handbuch. Bundesverband Porenbeton, Bauverlag Gütersloh, 6. Auflage 2008
[6] Verputzempfehlungen auf YTONG Mauerwerk. Xella Porenbeton Schweiz AG; ohne Datum
[7] YTONG Merkblatt: Gebäude aus YTONG-Mauerwerk nach Hochwasser. Xella Porenbeton Schweiz AG; ohne Datum

Dipl.-Ing. Holger Harazin
Nach einer Maurerlehre Studium an der Fachschule für Bauwesen Leipzig in der Fachrichtung Hochbau sowie als Fernstudium an TU Dresden die Fachrichtung konstruktiver Ingenieurbau; Seit 1998 Beratender Ingenieur und seit 1999 als Sachverständiger für Schäden an Gebäuden sowie seit 2008 als Wirtschaftsmediator (IHK) tätig; Mitglied in zahlreichen Kammern und Verbänden, unter anderem im Netzwerk Schimmel und im Bundesverband Feuchte & Altbausanierung (BuFAS) e. V.; seit 2004 ö.b.u.v. Sachverständiger für „Schäden an Gebäuden" (IHK Leipzig).

Feuchtemessung zur Beurteilung eines Schimmelpilzrisikos, Bewertung erhöhter Feuchtegehalte

Dr. Uwe Schürger, Institut für Bautenschutz, Baustoffe und Bauphysik –
Dr. Rieche und Dr. Schürger GmbH & Co. KG, Fellbach

1 Baustofffeuchte

1.1 Grundlagen

Die meisten Baustoffe weisen eine mehr oder weniger starke Porosität auf. Bei solchen Baustoffen findet die Wasserspeicherung bzw. die Wassereinlagerung hauptsächlich in den Porenräumen statt. Das Feuchtespeicherverhalten dieser Baustoffe ist dabei abhängig von der Porenverteilung, der Porengröße und der Porenart. Unter praktischen Gesichtspunkten sind bei der Feuchtespeicherung in porösen Baustoffen zwei Mechanismen maßgeblich, nämlich die Anlagerung von Wassermolekülen an den Porenwänden durch Oberflächenkräfte (physikalisch gebundenes Wasser) und die Aufnahme von ungebundenem Wasser in die Poren (freies Wasser).

Die Menge des im Baustoff vorhandenen Wassers wird meist durch den massebezogenen Wassergehalt u beschrieben. Der Wassergehalt u entspricht dem Verhältnis der physikalisch gebundenen + freien Wassermasse zur Masse des trockenen Baustoffs.

In einigen Baustoffen wird eine größere Menge Wasser auch chemisch gebunden, wie z. B. in Gipsbaustoffen. Das chemisch gebundene Wasser ist jedoch Bestandteil der Struktur des Baustoffes und verbleibt unter baupraktischen Bedingungen in der Regel im Baustoff. Das chemisch gebundene Wasser ist bei der baupraktischen Beurteilung des Feuchtezustands von Baustoffen daher nicht zu berücksichtigen.

Der Wassergehalt u kann mit folgender Gleichung bestimmt werden:

$$u = (m - m_0) / m_0 \quad [kg/kg]$$

bzw.

$$u = (m - m_0) / m_0 \cdot 100\ \% \quad [M\text{-}\%]$$

Hierbei bedeuten:

u Wassergehalt in kg/kg bzw. M-%

m Masse der entnommenen feuchten Baustoffprobe in kg, d. h. die Probe enthält physikalisch gebundenes + freies Wasser.

m_0 Masse der Baustoffprobe in kg nach dem Trocknen bis zur Massekonstanz, d. h. die Masse des Baustoffs ohne das ursprünglich enthaltene physikalisch gebundene + freie Wasser.

1.2 Hygroskopische Feuchte (Wassergehalt infolge Sorption)

Die meisten Baustoffe nehmen bei feuchtem Umgebungsklima Wasser aus der sie umgebenden Luft auf bzw. geben bei entsprechend trockenem Umgebungsklima Wasser an diese ab. Dieses hygroskopische Feuchtespeicherverhalten ist baustoffspezifisch und wird in sog. „Sorptionsisothermen“ beschrieben.

In diesen Sorptionsisothermen ist der Wassergehalt des Baustoffs in Abhängigkeit von der relativen Luftfeuchte der umgebenden Luft dargestellt. Das Bild 1 zeigt typische Verläufe von Sorptionsisothermen verschiedener Baustoffgruppen.

Der sich in einem Baustoff bei konstantem Umgebungsklima einstellende Wassergehalt

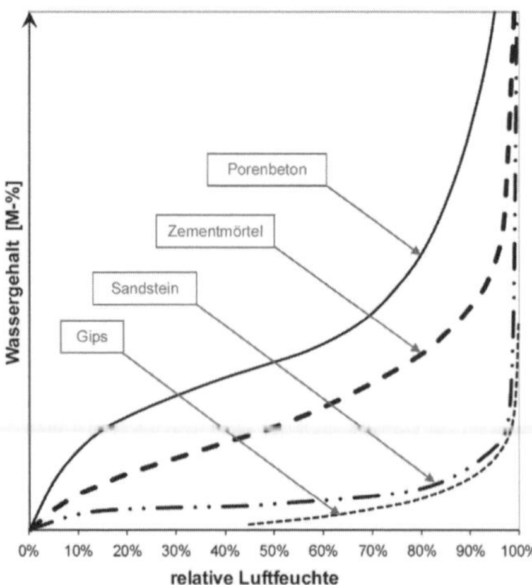

Bild 1: Typische Sorptionsisothermen verschiedener Baustoffgruppen [1]

entspricht der Ausgleichsfeuchte des Baustoffes zu diesem Umgebungsklima. Die Werte der Ausgleichsfeuchte kennzeichnet man durch Indizierung des Wassergehalts u mit derjenigen relativen Luftfeuchte, mit der er im Gleichgewicht steht. So entspricht z. B. der Wassergehalt u_{80} der Ausgleichsfeuchte eines Baustoffes bei 80 % relativer Luftfeuchte der Umgebungsluft.
Umgekehrt besteht auch ein Zusammenhang zwischen dem Wassergehalt des Baustoffes und der relativen Luftfeuchte in den Baustoffporen. Dies bedeutet, der Wassergehalt des Baustoffes bestimmt die relative Luftfeuchte in den Baustoffporen (sog. Materialklima). Im Gleichgewichtsfall entspricht das Materialklima dem Umgebungsklima.
Infolge der hygroskopischen Feuchtespeicherung weisen poröse Baustoffe im Gleichgewicht mit „üblichen" Klimabedingungen also bereits einen bestimmten Wassergehalt auf. Absolut trockene Baustoffe liegen unter baupraktischen Klimabedingungen folglich so gut wie nie vor.

1.3 Überhygroskopische Feuchte

Von überhygroskopischer Feuchte spricht man, wenn sich der Baustoff in einer Umgebung von über ca. 95 % relativer Luftfeuchte oder in Kontakt zu flüssigem Wasser befindet. Die Feuchtespeicherung im überhygroskopischen Bereich wird i. d. R. durch folgende spezifische Wassergehalte beschrieben:

Kritischer Wassergehalt u_{KR}
Der kritische Wassergehalt u_{KR} stellt die untere Grenze für die Möglichkeit kapillaren Wassertransports dar. Unterhalb dieses Wassergehalts kann kein kapillarer Wassertransport stattfinden und somit auch keine kapillare Weiterverteilung des Wassers im Baustoff. Wird ein trockener Baustoff lokal mit einer begrenzten Wassermenge beaufschlagt, so wird dieses Wasser zunächst kapillar soweit im Baustoff verteilt, bis an der beaufschlagten Stelle der kritische Wassergehalt erreicht ist. Von da an erfolgt die Weiterverteilung nur noch durch Diffusion. – Der kritische Wassergehalt markiert den Übergang vom hygroskopischen in den überhygroskopischen Bereich.

Freier Wassergehalt u_f
Der freie bzw. freiwillige Wassergehalt u_f bezeichnet diejenige Wassermenge, die ein Baustoff aufnimmt, wenn er einige Zeit der Einwirkung von drucklosem Wasser ausgesetzt ist. Die Bestimmung von u_f kann z. B. nach DIN EN 13755 erfolgen. Dort ist der entsprechende Wert als A_b bezeichnet und wird in M-% angegeben.

Sättigungsfeuchte u_{max}
Unter Druck oder durch langfristige Lagerung unter Wasser können sämtliche Poren eines Baustoffs mit Wasser gefüllt werden. Der Baustoff hat dann die maximal mögliche Wassermenge aufgenommen und seinen maximalen Wassergehalt bzw. seine sog. Sättigungsfeuchte u_{max} erreicht. Die Ermittlung der Sättigungsfeuchte kann z. B. nach DIN 52009 erfolgen, dort ist die Sättigungsfeuchte mit $W_{m,d}$ bezeichnet.

Durchfeuchtungsgrad
Der Durchfeuchtungsgrad bezeichnet das Verhältnis des massebezogenen Wassergehalts u zur Sättigungsfeuchte u_{max} des Baustoffs.

$$\text{Durchfeuchtungsgrad} = \frac{u}{u_{max}} \, 100\ \%$$

Der Durchfeuchtungsgrad gibt an, welcher Anteil in % des für Wasser zugänglichen Porenvolumens gefüllt ist. Der Durchfeuchtungsgrad ist insbesondere bei der Planung von Instandsetzungsmaßnahmen wesentlich, da bestimmte Maßnahmen, z. B. Injektionen zur nachträglichen Abdichtung, teilweise nur bis zu bestimmten Durchfeuchtungsgraden durchgeführt werden können.

2 Bewertung des Feuchtezustands von Baustoffen – Schimmelpilzrisiko

Die Bewertung des Feuchtezustands von Baustoffen erfolgt im hygroskopischen Feuchtebereich anhand der Ausgleichsfeuchte (rel. Luftfeuchte von 0 % bis ca. 95 %, siehe Abschnitt 1.2), d. h. anhand der Sorptionsisothermen. Im überhygroskopischen Feuchtebereich erfolgt die Bewertung anhand spezifischer Wassergehalte (siehe Abschnitt 1.3). Schimmelpilzsporen sind in der Außenluft und in der Raumluft praktisch immer in gewissen Mengen vorhanden. Damit es jedoch zu einem aktiven Befall eines Baustoffes mit Schimmelpilzbildungen kommen kann, müssen dort geeignete Wachstumsbedingungen über einen bestimmten Zeitraum vorliegen. Die wichtigsten Wachstumsbedingungen sind dabei ein ausreichendes Nährstoffangebot, das Vorhandensein von ausreichender Feuchtigkeit und eine geeignete Temperatur. Weiteren Einfluss haben z. B. das Sauerstoffangebot, Licht und der pH-Wert der Oberfläche. Im baupraktischen Bereich ist davon auszugehen, dass mit Ausnahme der Feuchtigkeit die erforderlichen Wachstumsbedingungen für Schimmelpilze in den meisten Fällen in ausreichender Form vorliegen und auch nur wenig beeinflusst werden können. Zur Vermeidung eines Schimmelpilzbefalls ist es daher in der Regel erforderlich, die Feuchte bzw. den Wassergehalt der Baustoffe so zu begrenzen, dass ein Schimmelpilzwachstum nicht möglich ist. Umfangreiche wissenschaftliche Untersuchungen zu Schimmelpilzwachstum auf Baustoffen, dokumentiert z. B. in [6] und [7], belegen, dass selbst unter „optimalen" Wachstumsbedingungen unterhalb einer Ausgleichsfeuchte des Substrates von u_{70} praktisch kein Schimmelpilzwachstum (Auskeimung von Sporen) möglich ist. Für bauübliche, „günstige" Untergründe (Tapeten, Gipskarton) ist unter ansonsten optimalen Bedingungen von einem Schimmelpilzwachstum erst ab einer Ausgleichsfeuchte von u_{75} zu rechnen, bei „normalen" Untergründen (mineralische Baustoffe, Hölzer, Dämmstoffe) erst ab einer Ausgleichsfeuchte von u_{80}. Unter baupraktischen Bedingungen ist aber erfahrungsgemäß erst dann mit Schimmelpilzbildungen zu rechnen, wenn die Baustoffe in der oberflächennahen Schicht eine Ausgleichsfeuchte größer u_{80} aufweisen. Auf dieser Erkenntnis basieren auch die aktuell gültigen Anforderungen an den Mindestwärmeschutz im Bereich von Wärmebrücken gemäß DIN 4108-2:2013-02 bzw. gemäß DIN EN ISO 13788:2001-11. Im Allgemeinen ist somit davon auszugehen, dass unter einer Ausgleichsfeuchte von u_{80} an üblichen Baustoffen nicht mit Feuchteschäden in Form von Schimmelpilzbildungen gerechnet werden muss.

Neben der Ausgleichsfeuchte u_{80} zur Bewertung eines Schimmelpilzrisikos können auch andere Ausgleichsfeuchten für eine Bewertung herangezogen werden, z. B. wenn untersucht werden soll, ob die vorliegende Baustofffeuchte den vorherrschenden Klimabedingungen entspricht. Liegt die Baustofffeuchte über der zu erwartenden Ausgleichsfeuchte zum vorliegenden Klima, so kann dies ein Hinweis auf einen Wasserschaden oder auf das Vorhandensein von hygroskopischen Salzen im Baustoff sein.

Baustofffeuchten im überhygroskopischen Bereich deuten i. d. R. auf die Einwirkung von flüssigem Wasser hin. Eine detaillierte Bewertung von Baustofffeuchten im überhygroskopischen Bereich ist z. B. dann erforderlich, wenn geeignete Maßnahmen für eine Sanierung/Instandsetzung geplant werden müssen. Manche Maßnahmen zur nachträglichen Abdichtung können nämlich nur bis zu bestimmten Durchfeuchtungsgraden durchgeführt werden.

3 Gängige Feuchtemessverfahren – Anwendungsbereiche bzw. -grenzen

3.1 Direkte Messverfahren

Direkte Verfahren liefern quantitative Werte für den Wassergehalt u. Bei diesen Verfahren wird die Wassermenge im Baustoff direkt ermittelt. Die einzigen direkten Verfahren sind das Darr-Verfahren und das CM-Verfahren. Für die Bewertung des Feuchtezustands müssen die mit diesen Verfahren ermittelten Wassergehalte dann mit den baustoffspezifischen Feuchtekennwerten (Sorptionsisotherme/spezifische Wassergehalte) der untersuchten Baustoffe verglichen werden.

Darr-Verfahren

Das Darr-Verfahren stellt das Referenzverfahren der Feuchtemessverfahren dar (DIN EN ISO 12570). An diesem Verfahren werden alle anderen Feuchtemessverfahren kalibriert.

Mit dem Darr-Verfahren wird der massebezogene Wassergehalt u durch Wägung und Trocknung der Baustoffprobe ermittelt. Üblicherweise wird zur Trocknung von Baustoffen ein Wärmeschrank (Bild 2) mit einer Temperatur von 105 °C verwendet. Die Trocknungstemperatur liegt also etwas oberhalb der Siedetemperatur von Wasser.

Die Luftfeuchte im Wärmeschrank muss möglichst niedrig gehalten werden. Hierzu ist es erforderlich den Wärmeschrank zu belüften. Es muss sichergestellt werden, dass hierbei das gesamte freie und physikalisch gebundene Wasser freigesetzt wird. Dies wird durch Trocknung bis zur Massekonstanz erreicht. Die Konstanz der Masse gilt aus baupraktischer Sicht als erreicht, wenn die Massendifferenz zwischen zwei Wägungen, die mindestens 24 Stunden auseinander liegen, kleiner als 0,1 % der zuletzt festgestellten Masse ist. Bei einer Temperatur von 105 °C würde bei calciumsulfathaltigen Baustoffen jedoch ein

Bild 2: Wärmeschrank

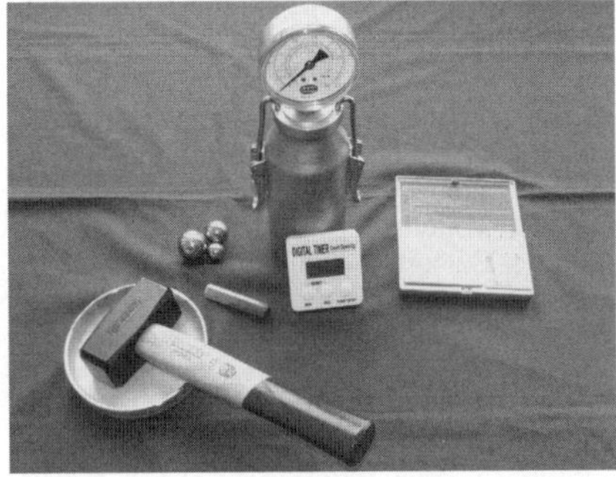

Bild 3: CM-Messgerät inkl. Zubehör

Teil des chemisch gebundenen Wassers ausgetrieben werden. Zur Bestimmung der Feuchte von calciumsulfathaltigen Baustoffen, z. B. Gipsputz, wählt man als Trocknungstemperatur deshalb 40 °C.

Neben der Verwendung von Wärmeschränken wird die Mikrowellen- und die Infrarottrocknung angewendet. Der Vorteil dieser Verfahren ist eine schnellere Messwertbestimmung, sie sind jedoch nicht für alle Werkstoffe anwendbar. Es können bei Verwendung dieser Verfahren nämlich lokale Erwärmungen des Werkstoffs über 105 °C auftreten.

Trocknungsverfahren ohne Probenerwärmung sind die Vakuumtrocknung und die Gefriertrocknung. Bei der Gefriertrocknung, die unterhalb 0 °C erfolgt, finden zudem keine Umverteilungsprozesse neben der Feuchteumverteilung statt; die Probe kann daher anschließend z. B. auf ihre Salzverteilung hin untersucht werden.

Der wesentliche Vorteil des Darr-Verfahrens ist die hohe Genauigkeit bei der Ermittlung des Wassergehalts. Nachteilig sind die erforderliche Probenentnahme (zerstörende Untersuchung) und dass die Messungen an der entnommenen Probe nicht reproduzierbar sind, weil der Wassergehalt der Probe durch die Messung verändert wird. Weitere Nachteile dieses Verfahrens sind der relativ hohe Zeitaufwand und dass die Untersuchung der Proben in der Regel im Labor durchgeführt werden muss. Ein weiterer Aspekt ist die mögliche Verfälschung des Wassergehaltes bereits bei der Probenentnahme. Dies ist insbesondere dann zu befürchten, wenn die Proben aus relativ festen Baustoffen entnommen werden und es bei der Entnahme zu einer starken Wärmeentwicklung kommt. Durch die Wahl eines geeigneten Probenentnahmeverfahrens kann die Verfälschung des Wassergehalts in der Regel jedoch ausreichend klein gehalten werden.

CM-Verfahren

Die Bestimmung der Feuchte von Baustoffen nach dem CM-Verfahren (Bild 3) beruht auf der Reaktion von Calciumcarbid (CaC_2) mit Wasser. Dabei entstehen Calciumhydroxid ($Ca(OH)_2$) und das Gas Acetylen (C_2H_2). Die Menge des gasförmigen Reaktionsproduktes Acetylen ist proportional zur umgesetzten Menge an Wasser und erzeugt in der Prüfflasche einen Überdruck, aus dem gerätespezifisch der Wassergehalt der Einwaage in CM-% ermittelt wird.

Der Vorteil dieses Verfahrens besteht eindeutig darin, dass hiermit relativ schnell am Objekt der Wassergehalt bestimmt werden kann. Nachteilig bei diesem Messverfahren ist, wie beim Darrverfahren, dass eine Probenentnahme erforderlich wird (zerstörende Untersuchung, mögliche Verfälschung des Wassergehalts bei der Probenentnahme) und dass die Messung nicht reproduzierbar ist. Weiter bestehen bei der Anwendung dieses Verfahrens zahlreiche Fehlerquellen, die nur bei fachgerechter, konsequenter Einhaltung der jeweiligen Messvorschriften ausreichend minimiert werden können. Hierzu zählen insbesondere die Berücksichtigung der diversen Temperaturabhängigkeiten, der Grad der Zerkleinerung des Prüfgutes, der allg. technische Zustand der Prüfeinrichtung, etc. Weiter ist zu beachten, dass z. B. bei der Messung von calciumsulfatgebundenen Baustoffen auch ein Teil des chemisch gebundenen Wassers reagiert (vgl. Abschnitt 1.1). Auch ist zu be-

achten, dass die mit diesem Verfahren ermittelten Wassergehalte in der Regel niedriger sind als bei der Ermittlung mit dem Darr-Verfahren, mit Ausnahme der Messung von calciumsulfatgebundenen Baustoffen, hier liegen die gemessenen Werte meist höher.
Das CM-Verfahren wird häufig zur Überprüfung der Belegreife von Estrichen eingesetzt. Für diese speziellen Prüfungen bestehen daher konkrete Bewertungskriterien in Form von Grenzwerten für den Wassergehalt u in CM-%. Diese Grenzwerte verlieren im Rahmen der Entwicklung immer neuer Estrichrezepturen (insbesondere für Schnellestriche) jedoch zunehmend ihre Aussagekraft, weil diese Grenzwerte auf Erfahrungen für „herkömmliche" Estriche basieren, nicht aber auf physikalischen Grundlagen, wie z. B. auf einer max. zulässigen Ausgleichsfeuchte in Bezug auf die aufzubringenden Bodenbeläge.

3.2 Indirekte Messverfahren

Die indirekten Verfahren liefern zunächst keinen quantitativen Wert für den Wassergehalt u und auch nicht für die Ausgleichsfeuchte. Diese Verfahren bestimmen zunächst feuchteabhängige physikalische Eigenschaften der Baustoffe. Um aus diesen Messwerten auf den Wassergehalt bzw. die Ausgleichsfeuchte der untersuchten Baustoffe schließen zu können, müssen die Verfahren einer baustoffspezifischen Kalibrierung (z. B. mittels Darr-Verfahren oder CM-Verfahren) unterzogen werden. Ohne eine solche Kalibrierung können höchstens qualitative (vergleichende) Aussagen gemacht werden. Zu den gängigsten indirekten Messverfahren gehören die Widerstands- bzw. Leitfähigkeits-Verfahren und die dielektrischen Verfahren (Kapazitive Verfahren, Mikrowellen-Verfahren).
Für diese Verfahren gibt es jeweils relativ günstige und einfach zu handhabende Messgeräte, weshalb diese auch eine weite Verbreitung und Anwendung in der Baupraxis finden. Ein grundsätzlicher Vorteil dieser Messverfahren ist, dass sie zerstörungsfrei bzw. zerstörungsarm sind und gewöhnlich keine Probenentnahme erfordern. Weiter verändern die Messungen den Wassergehalt des untersuchten Baustoffes nicht oder nur unwesentlich, so dass Wiederholungsmessungen bzw. eine Langzeitdokumentation möglich sind.
Nachteilig bei allen indirekten Messverfahren ist, dass diese ohne baustoffspezifische Kalibrierung im konkreten Einzelfall keine zuverlässigen quantitativen Aussagen zum Wassergehalt und damit zur Baustofffeuchte zulassen. Die von den Geräteherstellern oftmals mitgelieferten Kalibrierkurven oder Tabellenwerte zur Umrechnung des Anzeigewerts auf den Wassergehalt stellen bestenfalls grobe Richtwerte dar. Außerdem liegen in der Baupraxis in der Regel nur selten homogene Baustoffe vor. Viel häufiger findet man Bauteile aus mehreren Baustoffen und Baustoffschichten, über die aber meist keine detaillierten Informationen vorliegen. An solchen Bauteilen können mit diesen Verfahren keine quantitativen Aussagen zum Wassergehalt der einzelnen Baustoffe gemacht werden.
Die indirekten Messverfahren sind jedoch in der Regel gut geeignet zur zerstörungsfreien qualitativen flächigen Kartierung von Feuchteunterschieden an einem Bauteil. Sie können daher z. B. zur Festlegung von geeigneten Probenentnahmestellen, z. B. für das Darr-Verfahren, oder im Rahmen der Schadensanalyse, z. B. für die Feststellung einer Feuchteverteilung, sinnvoll eingesetzt werden.

Widerstands- bzw. Leitfähigkeits-Verfahren

Bei diesem Messverfahren wird von der elektrischen Leitfähigkeit des Baustoffes auf den Wassergehalt geschlossen. Trockene Baustoffe sind oftmals Nichtleiter. Durch Wasser im Baustoff wird die Leitfähigkeit dann in weiten Bereichen verändert. Weiteren wesentlichen Einfluss auf die Leitfähigkeit haben aber auch die Temperatur, im Baustoff vorhandene Salze oder Metalle und die Kontaktierung zwischen Elektrode und Material. Für übliche Baustoffe (mit Ausnahme von Holz, siehe unten) ist mit diesem Verfahren allein daher meist keine verlässliche Bewertung der Baustofffeuchte zu erreichen.
Gute Anwendbarkeit mit der Möglichkeit der halbquantitativen Bestimmung des Wassergehaltes besitzt dieses Messverfahren jedoch bei der Untersuchung von Holz (Bild 4). Die baustoffspezifischen Schwankungen der Leitfähigkeit von Holz sind nämlich relativ gering und im hohen Maße vom Wassergehalt abhängig. Bei der Bewertung der Holzfeuchte ist dieses Verfahren daher Standard.

Kapazitive Verfahren

Bei den kapazitiven Verfahren (Bild 5) handelt es sich um niederfrequente (i. d. R. unter 100 MHz) dielektrische Messverfahren. Hierbei wird die Dielektrizitätszahl des Baustoffes im Messfeld über den Widerstand und/oder die Kapazität des Kondensators in der Elek-

Bild 4: Widerstands-/Leitfähigkeitsmessgerät. Hier: Untersuchung der Holzfeuchte

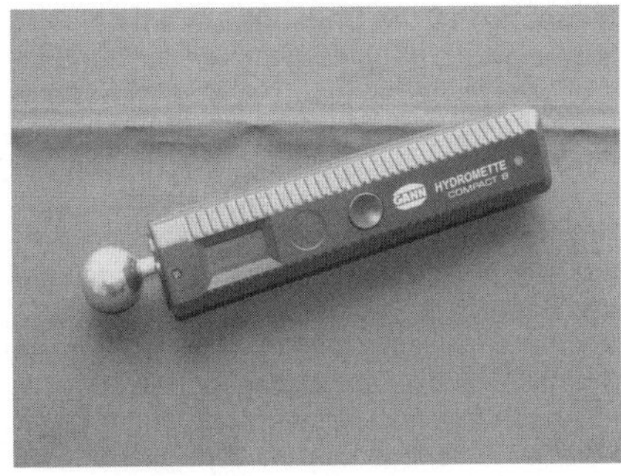

Bild 5: Kapazitives Feuchtemessgerät (Kugelsonde)

trode bestimmt, der wiederum von der Feuchte des Baustoffes abhängig ist.
Weitere wesentliche Einflüsse auf die Messung haben aber auch Salze und Metalle im Baustoff, die Temperatur und die Kontaktierung zwischen Elektrode und Material. Auch mit diesem Verfahren allein ist daher meist keine verlässliche Bewertung der Baustofffeuchte möglich.

Mikrowellen-Verfahren
Bei den Mikrowellen-Verfahren handelt es sich um hochfrequente (i. d. R. über 1 GHz) dielektrische Messverfahren. Gegenüber den niederfrequenten dielektrischen Messverfahren (kapazitive Verfahren) kann hierbei der Einfluss von Salzen im Bauteil auf den Messwert minimiert werden. Probleme bei den Mikrowellen-Verfahren bestehen jedoch bei Inhomogenität im Baustoff (Streuung der Mikrowellen) und bei der Kontaktierung zwischen Elektrode und Material bei unebenen Untergründen (undefinierter Mikrowelleneintrag in den Baustoff). Ein weiteres Problem ist, dass eine baustoffspezifische Kalibrierung hinsichtlich des volumenbezogenen Feuchtegehalts zwar relativ gut möglich ist, zur Ermittlung des massebezogenen Wassergehalts u dann aber die Dichte des Baustoffes bekannt sein muss.
Das Mikrowellen-Verfahren zählt bei den indirekten Messverfahren zu den erfolgversprechendsten neueren Verfahren zur Feuchtemessung in Baustoffen.

3.3 Hygrometrische Messverfahren

Bei den hygrometrischen Verfahren wird durch die Messung der relativen Luftfeuchte im bzw. am Baustoff der für die Beurteilung maßgebliche feuchtetechnische Kennwert des Baustoffes im hygroskopischen Bereich direkt bestimmt, nämlich die dem vorliegenden Wassergehalt des Baustoffes entsprechende Ausgleichsfeuchte. Die hygrometrischen Verfahren ermöglichen somit auf einfache Weise eine direkte Beurteilung des Feuchtezustands des Baustoffs. Die Kenntnis des konkreten Wassergehalts u bzw. die Kenntnis der Sorptionsisotherme ist beim hygrometrischen Verfahren für eine Beurteilung des Feuchtezustands daher nicht erforderlich, d. h. die hygrometrischen Messverfahren sind baustoffunabhängig. Hinsichtlich der Bewertung des Schimmelpilzrisikos muss z. B. nur ermittelt werden, ob die im bzw. am Baustoff gemessene Luftfeuchte unter oder über 80 % liegt.
Ein weiterer großer Vorteil dieser Messverfahren ist, dass die Messungen mit langjährig bewährten Messfühlern für Luftfeuchte durchgeführt werden können. Bei der Messung der relativen Luftfeuchte (meist kapazitive Feuchtesensoren) gibt es in der Regel keine wesentlichen Störgrößen.
Die hygrometrische Feuchtemessung setzt voraus, dass sich die relative Luftfeuchte in der „Messkammer" und die Baustofffeuchte im Gleichgewicht befinden. Dies erfordert in der Regel einen höheren Zeitaufwand bei der Durchführung der Messungen (Wartezeiten).
Die hygrometrische Feuchtemessung kann grundsätzlich auf drei verschiedene Arten durchgeführt werden, nämlich durch die Messung auf der Baustoffoberfläche, die Messung im Baustoff und die Messung an einer Baustoffprobe.

Messung auf der Baustoffoberfläche

Hierbei wird eine „Messkammer" auf der Baustoffoberfläche eingerichtet, z. B. durch aufkleben einer dampfdichten Folie oder eines dampfdichten Gefäßes. Darin wird ein Luftfeuchtemessfühler installiert. Diese Messung ist zerstörungsfrei und damit reproduzierbar. Es ist darauf zu achten, dass die Temperatur des Baustoffes und der Umgebungsluft während der Messung möglichst konstant sind. Steigt nämlich z. B. die Umgebungstemperatur und somit auch die Lufttemperatur in der Messkammer innerhalb kurzer Zeit stark an, so wird kurzfristige eine zu niedrige relative Luftfeuchtigkeit gemessen. – In der Baupraxis lassen sich gewisse Schwankungen der Temperaturverhältnisse aber nicht immer verhindern. In diesem Fall ist ein Mittelwert der relativen Luftfeuchtigkeit über einen längeren Zeitraum zu bestimmen. Zu diesem Zweck muss die Bauteiltemperatur sowie die Temperatur und die Luftfeuchte der umgebenden Luft gemessen und dokumentiert werden, z. B. mit einem Messfühler mit Datenlogger.

Messung im Baustoff

Hierfür wird ein Bohrloch mit einem langsam drehenden Bohrer in den Baustoff eingebracht. Dieses Bohrloch dient als Messkammer. Nach Entfernung des Bohrmehls und dem Abkühlen des Bohrlochs wird ein Messfühler eingebracht und das Bohrloch wird luftdicht verschlossen (Bild 6).

Mit diesem Verfahren ist auch eine tiefengestaffelte Feuchtemessung (Erstellung von Feuchteprofilen) möglich. Diese Messungen können auch über einen längeren Zeitraum durchgeführt werden, z. B. zur Dokumentation des Austrocknungsverlaufes eines Baustoffes.

Bei der Verwendung kapazitiver Feuchtemessfühler lässt sich erfahrungsgemäß ca. 0,5 h bis ca. 1,0 h nach der Installation des Fühlers und dem Abdichten des Bohrloches eine erste Abschätzung der rel. Luftfeuchte im Bohrloch mit einer Genauigkeit von ± 5 % rel. Luftfeuchte vornehmen. Für genauere Werte muss der weitere Feuchteverlauf überwacht werden, bis das Erreichen des Gleichgewichtszustandes zu erkennen ist. Hierfür haben sich z. B. Feuchtefühler mit Datenlogger bewährt.

Messung an einer Baustoffprobe

Hierbei wird die Baustoffprobe nach der Entnahme in ein kleines, luftdicht zu verschließendes „Gefäß" eingebracht. In dieser Messkammer wird die sich einstellende Luftfeuchte gemessen (Bild 7).

Bei der Untersuchung mineralischer Baustoffe sollte die Probe (100 g bis 200 g) vorher vergleichbar der Vorgehensweise beim CM-Verfahren zerkleinert werden. Erfahrungsgemäß stellt sich dann innerhalb von 30 bis 120 Minuten in der Messkammer ein konstantes Klima ein, das der Ausgleichsfeuchte der Probe entspricht. Es ist darauf zu achten, dass die Temperatur der Messkammer und der Umgebungsluft während der Messung möglichst konstant sind.

Bei allen drei Methoden kann der Feuchtezustand des untersuchten Baustoffes dann anhand der gemessenen Luftfeuchte in der jeweiligen „Messkammer" direkt beurteilt werden, da diese dem Ausgleichsfeuchtegehalt des geprüften Baustoffes entspricht. Liegt die gemessene relative Luftfeuchte dann z. B. unter 80 %, so ist nicht mit Feuchteschäden in Form von Schimmelpilzbildungen zu rechnen.

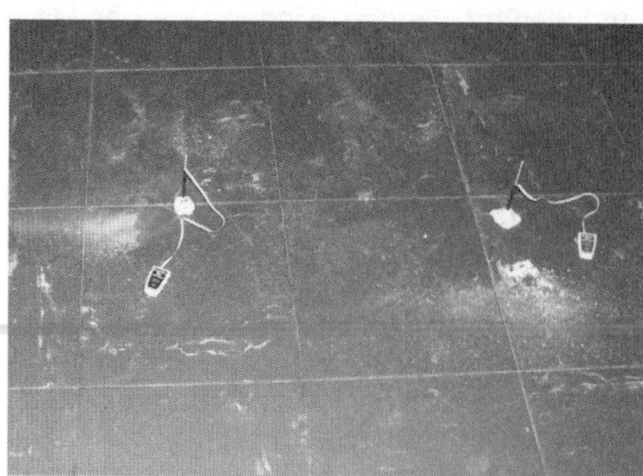

Bild 6: Hygrometrische Feuchtemessung im Baustoff. Hier: Überprüfung eines Bodenaufbaus nach einem Wasserschaden.

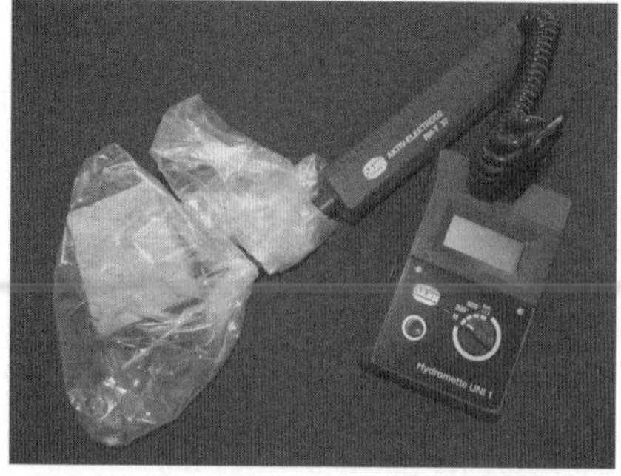

Bild 7: Hygrometrische Feuchtemessung eines Baustoffes in einer „Prüfkammer"

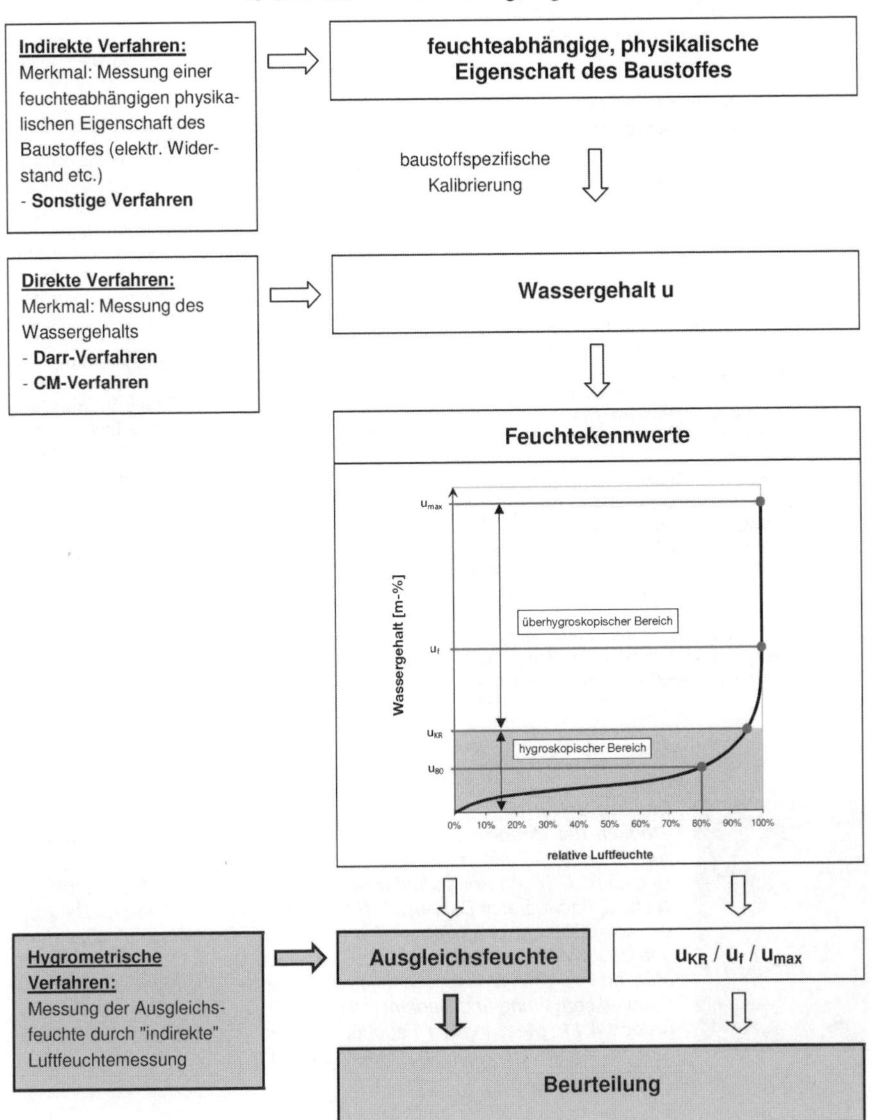

Bild 8: Vorgehensweise bei der Beurteilung von Feuchtemesswerten in Abhängigkeit des gewählten Messverfahrens [1]

Eine Beurteilung von überhygroskopischen Baustofffeuchten ist mit den hygrometrischen Feuchtemessverfahren nicht möglich.

4 Ablaufschema zur Bewertung von Feuchtemesswerten

Bild 8 zeigt eine Übersicht über die allgemeine Vorgehensweise bei der Bewertung von Feuchtemesswerten in Abhängigkeit des gewählten Messverfahrens.

5 Literatur

[1] Wissenschaftlich-Technische Arbeitsgemeinschaft für Bauwerkserhaltung und Denkmalpflege e.V. (Hg.): Merkblatt 4-11, Messung des Wassergehalts bzw. der Feuchte von mineralischen Baustoffen. Pfaffenhofen: WTA-Publications, Entwurf 12/2012 - erscheint demnächst als Gelbdruck

[2] Wissenschaftlich-Technische Arbeitsgemeinschaft für Bauwerkserhaltung und Denkmalpflege e.V., WTA Referat 4 Mauerwerk, WTA Arbeitsgruppe 4.11 (Hg.): Sachstandsbericht zur Messung der Feuchte von mineralischen Baustoffen. Fraunhofer IRB Verlag, Stuttgart 2004

[3] Umweltbundesamt, Innenraumlufthygiene-Kommission (Hg.): Leitfaden zur Vorbeugung, Untersuchung, Bewertung und Sanierung von Schimmelpilzwachstum in Innenräumen („Schimmelpilz-Leitfaden"). Berlin 2002

[4] Hankammer, G./Lorenz, W.: Schimmelpilze und Bakterien in Gebäuden. Verlagsgesellschaft Rudolf Müller GmbH & Co. KG, Köln 2003

[5] Lorenz, W.: Praxis-Handbuch Schimmelpilzschäden. Verlagsgesellschaft Rudolf Müller GmbH & Co. KG, Köln 2012

[6] Sedlbauer, K./Zwillig, W./Krus, M.: IBP-Mitteilung 388, Isoplethensysteme ermöglichen eine Abschätzung von Schimmelpilzbildungen. Fraunhofer-Informationszentrum Raum und Bau IRB, 28(2001) Neue Forschungsberichte, kurz gefasst. Stuttgart

[7] Sedlbauer, K./Krus, M.: Schimmelpilz aus bauphysikalischer Sicht - Bewertung durch aw-Werte oder Isoplethensysteme? Tagungsbeitrag zum Architekten- und Ingenieurtag zum Thema Bauphysik im Holzbau. - Fachpublikation des Fraunhofer IBP. Nürnberg, 27. April 2002

[8] Ziegler, D.: Hygrometrische Feuchtemessung – Anwendung in der Praxis, 7. Kolloquium Industrieböden 2010, Technische Akademie Esslingen (TAE), Ostfildern; Tagungsband Seite 93-101

[9] Rieche, G./Ziegler, D.: Belegreife von Estrichen – Grenzwerte für die hygrometrische Feuchtemessung, 7. Kolloquium Industrieböden 2010, Technische Akademie Esslingen (TAE), Ostfildern; Tagungsband Seite 85-92

Dr. Uwe Schürger

Studium der Bauphysik (Hochschule für Technik Stuttgart). Promotion zum Thema „Sorptionsgestützte Klimatisierung" (De Montfort University Leicester, UK). Wissenschaftlicher Mitarbeiter an der Hochschule für Technik, Fachbereich Bauphysik. Gründung eines Ing.-Büros für Bauphysik, seit 2009 Geschäftsführer des Instituts für Bautenschutz, Baustoffe und Bauphysik – Dr. Rieche und Dr. Schürger GmbH & Co. KG in Fellbach. Mitglied des WTA (Wissenschaftlich-Technische-Arbeitsgemeinschaft für Bauwerkserhaltung und Denkmalpflege e. V., seit 2010 Leiter der Arbeitsgruppe 4.11 „Messung der Feuchte in mineralischen Baustoffen". Referent an der TAE (Technische Akademie Esslingen).

Ultraschall- und Radaruntersuchungen: Praktikable Methoden für den Bausachverständigen?

Dr.-Ing. Gabriele Patitz, IGP Ingenieurbüro, Karlsruhe

1 Einleitung

In den vergangenen ca. 15 Jahren haben sich aufgrund zunehmender Anwendung zerstörungsfreie Verfahren aus der Geophysik im Bauwesen etabliert. Deren Einsatz gehört inzwischen zum Stand der Technik bzw. Stand des Wissens. Diese Verfahren ergänzen die herkömmlichen Methoden zur Erfassung und Bewertung der Bausubstanz. Es muss dabei allerdings berücksichtigt werden, dass es sich um indirekte Erkundungsverfahren handelt, bei denen zunächst physikalische Kenngrößen wie Reflexionen, Wellengeschwindigkeiten und Absorptionen erfasst werden. Diese Messdaten müssen dann von einem Team nachweislich erfahrener Spezialisten aus der Geophysik und dem Bauwesen interpretiert, bewertet und in Bezug zu den bautypischen Informationen gesetzt werden. Meistens kommt das Radarverfahren in der Praxis zur Anwendung. Damit können mit vergleichsweise geringem Zeitaufwand große Flächen erkundet werden. Ultraschall und Mikroseismik werden ergänzend für Fragen nach unterschiedlichen Materialfestigkeiten oder der Risstiefenabschätzung in kleinen Bereichen oder Bauteilabschnitten herangezogen.
Im Bedarfsfall werden diese zerstörungsfreien Verfahren mit zerstörenden kombiniert. Das heißt, je nach Fragestellung kann es an den Objekten erforderlich werden, dass kalibrierende Kernbohrungen oder andere Bauteilöffnungen ergänzend durchgeführt werden. Dies erfolgt aber an gezielt ausgewählten Stellen und in der Anzahl auf ein Minimum reduziert.
Aber auch mit diesen Verfahren und dieser Technik muss sehr verantwortungsvoll umgegangen werden. So ist gründlich der mögliche Erkundungserfolg und der Untersuchungs- und Bewertungsaufwand abzuschätzen und realistisch zu bewerten. Nicht die maximal mögliche erfassbare Datenmenge bestimmt die Qualität der Ergebnisse und den Erfolg der Untersuchungen. Vielmehr sind im Vorfeld Untersuchungskonzepte zu entwickeln, die sich am Bestand und der Fragestellung orientieren. Das Verhältnis zwischen Aufwand und Ergebnis ist sorgfältig abzuwägen. Es müssen die erreichbare Qualität der Ergebnisse und deren Zuverlässigkeit in einem vertretbaren Verhältnis zu den Untersuchungskosten stehen. Manchmal ist es auch erforderlich, dass zerstörungsfreie Verfahren einander ergänzend eingesetzt werden, oder dass objektspezifisch gerätetechnische Anpassungen notwendig sind.
Eine interdisziplinäre Zusammenarbeit erfahrener Spezialisten steht für eine sachkundige Auswahl der Verfahren und eine professionelle Anwendung und Auswertung unter Berücksichtigung des Kosten-Nutzen-Verhältnisses.

2 Einsatzmöglichkeiten an Mauerwerks- und Betonbauwerken

Wandaufbau wie Ein- oder Mehrschaligkeit, Bauteildicken, Steineinbindetiefen, Wandverzahnungen, Hohlräume, metallische Verbindungsmittel wie Anker oder Steinklammern sowie die Verteilung von Feuchte- und Salzhorizonten sind oft Fragestellungen, die an Mauerwerksbauten abzuklären sind.
Bei Betonbauwerken müssen meistens Fragen nach der vorhandenen Bewehrung beantwortet werden. Es ist dabei wichtig zu wissen, ob in dem entsprechenden Bauteil Bewehrung ist oder nicht, in welcher Tiefenlage diese liegt und wie der Bewehrungsabstand ist. Eine weitere wichtige Fragestellung ist die Bewertung des Betonzustandes und die Suche nach Kiesnestern bzw. Verdichtungsmängeln. Das betrifft die Erfassung des Bestandes im Altbau aber auch die Qualitätskontrolle beim Neubau [2,3].
Mit diesen Verfahren können weiterhin zerstörungsfrei Fragen nach dem konstruktiven Aufbau von Geschossdecken oder dem Aufbau von Betonfertigteilplatten beantwortet werden.
Bei Stützwänden muss zusätzlich zur Wanddicke der Zustand des Erdreiches hinter der Wand erkundet werden. Hier sind Fragen

nach Ausspülungen und Hohlräumen zu beantworten [5, 8].
Bei einzelnen Natursteinen oder Skulpturen stellt sich die Frage nach dem Verwitterungszustand und dem Verlauf von Rissen [4].

3 Verfahrensbeschreibung Bauradar

Das Radarverfahren basiert auf der Ausbreitung elektromagnetischer Wellen in einem Bauteil. Deren Einleitung in das Untersuchungsobjekt erfolgt über auf der Oberfläche platzierte Sensoren (Bilder 1, 5–8). Die Wellen durchlaufen das Bauteil mit einer materialspezifischen Ausbreitungsgeschwindigkeit. Dabei werden die Wellen durch Divergenz, Reflexion, Streuung und Absorption geschwächt. Beim Übergang von einem Baustoff in einen anderen mit abweichenden elektrischen Eigenschaften wird ein Teil der einfallenden Wellen gebrochen, während der verbleibende Anteil an der Grenzfläche der Baustoffe reflektiert wird. Diese Reflexionen werden an der Bauteiloberfläche von dem Sensor aufgenommen und später dann interpretiert und ausgewertet. Vor Ort muss allerdings immer eine Plausibilitätskontrolle erfolgen. Bei den aufgezeichneten Radargrammen handelt es sich um Tiefenschnitte in das Bauteil (Bild 2).
Wird eine ausreichende Anzahl von parallelen Radargrammen aufgezeichnet, können daraus Zeitscheiben berechnet werden. Bei den Zeitscheiben handelt es sich um eine grundrissartige Darstellung der Ergebnisse in bestimmten Bauteiltiefen. Die Lage dieser Tiefenhorizonte ist flexibel handhabbar und von der Fragestellung abhängig. In den Zeitscheiben werden die Reflexionen unterschiedlicher Stärke farbkodiert dargestellt und interpretiert. Rot- oder Gelbtöne symbolisieren hohe Reflexionsstärken, was meistens mit Hohlstellen im Bauteil korreliert. Blau- oder Schwarztöne weisen aufgrund geringer Reflexionsstärken auf einen weitgehend homogenen und einheitlichen Baustoff hin (Bilder 3, 4).
Die Auswahl der zu verwendenden Sensoren erfolgt in Abhängigkeit von der Fragestellung, der erforderlichen Auflösung, der gewünschten Eindringtiefe, der Bauteildicke und der Zugänglichkeit. Inzwischen stehen für das Bauwesen zahlreiche Sensoren zur Verfügung. Prinzipiell muss mit den Geräten immer an der Oberfläche entlang gefahren werden. Als Hilfsmittel dienen dazu idealerweise Hubsteiger. Bei einem Gerüst sollte der Abstand

Bild 1: Mit einem 400 MHz Sensor wird in parallelen vertikalen Messprofilen an der Oberfläche entlang gefahren.

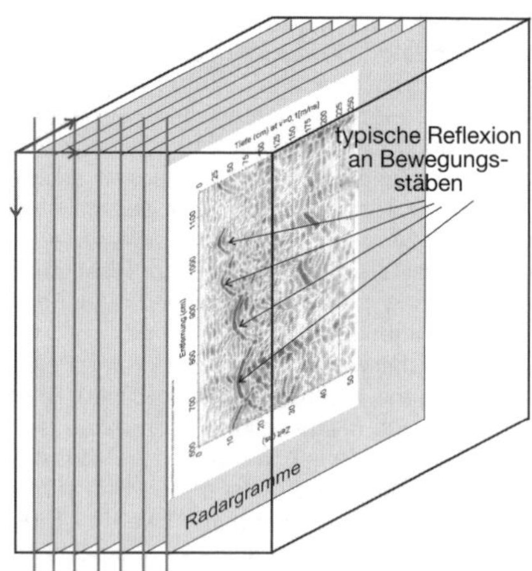

Bild 2: Vor Ort werden Radargramme als Tiefenschnitte in das Bauteil aufgezeichnet und sofort auf Plausibilität bewertet. Hier sind typische Reflexionen an Bewehrungseisen in unterschiedlicher Tiefenlage erkennbar.

des Gerüstes von dem Bauteil auf die zu verwendenden Sensoren abgestimmt werden. Allerdings werden auch objektspezifisch Hilfskonstruktionen angefertigt. Meistens ist

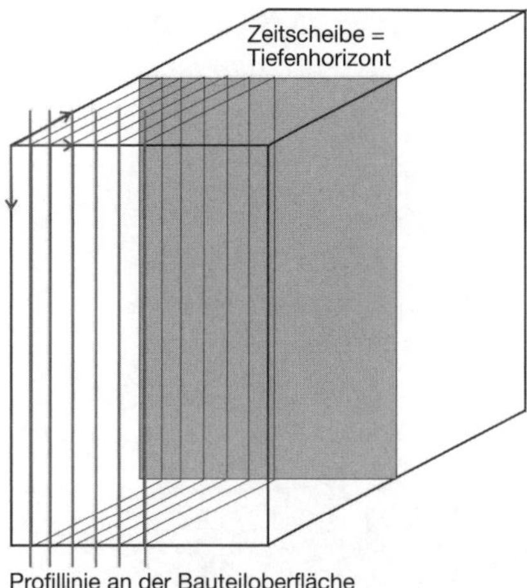

Bild 3: Schematische Darstellung von Radardaten als Zeitscheiben = Tiefenhorizonten

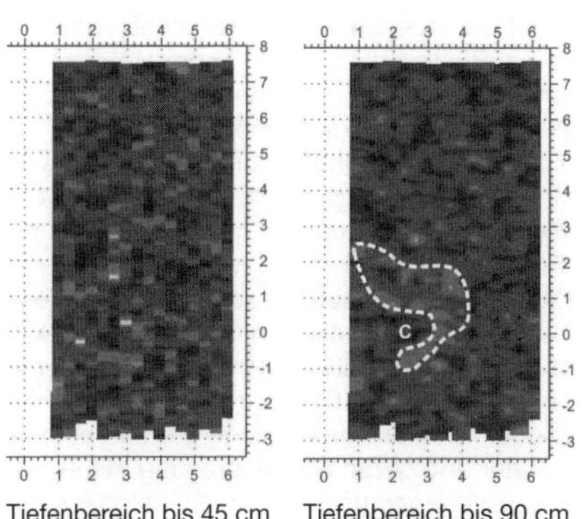

Bild 4: Datenbeispiel zweier Zeitscheiben unterschiedlicher Tiefenbereiche, zusammenhängende Flächen mit Rot- und Gelbtönen (hier Hellgrau) geben Hinweise auf Materialunterschiede im Tiefenbereich bis 90 cm, hier auf Hohlräume.

Bild 5: 900 MHz Sensor an einer Staumauer abgeseilt

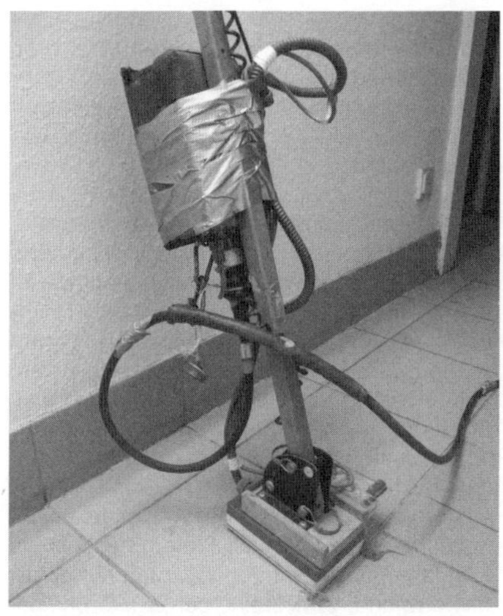

Bild 6: 1,5 GHz Sensor bei Geschossdeckenerkundungen

die Zugänglichkeit von einer Seite ausreichend [1, 5] (Bilder 5-8).

4 Verfahrensbeschreibung Ultraschall und Mikroseismik

Diese Verfahren basieren auf der Anregung und Ausbreitung elastischer Wellen und können zur Feststellung und Beurteilung mechanischer Materialeigenschaften eingesetzt werden. Typische Fragestellungen sind beispielsweise:

- der Verwitterungszustand von Natursteinen,
- die Einordnung bzgl. der Festigkeit von Naturstein und Beton,

Bild 7: 400 MHz Sensor zur Erkundung einer Stützwand

Bild 8: 2 GHz Sensor zur Erkundung eines Betonfertigteils

- die Abschätzung von Verlauf und Tiefe von Rissen und
- die Position und Ausdehnung von Einlagerungen oder Inhomogenitäten innerhalb von Natursteinen.

Bei der impulsartigen Anregung der mechanischen Wellen bilden sich Oberflächen- und Raumwellen aus. Betrachtet und ausgewertet werden meistens die Laufzeiten der Raumwellen in Form von Kompressionswellen und Scherwellen. Deren Fortpflanzung in einem Medium erfolgt nach den Gesetzen der Optik und hängt von den mechanischen Baustoffeigenschaften ab, wozu u. a. die Druckfestigkeit und die Rohdichte zählen. Des Weiteren wirken sich auf die Höhe der Wellengeschwindigkeit die Porosität, die Zusammensetzung und das Gefüge des untersuchten Materials, die Form und Abmessung der Prüfkörper, der Feuchtegehalt sowie die Ankopplungsbedingungen für die Schallköpfe aus. Der Einsatz an Bauwerken kann im Vergleich zum Radarverfahren als weitgehend feuchte- und salzunabhängig beurteilt werden. Allerdings müssen die Untersuchungsbereiche von zwei gegenüber liegenden Stellen erreichbar sein. Elastische Wellen breiten sich nicht über eine Materiallücke (Hohlraum, Riss) aus, sie laufen auf der Strecke zwischen Sender und Empfänger einen Umweg. Dies bewirkt eine auffällig erhöhte Scheingeschwindigkeit im Vergleich zu ungeschädigten Bereichen und lässt somit Rückschlüsse auf Risse, Hohlräume, Inhomogenitäten und Verwitterungen zu. Des Weiteren können sich mechanische Wellen nicht über einen großflächigen Hohlraum wie eine Schalenablösung hinweg ausbreiten. Hier liegen die Grenzen in der Anwendung dieser Verfahren [1, 4, 7].

Die Reichweite des Ultraschalls ist in Betonbauwerken begrenzt. Ab Bauteildicken von ca. 40 cm und größer kann dann aber auf die Mikroseismik zurückgegriffen werden. Es handelt sich um das gleiche Verfahrensprinzip, nur erfolgt die Signalanregung mit einem Impulshammer und für die Signalerfassung stehen Geophone zur Verfügung.

Da mechanische Wellen bei ihrer Ausbreitung an Materie gebunden und damit von deren mechanischen Materialeigenschaften abhängig sind, eröffnet sich mit dem Ultraschall und der Mikroseismik die Möglichkeit, qualitative Aussagen insbesondere zur Druckfestigkeit zu treffen. Auf der Basis empirischer Korrelationen zwischen der Geschwindigkeit der mechanischen Wellen und der Druckfestigkeit können zum Beispiel Betonfestigkeiten abgeschätzt beziehungsweise qualitativ beurteilt werden.

Die berechnete Geschwindigkeit mechanischer Wellen ist aber nur ein qualitatives Maß für die Bauteilgüte. Der erhaltene physikalische Messwert (Wellengeschwindigkeit) kann

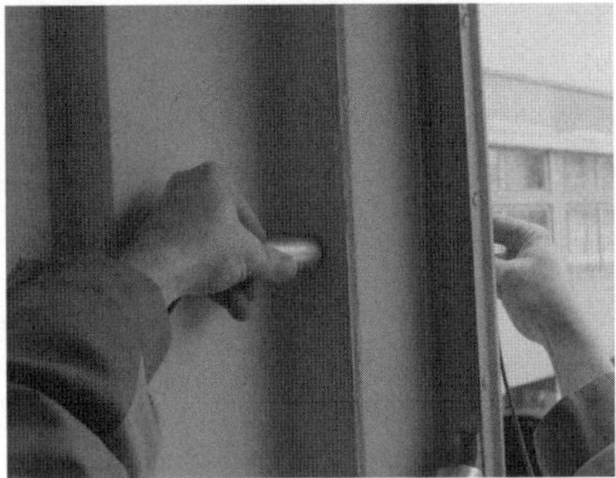

Bild 9: Durchschallung eines Betonfertigteilelementes

Bild 10: Durchschallung einer Stahlbetonstütze

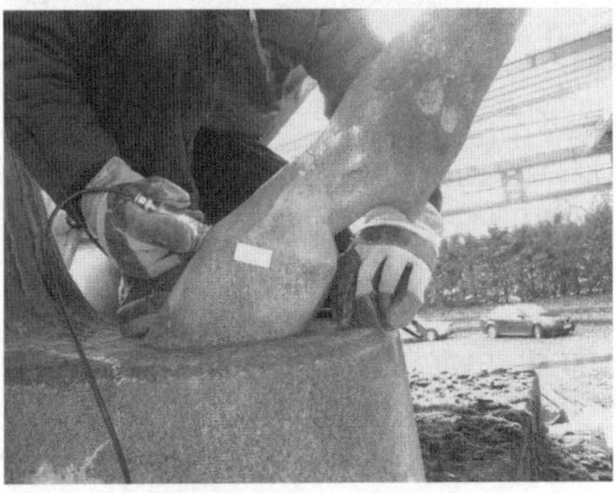

Bild 11: Durchschallung einer Marmorskulptur

nicht direkt dem gewünschten Materialkennwert wie z. B. der Druckfestigkeit zugeordnet werden. Sollte eine möglichst genaue Korrelation zwischen der Druckfestigkeit und der Wellengeschwindigkeit erstellt werden, müssen jeweils materialbezogene Kalibrierkurven über zugehörige Materialproben und Labormethoden erarbeitet werden (zerstörende Eingriffe, Druckfestigkeitsprüfungen) [1].

5 Anwendungsbeispiele aus der Praxis

5.1 Untersuchungen zur Bewehrungslage im Beton mit Bauradar

An Metallen wie Steinklammern, Ringanker, Dollen und Bewehrungseisen werden die elektromagnetischen Wellen total reflektiert. Beim senkrechten Überfahren dieser Materialien entstehen in den Radargrammen typische Diffraktionen. Daran lassen sich die Tiefenlage und der Verlauf der Metalle im Bauteil bestimmen. Diese Technik wird nicht nur zur Bestandserkundung an alten Bauteilen eingesetzt, sondern kann auch sehr gut zur Qualitäts- und Ausführungskontrolle im Neubau zur Anwendung kommen.

Bei dem folgenden Beispiel handelt es sich um einen Neubau, der nach kurzer Zeit starke Rissbildungen aufwies (Bild 12). Mit den herkömmlichen Bewehrungssuchgeräten konnte kein Stahl erfasst werden. Mit hochauflösendem Bauradar wurde dann sichtbar, dass die erforderliche Betondeckung von ca. 3 cm weit überschritten worden ist. Die Bewehrungsmatten liegen viel zu tief und haben eine stark variierende Betondeckung (Bild 13). Vermutlich fehlten beim Betonieren die Abstandhalter und/oder man ist auf der Bewehrung entlang gelaufen.

5.2 Ortung von Verdichtungsmängeln mit Bauradar und Beurteilung der Betonfestigkeit mit Ultraschall

Beim Ausschalen einer Stahlbetonstütze wurden Kiesnester an der Oberfläche ersichtlich. Die Schalung hatte sich beim Betonieren verschoben. Mit zerstörungsfreien Verfahren sollte abgeklärt werden, ob sich jetzt dadurch im Inneren der Stütze größere Kiesnester und Verdichtungsmängel befinden.

Mit einem hochauflösenden 1,5 GHz Sensor wurde an den zugänglichen Oberflächen entlang gefahren. Da Bewehrung ein starker Reflektor ist, musste zur Erkennung von umliegenden Betonveränderungen wie Kiesnestern mit einem sehr engen Messraster vor Ort gearbeitet werden. Ergänzend waren weiterführende Datenverarbeitungsschritte im Büro erforderlich.

Das Bild 14 zeigt rechts das Messraster und links ein Beispielradargramm (Tiefenschnitt in die Stütze). Die horizontalen Bügel zeichnen

12

Bilder 12 + 13: Risse in der Bodenplatte eines Neubaus; Anhand der Radardaten lässt sich erkennen, dass die Betondeckung zwischen 6 cm und maximal 14 cm variiert und viel zu groß ist.

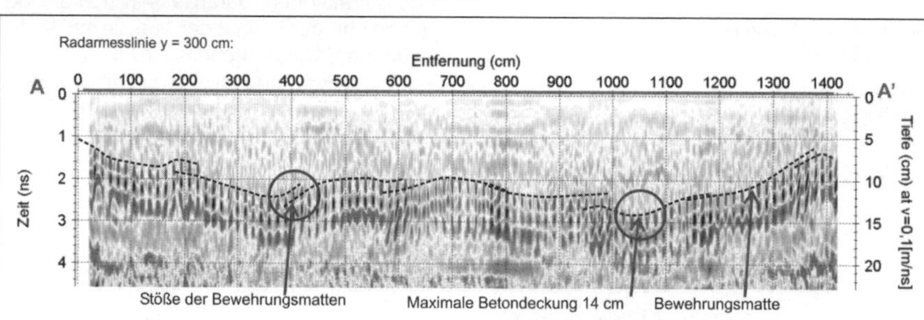

13

sich hinter der Oberfläche durch typische und in regelmäßigen Abständen auftretende Reflexionen deutlich ab. Weiterhin ist ein vertikaler Bewehrungsstab erkennbar, der aber schräg in der Stütze verläuft. Ursache dafür wird das Verschieben der Schalung beim Betonieren sein. Prinzipiell gibt es aber aus dem Bauradar keine Hinweise auf größere Bereiche mit Kiesnestern oder gar Hohlstellen. Nur lokal wurden schwache Auffälligkeiten in ca. 12 cm und ca. 20 cm Tiefe gefunden, bei denen es sich mit geringer Wahrscheinlichkeit um Fehlstellen handelt (umrissene Bereiche in Bild 14 rechts). Im Bedarfsfall können diese Stellen durch eine gezielte Bohrung überprüft werden. Auswirkungen auf die Belastbarkeit der Stütze haben diese kleinen Bereiche allerdings nicht.

Ergänzend wurden Ultraschalluntersuchungen durchgeführt, um damit mögliche Verdichtungsunterschiede zu erkunden. Die Stütze wurde in Querrichtung in drei parallelen Messachsen in einem Abstand von 10 cm je Messpunkt mit 45 kHz durchschallt. Für die Auswertung wurde die Wellengeschwindigkeit je Messpunkt und Messachse berechnet (Bild 15).

Im Bild 15 wird die Wellengeschwindigkeiten je Durchschallungsachse und je Messpunktabstand dargestellt. Es wurden insgesamt hohe Wellengeschwindigkeiten in einem Bereich von ca. 4100 m/sek bis ca. 4200 m/sek gemessen. Diese Werte liegen in dem Erwartungsbereich für Beton mit guter Qualität (Tab. 1). Die Differenzen zwischen den einzelnen Messwerten liegen im Bereich der Messungenauigkeiten und den üblichen Streuungen.

Nur sehr lokal treten geringere Wellengeschwindigkeiten < 4000 m/sek in den Höhen von 80 cm und 90 cm ab OK Fußboden auf. Diese Abweichungen, auch noch im Rahmen

Tabelle 1: Wellengeschwindigkeit und Druckfestigkeit an Beton ohne Kalibrierung [1]

Wellengeschwindigkeit v [m/s]	Festigkeit
über 4500	sehr hoch
4500–3500	hoch bis mittel
3500–3000	niedrig
unter 3000	gering

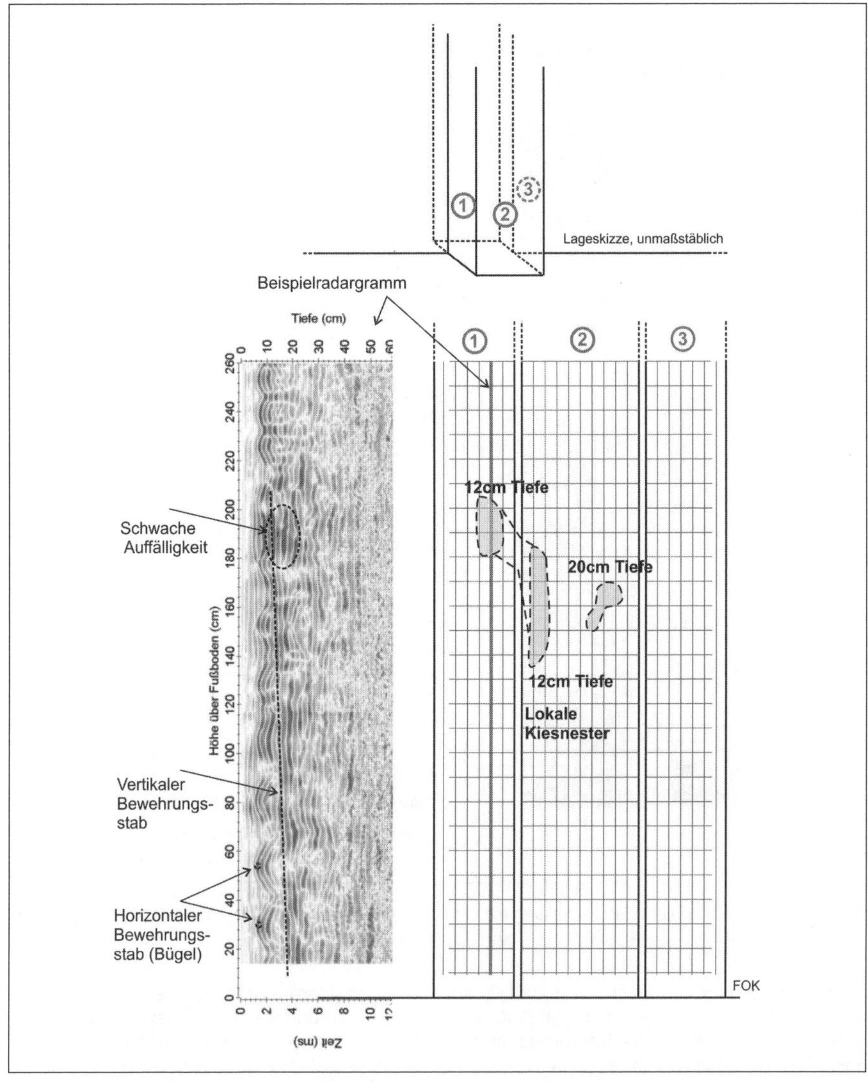

Bild 14: Rechts: Messraster für die Untersuchungen mit Bauradar; links: Beispielhaftes Radargramm mit typischen Reflexionen der Bügelbewehrung und eines schräg stehenden Längsstabes, grau umrissen sind schwache Verdachtsstellen auf Kiesnester mit Angabe der Tiefenlagen

der Messungenauigkeiten liegend, betreffen aber nur zwei bis drei Messpunkte und können daher als unbedenklich bewertet werden. Würden sich im Inneren größere Kiesnester oder Verdichtungsmängel befinden, würde sich dies an deutlichen, reduzierten Wellengeschwindigkeiten an mehreren Messpunkten aufzeigen.

Aufgrund des Einsatzes der Verfahren Bauradar und Ultraschall und der sehr guten Datenqualität beider Verfahren kann die Aussage getroffen werden, dass es keine Hinweise auf

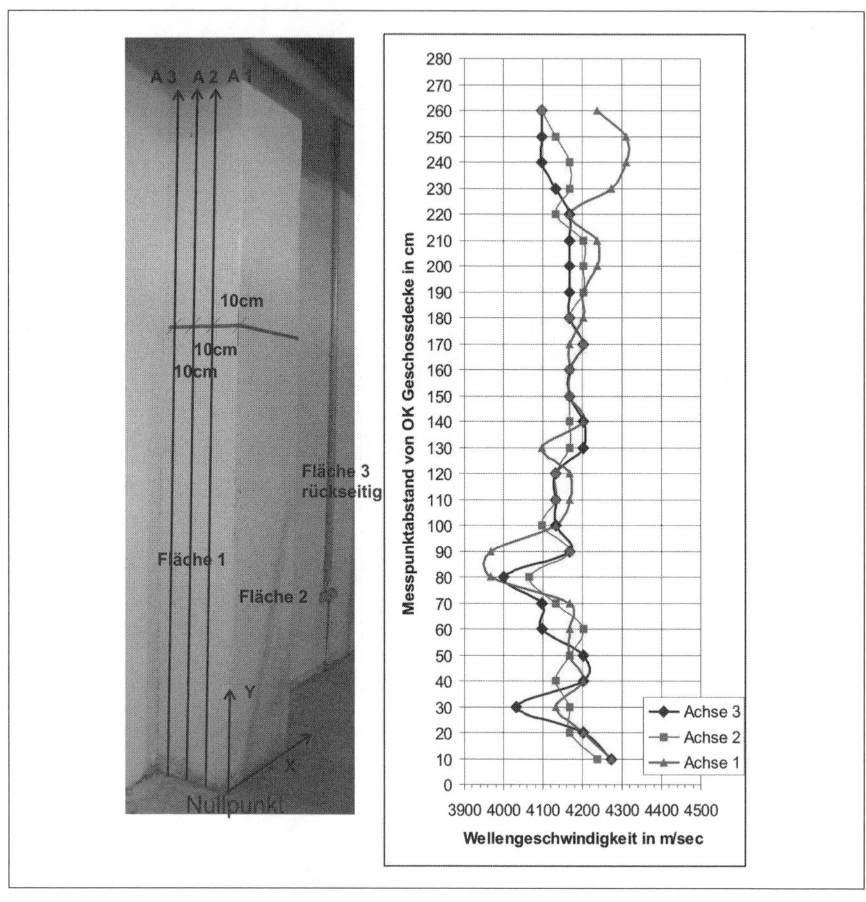

Bild 15: Ergebnisse der Querdurchschallung mit Ultraschall, die hohen bis sehr hohen Wellengeschwindigkeiten weisen auf einen Beton sehr guter Qualität hin.

größere Stellen mit Entmischungen und Kiesnestern gibt. Die Ergebnisse der Ultraschalluntersuchungen lassen die Interpretation zu, dass über die gesamte untersuchte Höhe der Stütze die Betonfestigkeiten gleichmäßig hoch sind.

5.3 Untersuchungen zum Fußbodenaufbau mit Bauradar

Oftmals ist es aus wirtschaftlichen oder nutzungsbedingten Gründen nicht möglich, großflächig einen Fußbodenaufbau mittels Bauteilöffnungen zu erkunden. Für Umbauplanungen sind aber Kenntnisse über vorhandene Tragstrukturen entscheidend. Mit dem Bauradar können zuverlässig z. B. Stahlträger oder Hohlkörper zwischen Beton- oder Stahlträgern erkundet werden. Dazu muss auf der Geschossdecke oder an der Untersicht der Decken entlang gefahren werden. Oftmals kann bereits vor Ort in den Radargrammen die vorhandene Konstruktion erfasst und in Bestandsunterlagen eingetragen werden. Das Bild 16 zeigt Reflexionen an Stahlträgern unterhalb eines hochwertigen Parkettbodens. Die Position der Stahlträger konnte aufgrund der sehr guten Datenqualität bereits vor Ort angezeichnet und in die vorhandenen Grundrisse übernommen werden.

Die in Bild 17 erkennbaren regelmäßigen Reflexionen weisen auf eine Deckenkonstruktion bestehend aus betonierten Hohlkörpern mit

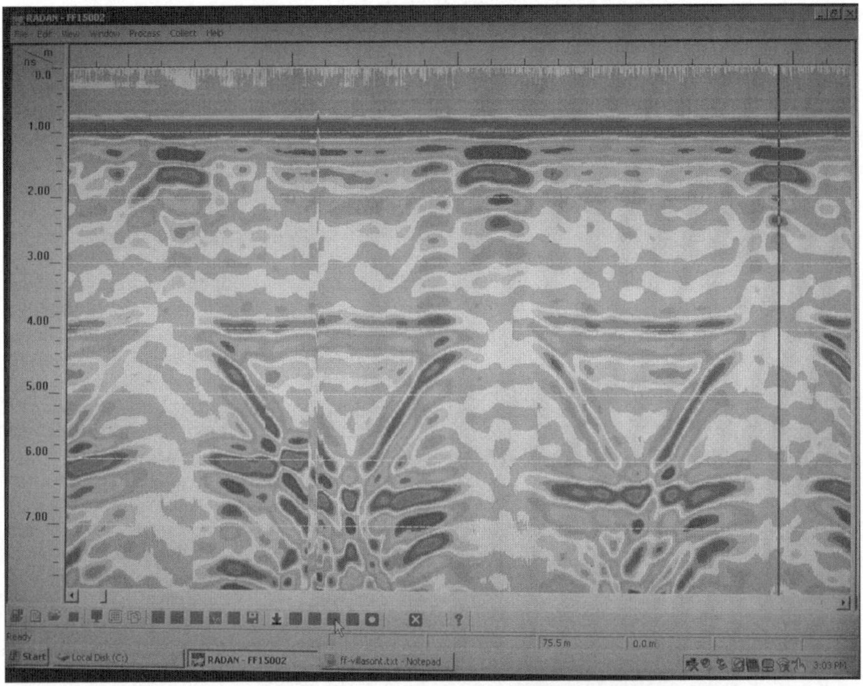

Bild 16: Typische Reflexionen verursacht von Stahlträgern unterhalb eines Parkettbodens

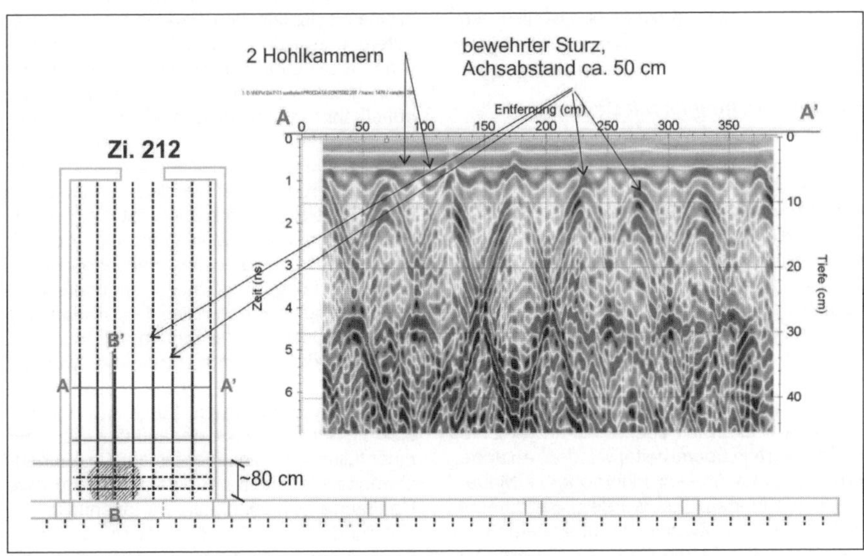

Bild 17: Typische Reflexionen verursacht von Hohlkörpern und Bewehrung zwischen den Hohlkörpern

Bild 18: Kalibrierungsöffnung, Hohlkörper und Bewehrung

Bild 19: Teilansicht der Stützwand

bewehrten Stegen zwischen den Hohlkörpern hin. Zu Kalibrierungszwecken wurden kleinere Deckenöffnungen ausgeführt.

5.4 Untersuchungen mit Bauradar an einer Stützwand

Diese ca. 70 m lange Stützwand besteht größtenteils aus unverputzten Natursteinen und wies teilweise starken Bewuchs auf (Bild 19). Die Wanddicke beträgt am Kopf ca. 50 cm und ist am Wandfuss nicht bekannt. Die Höhe variiert zwischen 1,70 m bis 3,90 m. Der Mauerverband ist unterschiedlich ausgeführt und es wurden verschiedene Materialien verwendet. In großen Bereichen sind Natursteine formgerecht in handlicher Größe bearbeitet und größtenteils in einem Verband verlegt angeordnet worden. Die Fugen sind mit verschiedenen Mörteln überarbeitet worden. An anderen Stellen ist ein sehr inhomogenes Mauerwerk vorhanden. Es wurden Sandsteine, Kalksteine und Ziegelreste unsystematisch vermauert. Die Steine sind kaum bearbeitet, ein Mauerverband lässt sich nicht erkennen. Der Mörtelanteil ist unterschiedlich hoch und die Qualität variiert stark. Die Natursteine und die Ziegelsteine weisen typische Frostschäden auf. Lokal sind starke Ausbauchungen, Risse und Steinverschiebungen erkennbar. Die Risse sind teilweise offen und scharfkantig, was auf eine eher in jüngerer Vergangenheit erfolgte Verschiebung schließen lässt.

Möglichst zerstörungsfrei sollten Aussagen zum Zustand der denkmalgeschützten Wand getroffen werden. Für eine Standsicherheitsbeurteilung sollte im Inneren nach Hohlräumen gesucht werden. Dies betraf insbesondere die Bereiche mit bereits vorhandenen Ausbauchungen. Zudem sollten Fragen nach einer Mehrschaligkeit, der Schalendicke und dem Zustand der Innenfüllung sowie der Wanddicken beantwortet werden.

Die Ergebnisse sollten als Entscheidungsgrundlage dienen, ob diese Stützwand weiterhin standfest ist, abgerissen und neu aufgebaut werden muss, oder eine Generalsanierung möglich ist.

Die Wand wurde ohne Hilfsmittel mit einem 900 MHz Sensor weitgehend vollflächig abgefahren. Ergänzend wurde noch ein weiterer tiefer frequenterer 400 MHz Sensor für eine größere Eindringtiefe eingesetzt. Die Messwertaufnahme erfolgte an einem Arbeitstag ohne Hilfsmittel.

Bild 20 zeigt für verschiedene Tiefenbereiche in einem beispielhaften Wandabschnitt die Radarergebnisse als Zeitscheiben (grundrissähnliche Darstellung). Es kann anhand der Rottöne (hier: grau), was hohe Reflexionen bedeutet, gut erkannt werden, dass im Bereich 4 im Umfeld der Ausbauchung von Hohlräumen und Schalenablösungen im Mauerverband ausgegangen werden muss. Der daneben anschließende Bereich 3 ist dagegen fast völlig unauffällig (kaum reflektiv, Blaufärbung (dunkelgrau)). Hier kann von einem weitgehend kompakten und ungeschädigten Wandquerschnitt ausgegangen werden. Dies betraf auch die anderen Abschnitte der Stützmauer.

Den Radardaten konnte entnommen werden, dass der Wandaufbau prinzipiell mehrschalig ist. In einer Tiefe von ca. 20–30 cm befindet sich die Schalengrenze der äußeren Wand zur Innenfüllung. Es gibt aber bis auf die Ausbauchungsstellen keine Hinweise auf größere Hohlräume o. ä. innerhalb der Innenfüllung.

Aufgrund der visuellen Begutachtung und der Erkundungen mit Bauradar stand dann ein Abriss der kompletten Wand nicht mehr zur

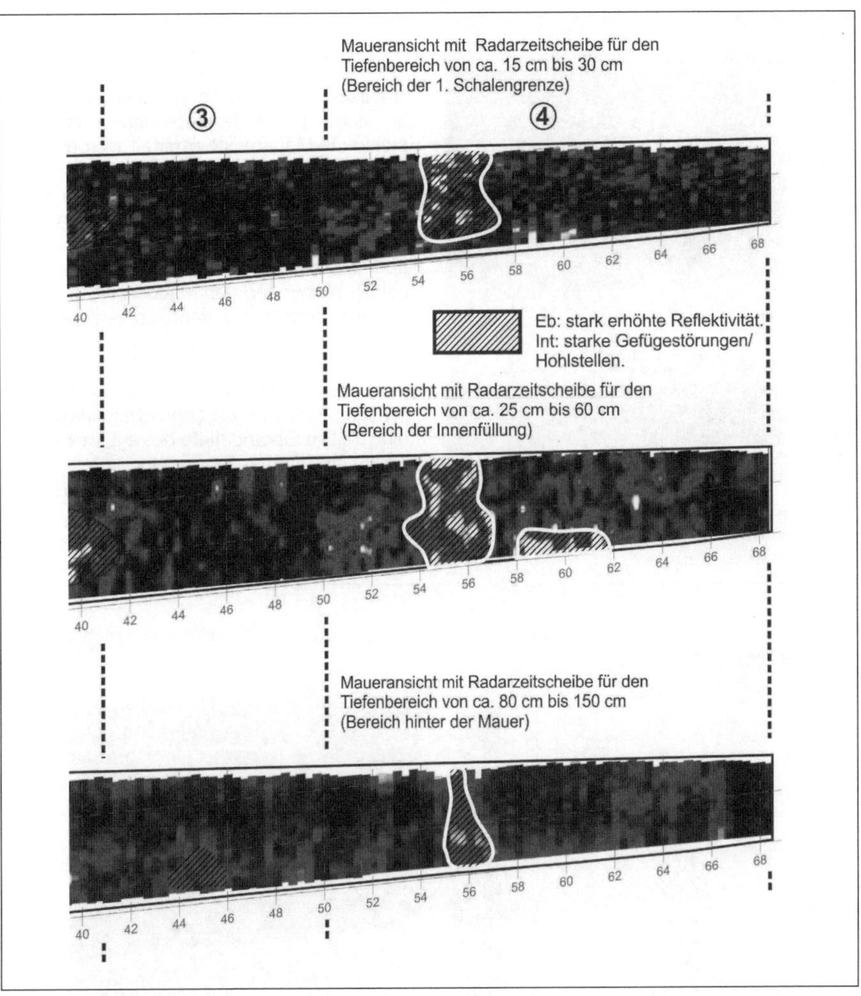

Bild 20: Radarergebnisse in den Wandbereichen 3 und 4 hinter der ersten Mauerschale, im Bereich der Innenfüllung und an der Wandrückseite. Bei den umrissenen Abschnitten handelt es sich um Hohlstellen und Gefügestörungen im Bereich der Innenfüllung und dem anstehenden Erdreich [5, 8].

Diskussion. Die Stützwand wurde, jeweils angepasst an den vorhandenen Zustand, handwerklich instand gesetzt. Nur einige wenige Abschnitte wurden ab- und wieder aufgebaut. In den restlichen Bereichen wurden schadhafte Steine ausgetauscht und das Mauerwerk neu verfugt. Der Bauherr konnte durch diese Herangehensweise nicht nur diese denkmalgeschützte Wand erhalten, sondern auch erhebliche Kosten einsparen.

5.5 Untersuchungen zur Salzverteilung im Mauerwerk

Prinzipiell ist eine hohe Feuchte- und Salzbelastung erschwerend für Strukturuntersuchungen in den betroffenen Bauteilbereichen. Aufgrund von hohen Salzbelastungen können mit dem Bauradar keine Eindringtiefen erreicht werden. Jedoch zeigen diese absorptiven Bereiche wiederum die Stellen mit einem sehr hohen Versalzungsgrad auf.

Bild 21: Aufnahme der Radardaten an der Bogenuntersicht [1]

Das Bild 21 zeigt die Messwertaufnahme entlang der Untersicht eines Natursteinbogens. Erwartungsgemäß treten an der Grenzfläche Naturstein – Mauerwerk typische Reflexionen auf, anhand derer die Einbindetiefe der Natursteine ins Mauerwerk ermittelt werden kann. Aufgrund der salzbedingten starken Signalabsorptionen ab Oberkante Boden bis in eine Höhe von ca. 2 m können bis dahin keine Steineinbindetiefen erkundet werden. Im darüber liegenden Bereich liegt kaum eine Salzbelastung vor und das Mauerwerk ist für das Radar wieder transparent. Es zeichnen sich Strukturen wie Steinrückseiten als Reflektoren gut ab. Es kann zuverlässig erkannt werden, dass die Bogenrandsteine unterschiedlich lang in das angrenzende Mauerwerk einbinden. Die Einbindetiefe beträgt im Wechsel ca. 30 cm und ca. 50 cm, wodurch sich eine Verzahnung zum angrenzenden Mauerwerk ergibt (Bild 22) [1, 5, 6].

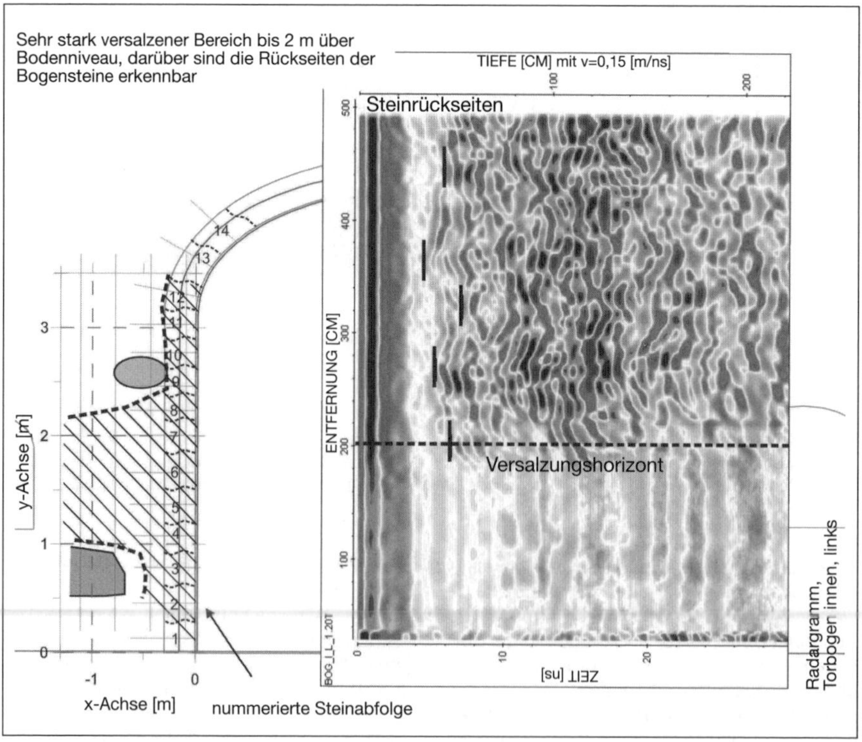

Bild 22: Radardaten werden aufgrund von Salzen bis in ca. 2 m Bauteilhöhe stark absorbiert [1, 5]. Es können keine Aussagen zum Wandaufbau getroffen werden.

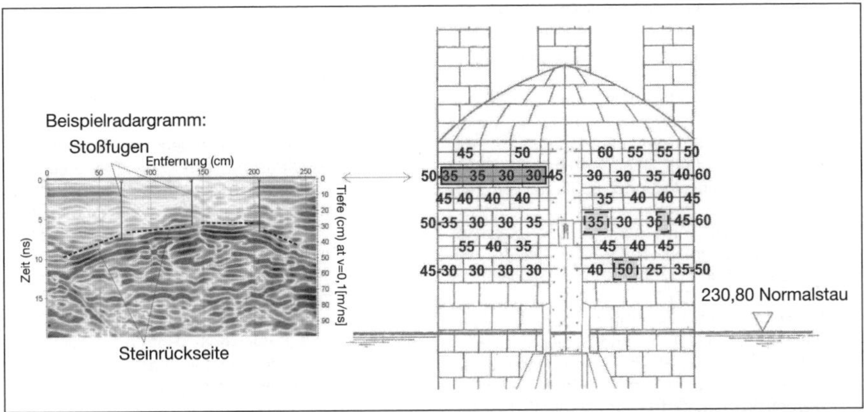

Bild 23: Im Radargramm können die Einbindetiefen der einzelnen Steine zuverlässig erfasst werden. Die Ergebnisse wurden steinweise in die Ansichtspläne übernommen. Flächig hinterlegt sind Verdachtsstellen auf Hohlräume in der rückwärtigen Stoßfuge [8].

5.6 Untersuchungen mit Bauradar zu Bestimmung von Steineinbindetiefen

Zur Bestimmung von Steineinbindetiefen muss immer mit einem hochauflösenden Sensor bei unverputztem Mauerwerk mittig entlang der Steinreihen gefahren werden. Bei verputztem Mauerwerk muss in einem sehr engen horizontalen Messraster untersucht werden. Die Rückseiten der Steine können aufgrund typischer Reflexionen anhand des Materialwechsels Stein - Innenfüllung zuverlässig erkannt und angegeben werden. Ein typisches Datenbeispiel ist im Bild 23 zu sehen. Bei einem Wehrpfeiler sollte erkundet werden, ob sich Hohllagen zwischen der Vorsatzschale aus Naturstein und dem Kernbeton ausgebildet haben (Bild 24). Durch die Beurteilung der Reflexionsstärken an der Grenzschicht Naturstein – Beton können Rückschlüsse über Hohllagen gezogen werden. Im Bild 23 sind je Stein die Einbindetiefen der einzelnen Steine eingetragen. Nur bei den flächig markierten Steinen besteht der Verdacht auf Hohllagen [8].

Bild 24: Suche nach Hohllagen zwischen Vorsatzschale und Kernbeton an einem verkleideten Wehrpfeiler [8]

6 Zusammenfassung

Der erfolgreiche Einsatz dieser indirekten zerstörungsarmen Verfahren ist von deren sachkundiger Auswahl und professioneller Anwendung abhängig. Dabei müssen neben dem zu untersuchenden Objekt und den Untersuchungszielen die Verfahrenscharakteristiken berücksichtigt werden. Eine interdisziplinäre Zusammenarbeit von auf diesem Spezialgebiet erfahrenen Geophysikern und Bauingenieuren ist unerlässlich. Bei großen Bauvorhaben ist oftmals sogar ein Team von Fachleuten erforderlich, um alle Informationen zu bündeln und effektiv auszuwerten. Dabei ist der sich einander ergänzende Einbezug von Wissenschaftlern und Praktikern notwendig. Es ist unabdingbar, die Wünsche und Forderungen des Auftraggebers bezüglich der Art und Qualität der Ergebnisse mit den Möglichkeiten der jeweiligen Verfahren realistisch zu überprüfen. Auch muss die Fragestellung so präzise wie möglich formuliert werden [1–8].

7 Quellen und weiterführende Literatur:

[1] Patitz, Gabriele: Zerstörungsfreie Untersuchungen an altem Mauerwerk. Fachbuch Beuth Verlag, Berlin 2009

[2] Patitz, Gabriele; Reschke, Thorsten: Zerstörungsfreie Strukturuntersuchungen am Beton unbewehrter Schleusenkammerwände mit Radar. In: Venzmer Helmuth (Hrsg.) Europäischer Sanierungskalender 2007, S. 187–195, 2007

[3] Patitz, Gabriele: Anwendung zerstörungsfreier Verfahren zur Untersuchung alten Mauerwerks und alter Betonbauwerke. In: Der Bausachverständige, Heft 3/2009

[4] Patitz, Gabriele: Zerstörungsfreie Untersuchungen an Skulpturen und Säulen mit Radar und Ultraschall. In: Patitz, Grassegger, Wölbert (Hrsg.) Tagungsband Fachtagung Natursteinsanierung 2010, S.88–103, Fraunhofer IRB Verlag, Stuttgart 2010

[5] Patitz, Gabriele: Altes Mauerwerk zerstörungsarm mit Radar und Ultraschall erkunden und bewerten. In: Fouad, Nabil A. (Hrsg.): Bauphysik-Kalender 2012, S. 203–245, Berlin 2012

[6] Patitz, G.; Schulz-Lorch, J.; Grassegger, G.; Messmer, R.; Walz, R.; Mayer, E.: Interdisziplinäre Voruntersuchungen als Basis für die Sanierung der Fronhofer Kirche in Wehingen. S. 149–161, Beuth, Sanierungskalender 2008, 3. Jahrgang, Berlin 2008

[7] Patitz, Gabriele: Mauerwerk und Beton mit Radar und Ultraschall zerstörungsfrei erkunden. In: Geburtig, Gerd; Gänßmantel, Jürgen (Hrsg.): Messtechnik – der Weisheit letzter Schluss?, S. 83–97, WTA Heft zum 4. Sachverständigentag, Stuttgart 2012

[8] Patitz, Gabriele: Zerstörungsfreie Untersuchungen an Bauteilen aus altem Mauerwerk – Beispiele aus der Praxis. In: Verein Erhalten historischer Bauwerke (Hrsg.): Ingenieurbauwerke aus Natursteinmauerwerk. S. 33–45, Fraunhofer IRB Verlag 2012

Bildnachweise:
Bilder 4, 13, 14, 17, 20, 22, 23 GGU Gesellschaft für Geophysikalische Untersuchungen mbh Karlsruhe
Bild 12 Wolfgang Rickelhoff
alle anderen Bilder von der Autorin

Dr.-Ing. Gabriele Patitz
1990 Abschluss Hochschulstudium als Dipl. Bauingenieur TH Leipzig; 1998 Promotion an der Universität Karlsruhe (TH); 1998 Gründung des Ingenieurbüros IGP für Bauwerksdiagnostik und Schadensgutachten; 2004 Gründung und Vorstandsvorsitzende des gemeinnützigen Vereins „Erhalten historischer Bauwerke" e. V; Seit 2003 u. a. Leitung und Durchführung von Forschungsprojekten für die Bundesanstalt für Wasserbau Karlsruhe; Seit 2004 Veranstalter der jährlich stattfindenden Fachtagung „Natursteinsanierung Stuttgart"; Seit Oktober 2012 in Teilzeit stellv. Leiterin der Forschungs- und Prüfinstituts Steine und Erden e. V. (FPI), Karlsruhe; Zahlreiche Veröffentlichungen und Vorträge; Tätigkeitsschwerpunkt: Einsatz von modernen zerstörungsfreien Untersuchungsverfahren aus der Geophysik im Bauwesen; Bestandsanalysen, Untersuchen und Bewerten bestehender Bauwerke aus Mauerwerk und Beton.

Typische konstruktive Schwachstellen bei Aufstockung und Umnutzung

Prof. Dr.-Ing. Wolfram Jäger, TU Dresden/Lehrstuhl Tragwerksplanung

1 Einleitung

Nur begrenzt zur Verfügung stehende Neubauflächen in den Ballungszentren führen dazu, dass der Bedarf an Wohnungen künftig zunehmend auch über Nachverdichtung des Bestandes gedeckt werden muss. Viele der Häuser sind prinzipiell dafür geeignet oder können entsprechend ertüchtigt werden.

Typische Umbau- und Modernisierungsaufgaben ergeben sich somit durch Dachausbauten sowie Aufstockungen, da hier zusätzliches, relativ einfach zu erschließendes Wohnraumpotenzial liegt. Insbesondere von konstruktiver/tragwerksplanerischer Seite sind jedoch gewisse grundlegende Dinge zu beachten, damit es im Nachgang nicht zu Problemen und zum Streit zwischen den Beteiligten kommt. Typische Schäden und Mängel beim Ausbau von Dachgeschossen und Aufstockungen lassen sich in die folgenden Rubriken einordnen:

- Bauphysik (Wärmeschutz: Dämmung – Kältebrücken, Luftdichtheit – Tauwasserausfall; Schallschutz: Dachausbau häufig mit leichten Konstruktionen realisiert),
- Brandschutz (Erfüllung der bauordnungsrechtlichen Anforderungen, ggf. Änderung der Gebäudeklasse durch den Ausbau/die Aufstockung) und
- Statik (Tragfähigkeit oberste Decke/Dach, Ableitung der zusätzlichen Lasten, Stabilisierung Gesamtgebäude).

Grundlage für die schadensfreie Umsetzung der Maßnahmen ist eine unabhängige Planung und Ausschreibung. Diese setzt voraus, dass bei den Beteiligten ausreichende Kenntnisse der in der Erbauungszeit verwendeten sowie der neu einzubauenden Baustoffe und der entsprechenden Vorschriften vorhanden sind.

Typische statische Problemstellungen entstehen durch die Erhöhung der Ausbau- und Nutzlasten, die im Gebäude untergebracht werden müssen. Die Frage der Tragfähigkeit der Bauteile sowie die gesamte Lastein- und -weiterleitung sind zu klären, aber auch die Gebrauchstauglichkeit spielt eine Rolle (Durchbiegungs- und Schwingungsanfälligkeit).

Bei Bauten in Erdbebengebieten, wo dann ein Erdbebennachweis des veränderten Gebäudes erforderlich ist, können die erhöhten Beanspruchungen ggf. durch Ansatz des Teilsicherheitskonzeptes kompensiert werden (s. z. B. [1]). Die prinzipielle Systemveränderung durch Aufbringen neuer Massen und durch eine Erhöhung des Gebäudebestandes ist zu bedenken. Dies führt ggf. zu erhöhten Materialbeanspruchungen, die eine vertiefte Bestandsaufnahme erforderlich machen können.

Die Frage des Bestandsschutzes ist unbedingt rechtzeitig zu klären, da dies maßgebend dafür ist, welche Vorschriften aus dem Regelwerk bindend sind:

- die zum Zeitpunkt der Erstellung des Gebäudes gültigen Eingeführten Technischen Baubestimmungen (ETB) oder
- die aktuellen ETB (jetzt Eurocodes mit Ausnahme von Mauerwerk und Erdbeben, neue Lastnormen).

Wenn das Gebäude unter Denkmalschutz steht, kann es durchaus sein, dass die Herangehensweise an die Aufgabe eine andere sein muss. Für die Bauausführung sind dann entsprechende Erfahrungen der zum Einsatz kommenden Firmen notwendig und eine ordnungsgemäße Überwachung ist die Voraussetzung für eine korrekte Umsetzung der Planung sowie deren Fortschreibung und Anpassung. Das Ganze geschieht meist unter hohem Kosten- und Termindruck. Als aktiv Beteiligter muss man sich oft dagegen wehren, um zu vermeiden, dass daraus Schadensfälle entstehen. Die Standsicherheit einzelner Bauteile und des Gesamttragwerkes müssen sowohl für das Dach als auch für das gesamte Gebäude zu jedem Zeitpunkt gewährleistet sein.

2 Regelwerk

Die aktuellen Vorschriften sind in der Regel für Neubauten konzipiert und nur bedingt oder gar nicht für Bestandsgebäude geeignet.

Die Fachkommission Bautechnik der Bauministerkonferenz (ARGEBAU) hat daher ein Dokument herausgegeben, welches die Anwendung bautechnischer Regelungen, die für die **Standsicherheit** beim Bauen im Bestand von Bedeutung sind, klarstellt: „Hinweise und Beispiele zum Vorgehen beim Nachweis der Standsicherheit beim Bauen im Bestand" [2]. Demnach dürfen unter Wahrung des baurechtlichen Bestandsschutzes nur solche Maßnahmen durchgeführt werden, welche die ursprüngliche Standsicherheit des Gebäudes bzw. der baulichen Anlage auch weiterhin nicht gefährden.

Bei Baumaßnahmen, die Auswirkungen auf die Bestandskonstruktion haben, ist in jedem Einzelfall zu prüfen, inwieweit die Einwirkungen nach den aktuellen ETB auch auf die nicht unmittelbar von der Baumaßnahme betroffenen Teile anzusetzen sind. Verwendete Bauprodukte müssen den aktuellen bauaufsichtlichen Vorschriften entsprechen oder aber über eine allgemeine bauaufsichtliche Zulassung bzw. eine Zustimmung im Einzelfall geregelt sein. Neue Erkenntnisse zu bisherigen Regelungen sind zur Vermeidung von Schäden auf jeden Fall zu beachten.

Bei Umbaumaßnahmen sind zunächst nur die unmittelbar von der Änderung berührten Teile mit den Einwirkungen nach den aktuellen technischen Baubestimmungen nachzuweisen. Besonders sind hierbei z. B. Wanddurchbrüche, Versetzen von tragenden Wänden, Nutzungsänderungen und neu hinzugefügte oder geänderte Anbauten oder Aufstockungen bei bestehenden baulichen Anlagen gemeint. Bei Aufstockungen und größeren Umbauten ist zu prüfen, ob die nach den aktuellen ETB anzusetzenden zusätzlichen Belastungen sicher abgetragen werden können. Bei wesentlichen baulichen Veränderungen bzw. wenn die Standsicherheit der unveränderten Teile der baulichen Anlage unter dieser Zusatzbelastung nach dem ursprünglichen Regelwerk nicht nachgewiesen werden kann, ist das gesamte Gebäude wie ein Neubau zu behandeln und entsprechend nach den aktuellen ETB nachzuweisen.

Bild 1 zeigt als Beispiel eine bis auf die Balken freigelegte Holzbalkendecke, die natürlich keinen Bestandsschutz mehr genießt; in Bild 2 ist die Fassade eines vollkommen entkernten Gebäudes in München dargestellt, bei dem natürlich auch der Bestandsschutz verloren gegangen ist. In dem o. g. Material der ARGEBAU [2] sind weitere konkrete Anwendungsfälle und die zugehörige Einordnung hinsichtlich des Bestandsschutzes aufgeführt.

Für die aktuellen technischen Baubestimmungen sei der Hinweis gestattet, dass in Deutschland seit dem 1. Juli 2012 die Eurocodes anzuwenden sind, mit Ausnahme des Mauerwerks und des Erdbebens. Das gilt auch für die neuen Lastnormen.

Ergänzend sei erwähnt, dass in unserem Nachbarland Österreich in Wien wegen des akuten Wohnungsmangels die vorhandene Bebauung derzeit besonders intensiv nachverdichtet wird, um das stetig anwachsende Defizit abbauen zu können. Da sich im Zuge

Bild 1: Vollständig entkernte Holzbalkendecke im Schloss Steinort in Polen 2011

Bild 2: Fassade des Münchner Bürkleinbaus während der Neugestaltung des Marstallplatzes. Foto: Horst Reinelt, 2002 (commons.wikimedia.org)

der Normenumstellung auf die Eurocodes die Einwirkungen durch die erhöhte Wiederkehrperiode für Erdbeben erhöht haben, ist die Frage des Erdbebennachweises beim Aufstocken und bei Dachausbauten oft kritisch. Die Stadt Wien hat darauf reagiert und ein entsprechendes Material zur Verfügung gestellt [3]. Außerdem wurde durch das Österreichische Normungsinstitut eine Ö-Norm [4] zur Bewertung der Tragfähigkeit bestehender Gebäude erarbeitet, die ggf. auch für uns Deutsche von Interesse sein kann, da es bei uns etwas Vergleichbares nicht gibt.

Es wird deutlich, dass bei Veränderungen am Bestand von Gebäuden alle Beteiligten eine besondere Verantwortung haben und nicht jeder Handschlag vom Gesetzgeber geregelt werden kann. Besonders wichtig ist daher die rechtzeitige Abstimmung zwischen dem Bauherrn und den Planern/Ausführenden, gegebenenfalls auch mit den Bauaufsichts- und Denkmalschutzbehörden sowie dem Prüfingenieur.

Bild 3: Wohn- und Geschäftshaus

3 Ausgewählte Schadensfälle

3.1 Verlust der Stabilisierung durch Entkernung

3.1.1 Vorgeschichte des Falles

Der Schadensfall betrifft ein 5-geschossiges Wohn- und Geschäftshaus (Bild 3) mit einem Dachgeschoss, das im Zuge der Sanierung und des Umbaus mit in die hochwertige Nutzung einbezogen werden sollte. Die Gebäudehöhe erreicht mit 24 m bereits die Hochhausgrenze.

Das teilweise desolate Gebäude wurde im Rahmen der Umbauarbeiten vollständig entkernt, und zwar durch Entfernung sämtlicher aussteifender Querwände und Ersatz durch Trockenbau sowie Entkernung der Decken bis auf die Balken. Es zeigten sich dann erhebliche Risse in der Fassade der Straßenseite, die sich ständig öffneten und schlossen, die auf eine Bewegung des Dachgeschosses hindeuteten. Die Fassadenrisse in der Traufe und im Drempel sowie an der Kommunwand zum Nachbargebäude (Bild 4) waren sehr bedenklich und veranlassten die Bauaufsicht, das Gebäude nicht für die Nutzung freizugeben. Der Eigentümer versuchte im Rahmen eines Gerichtsverfahrens, sich zu wehren.

Bild 4: Risse an der Kommunwand zum Nachbargebäude

3.1.2 Randbedingungen und Fehlerursachen

Im Grundriss des Normalgeschosses war das Gebäude ursprünglich mit aussteifenden Wänden ausgestattet. Ob die 11^5er Wände seinerzeit als aussteifende Wände vorgesehen waren oder nicht, ist dabei unerheblich, da sie im statischen Gesamtsystem eindeutig als solche wirkten. Nachdem im Zuge der Baumaßnahmen sämtliche dieser Wände entfernt worden waren, verblieben schließlich nur noch das Treppenhaus und die Kommunwand zum Nachbargebäude sowie die Giebelwand des Gebäudes zur Aussteifung. Die ersatzweise eingebauten Trockenbauwände erfüllen natürlich keine statische Funktion. Die ganze Fassade wirkte vereinfacht angenommen als Träger auf 2 Stützen und hatte die Aussteifungs- und Windlasten aufzunehmen und abzutragen.

Im Rahmen der Stabilitätsbetrachtung wurde vom Tragwerksplaner die Labilitätszahl α für das Mauerwerk nach Gl. (2) von DIN 1053 Teil 1 [5] ermittelt, allerdings mit einem Programm, welches eigentlich für den Betonbau vorgesehen ist: Das Kriterium für die räumliche Steifigkeit war hiernach erfüllt. Wäre jedoch der E-Modul des Mauerwerks eingesetzt worden (und nicht der für Beton), dann hätte sich ergeben, dass eine Untersuchung nach Theorie II. Ordnung erforderlich ist, also der Einfluss der Verformungen auf den Schnittkraftzustand mit zu berücksichtigen ist. Außerdem ist dann auch die Aussteifung nachzuweisen, wofür man normalerweise eine starre Deckenscheibe braucht. Aufgrund der erfolgten Entkernung war jedoch nicht von einer stabilen Deckenscheibe auszugehen, da die Deckenbalken sich alle im Falle einer Verformung der Außenwand mit nach außen bewegen werden. Es war zur Bauzeit nicht üblich und hier auch nicht realisiert worden, einen Ringanker einzubauen, sodass man hätte von einer Lastverteilung ausgehen können. Außerdem war die Kraftübertragung zwischen Balken und Wand sehr fragwürdig. Nach dem Coulombschen Reibungsgesetz erfolgt die Weiterleitung der Kräfte über die Reibungsfläche vom Balken zur Wand, wobei der Reibungswiderstand natürlich von der Auflast abhängig ist. Nachdem die Decken bis auf die Holzbalken entkernt und damit erleichtert waren und nur noch mit Trockenbauelementen gearbeitet wurde, war praktisch kaum noch Auflast vorhanden. Die Außenwand erhält damit über die Deckenbalken keine Halterung mehr (Bild 5). Zudem herrschte zwischen der Fassade und den Kommunwänden so gut wie kein Verband, d. h. eigentlich war sogar eine Trennfuge vorhanden und die angezeigte Stützung des horizontalen Trägers in Form eines geschosshohen Außenwandabschnittes über zwei Auflager an den Querwänden war tatsächlich gar nicht vorhanden.

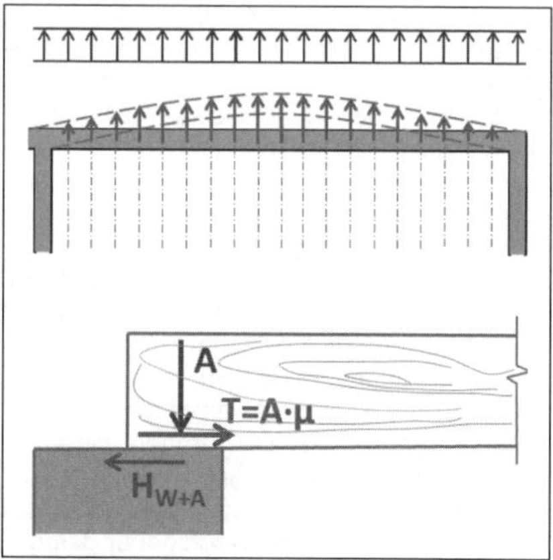

Bild 5: Kraftübertragung vom Deckenbalken zur Wand

Mithilfe einer Finite-Elemente-Rechnung mit realen Randbedingungen (freier Rand oben) wurde festgestellt, dass es infolge von Wind- und Aussteifungslasten zu erheblichen Aus-

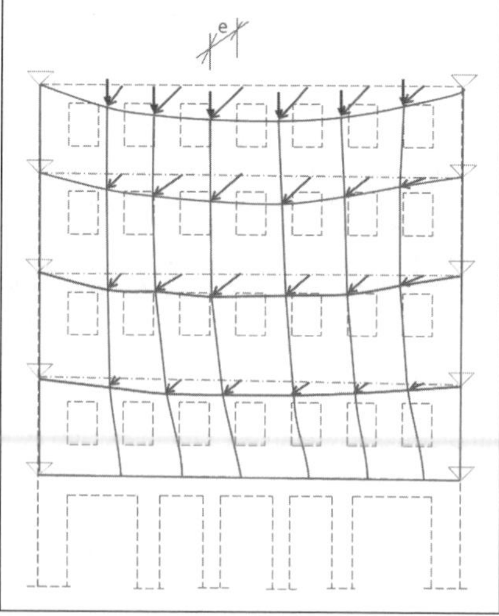

Bild 6: Verformung der Fassade

Bild 7: Liegender Fachwerkträger im Dachgeschoss

Bild 8: Verankerung der Fassade: Auszugsversuch

biegungen der Fassade kommt (Bild 6). Bei den Aussteifungslasten sind die Anteile aus Theorie II. Ordnung mit zu berücksichtigen, die bei 24 m Gebäudehöhe nicht unwesentlich sind. Es war aufgrund der geschilderten Verhältnisse am Deckenauflager nicht davon auszugehen, dass eine Stützung im Bereich der Deckenbalken möglich war, somit die gesamte Fassade freistand und derartig große Verformungen auftraten, die auch die Risse letztendlich erklärten.

Die typischen Fehler haben ihren Ursprung in der Planung und der Bauüberwachung.

3.1.3 Maßnahmen zur Lösung

Die Lösung war eine Stabilisierung des Gebäudes durch nachträglichen Einbau horizontaler Fachwerkträger in der Ebene der Holzbalken. Bild 7 zeigt einen im Dachgeschoss eingebauten liegenden Fachwerkträger. In den anderen Geschossen wurde dieser Fachwerkträger unter der Decke eingebracht, da der aufwendige Fußbodenaufbau schon fertiggestellt war und man diesen nicht noch einmal herausnehmen wollte. Im Dachgeschoss fehlte der Fußboden noch.

Für die Verankerung der Fassade mit dem Außenmauerwerk mussten mittels Auszugsversuchen die tatsächlich erreichten Kräfte mit einem sehr hohen Prozentsatz geprüft werden (Bild 8), da es sich bei dem Mauerwerk nicht um eine Regelausführung nach DIN 1053-1:1996-11 [5] handelt.

Mit den genannten Maßnahmen wurde das Gesamtgebäude stabilisiert, die Bewegungen und die Risse kamen zum Stillstand und das Gebäude konnte zur Nutzung freigegeben werden. Im Zuge des Gerichtsverfahrens stand auch zur Debatte, ob ein grob fahrlässiges Handeln des Tragwerksplaners vorlag. Auf Grund der Würdigung der Umstände und

Bild 9: Bürgerhaus in Freiberg

des Planungs- und Bauablaufs wurde diese Frage letztlich verneint und der Fall über die Berufshaftpflichtversicherung reguliert.

3.2 Schiefstellung historischer Dachstühle

3.2.1 Vorgeschichte des Falles

Ein Investor kaufte ein historisches, unter Denkmalschutz stehendes Bürgerhaus (Bild 9) mit dem Ziel, das hohe Dachgeschoss auszubauen und drei Wohnungen darin unterzubringen.

Ziel war es, ein maximales wirtschaftliches Ergebnis unter Beachtung des getätigten Kaufpreises zu erzielen. Bis dahin waren zwar die Gauben vorhanden, das Dachgeschoss aber ungenutzt und insofern die gesamte Konstruktion dafür nicht vorgesehen. Bild 10 zeigt den 3-fachen Kehlbalkendachstuhl im Original. Es sollten nun auf diesen 3 Ebenen Wohneinheiten eingebaut werden, wobei bei der letzten ja ohnehin die Frage der Kopffreiheit bestanden hätte.

3.2.2 Randbedingungen und Fehlerursachen

Der Bauherr hatte außer Acht gelassen, dass das Gebäude unter Denkmalschutz steht, damit natürlich eine etwas aufwendigere Sanierung erforderlich ist und der Denkmalschutz sich nicht nur auf das äußere Erscheinungsbild bezieht, sondern auch die z. T. nicht sichtbare Konstruktion betrifft. Wenn ein Gebäude unter Denkmalschutz steht, sollte sich der Käufer zuerst die Randbedingungen ansehen, bevor er kauft und sich seine Rendite berechnet. Es kam in dem konkreten Fall hinzu, dass der gesamte Dachstuhl als Folge des in den 1960er Jahren vorgenommenen Herausschneidens von Kopfbändern in Gebäudelängsrichtung eine Schiefstellung von 85 cm aufweist (Bild 11). Der Dachstuhl wurde zwar seinerzeit wieder verankert und so belassen, aber natürlich können bei dieser Schiefstellung die neuen Ausbaulasten sowie die Verkehrslasten für die Wohnungsnutzung nicht abgeleitet werden.

Die typischen Fehler haben ihren Ursprung in der Planung als Folge der Nichtbeachtung der besonderen Randbedingungen bei einem unter Denkmalschutz stehenden Gebäude.

3.2.3 Maßnahmen zur Lösung

Die Lösung brachte der Einbau einer relativ kostengünstigen sekundären Stahlkonstruktion im ersten Dachgeschoss zur Lastableitung sowie eine Reduzierung der Nutzungsanforderungen, d. h. der Hahnebalken im letzten Dachgeschoss wurde belassen und auf die Nutzung des dritten Dachgeschosses für Wohnungen wurde verzichtet. Weiter erfolgte eine Ertüchtigung der Dachgeschossdecke über Stahlbetonstreifen zwischen den Holzbalken, um auch die Horizontalkräfte aufzunehmen und die Lasten des zweiten Dachgeschosses über den Stahlrahmen abtragen zu können. Die Abtriebskräfte aus der Schiefstellung des historischen Dachstuhles wurden an die Stahlrahmenkonstruktion angehängt. Ein Ringbalken rundete die Lösung ab. Das Mauerwerk hatte eine gute Tragfähigkeit, sodass man sich die Lasterhöhungen aus den

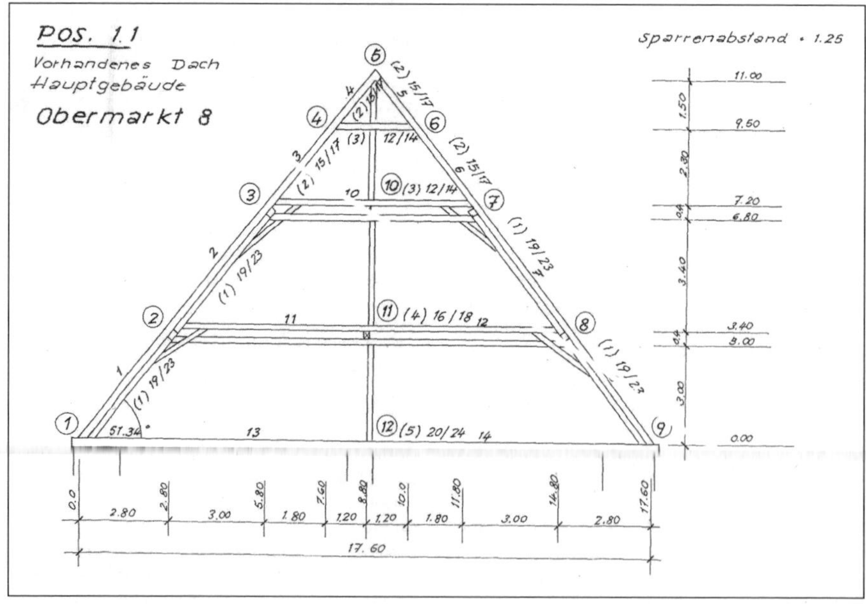

Bild 10: Kehlbalkendachstuhl im Original

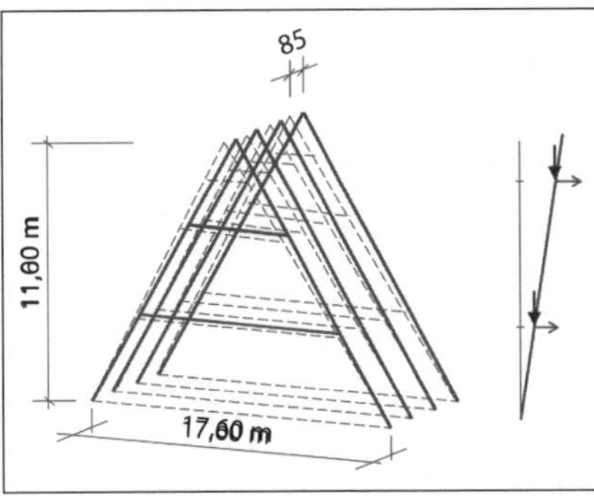

Bild 11: Schiefstellung des historischen Dachstuhls um ca. 85 cm

Bild 13: Erstes Dachgeschoss mit eingebautem Stahlrahmen und Stahlbetondeckenstreifen

Stahlbetonbauteilen und der neuen Nutzung leisten konnte. In Bild 12 ist das System der Stahlkonstruktion dargestellt sowie die einbetonierten Stahlbetondeckenstreifen, die dann die Horizontalkräfte aus der Stahlkonstruktion aufnehmen sollten.

Der fertig eingebaute Stahlrahmen im ersten Dachgeschoss ist in Bild 13 zu sehen; Bild 14 zeigt das zweite Dachgeschoss, wo die neue Decke auf die Stahlkonstruktion aufgelegt und die alte Holzkonstruktion an der neuen Stahlkonstruktion verankert worden ist.

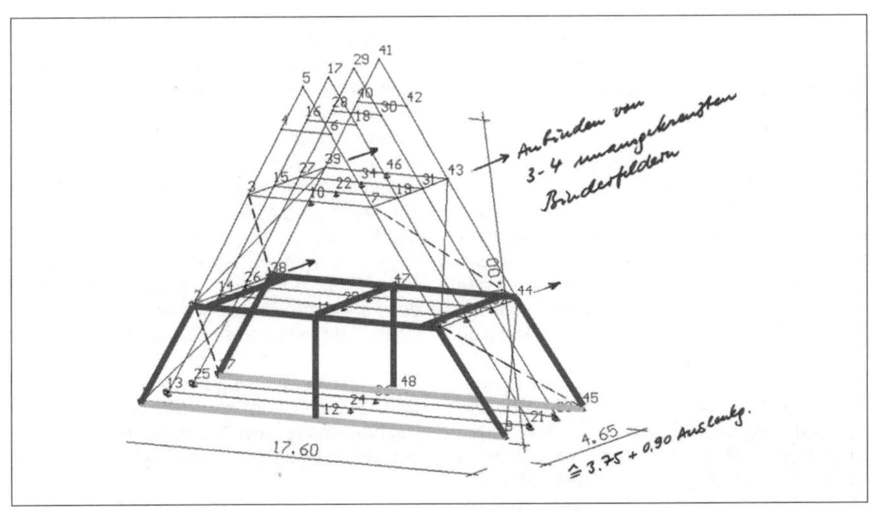

Bild 12: Stahlkonstruktion zur Lastableitung sowie Stahlbetondeckenstreifen zur Aufnahme der Horizontalkräfte

Bild 14: Zweites Dachgeschoss

Diese Lösung erlaubte den Erhalt des historischen Dachstuhls und wurde in Abstimmung mit der Denkmalpflege realisiert. Der Konflikt konnte damit gelöst werden, der seine Ursache in einem falschen Ansatz des Investors hinsichtlich der Ausnutzbarkeit des vorhandenen, denkmalgeschützten Gebäudes und in einer nicht ausreichenden Beratung durch den Planer hatte.

3.3 Schwingende Dachgeschossdecken

3.3.1 Vorgeschichte des Falles

Bei diesem Beispiel handelt es sich um das gotische Haus Rote Stufen 3 in Meißen („Prälatenhaus"). Dieses Gebäude wurde 1509 erbaut, ist somit ca. 500 Jahre alt und hat historisch eine sehr hohe Bedeutung. Kurz nach der politischen Wende sind der Dachstuhl bzw. die Gespärre repariert und teilweise erneuert sowie das Dach neu eingedeckt worden, um erst einmal das Gebäude zu sichern und zu retten.

3.3.2 Randbedingungen und Fehlerursachen

Der Dachraum hatte es erlaubt, eine neue Decke über dem letzten Normalgeschoss aufzusetzen und sozusagen die Zugbalken für das Kehlbalkendach mit zu erneuern. Die alte Dachgeschossdecke konnte damit belassen werden. Es war vorgesehen, die alte Decke an die neue mit anzuhängen. Eine Unterstützung der über die gesamte Gebäudetiefe gehenden Deckenbalken war nur für die alte Balkenlage vorgesehen, und zwar über einen Stahlträger, der mit Holz verkleidet werden sollte. Diese Abfangung hatte aber keine Verbindung zu der neuen Balkenlage. Im Rahmen der neu zu erstellenden Nutzungskonzeption wurde es erforderlich, Stauraum auf dem Dachboden zu schaffen und die Belastbarkeit der Dachgeschossdecke zu prüfen. Leider musste im Zuge dieser Nachrechnung festgestellt werden, dass die neue Decke bei einer Stützweite von 11 m völlig unterdimensioniert war. Allein die Belastung der Balken mit einer Person ließ diese in Schwingung geraten und sich durchbiegen. Eine weitere Belastung im Zuge der künftig geplanten Nutzung verbot sich damit.
Typische Fehler: Bei der Planung erfolgte die Bemessung rein nach der Spannung statt nach der Durchbiegung. Der Kraftfluss war nicht durchgängig verfolgt worden. Die Anforderungen der Denkmalpflege wurden nicht angemessen beachtet.

3.3.3 Maßnahmen zur Lösung

Die Lösung bestand in der Verstärkung der neuen Holzbalkendecke im Dachgeschoss in Form eines Plattenbalkenquerschnitts.
Das ist i. d. R. nur bei neuen, geraden Holzbalken möglich, die alle in einer Ebene liegen. Der Plattenbalkenquerschnitt wurde mit einer auf die Deckenbalken aufgelegten, 94 mm dicken Kerto-Platte erzeugt, die dann ausreichende Nutzlasten gestattet (Bilder 17 und 18).
Damit das System Platte-Balken die erforderliche Tragfähigkeit aufweist, ist zu beachten, dass die Kerto-Platten mit den Holzbalken (Brettschicht) schubfest zu verbinden sind. Über eine Verleimung die notwendige Verbindung zwischen Platte und Balken herzustellen ist für einen Neubau angezeigt - auf der Baustelle ist das jedoch nicht möglich. Hier können nur stiftförmige Verbindungsmittel (z. B. Schrauben) eingesetzt werden.
Um die anliegenden Schubkräfte in der Fuge zwischen Platte und Balken übertragen zu können, ist i. d. R. eine erhebliche Anzahl von Verbindungsmitteln notwendig (Bilder 19 und 20). Der Schlupf der Verbindungsmittel ist in der Berechnung zu berücksichtigen (s. [6], S. 161 bzw. nach aktueller Norm DIN EN 1995-1-1 [7] Anhang B). Vorteil der Lösung ist, dass die Kerto-Platten gleichzeitig die Grundlage für den Fußboden (Bilder 19 und 20) bilden und zur Verbesserung der Tragwirkung der Decke herangezogen werden können.
Das Gebäude konnte gesichert und das Dachgeschoss auch mit einer entsprechenden Nutzlast ausgestattet werden.

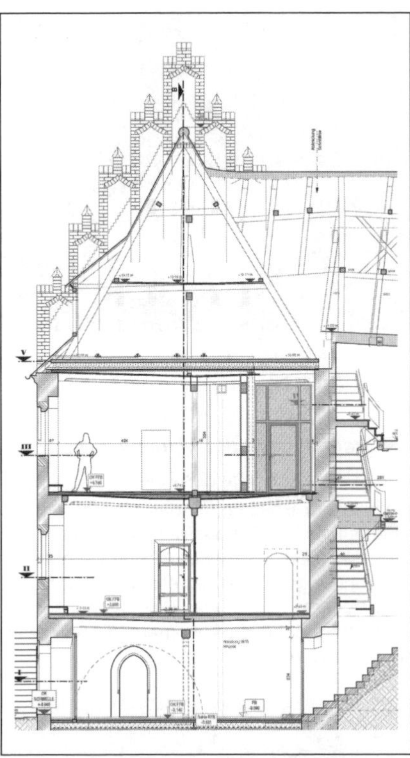

Bild 15: Querschnitt Prälatenhaus in Meißen (Planung: A. Mainz)

Bild 16: 1991 reparierter und teilweise erneuerter Dachstuhl, Stützweite der Holzbalken 11 m

Bild 17: Untersicht der historischen Holzbalkendecke mit den darüber liegenden, neuen Holzbalken

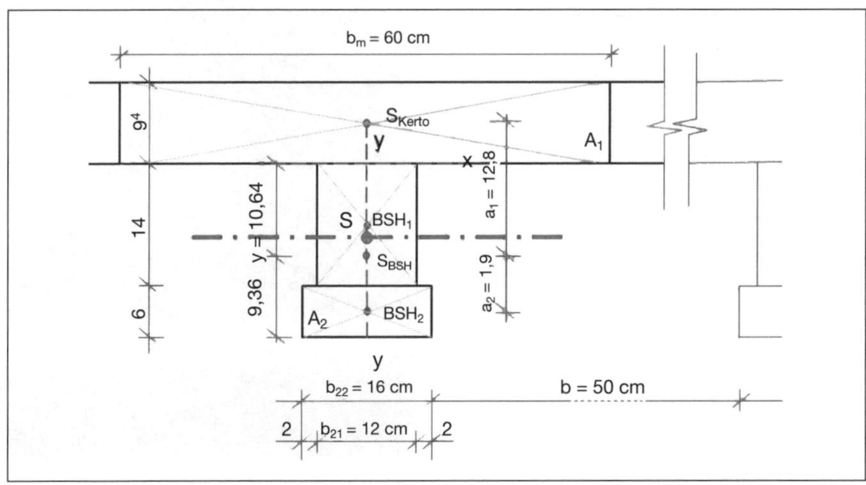

Bild 18: Prinzip der Deckenverstärkung für die unterbemessenen, neuen Holzbalken mittels Kerto-Platten und Umwandlung in einen I-Querschnitt

Bild 19: Für die Verbesserung der Tragfähigkeit der Decke herangezogener Fußboden – die Schraubenreihen sind deutlich zu sehen.

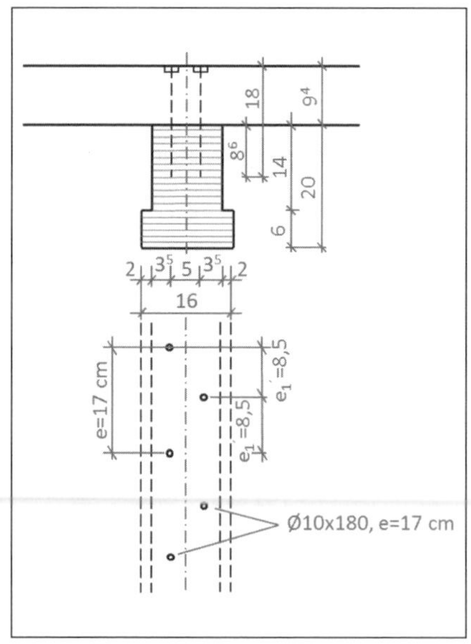

Bild 20: Verschraubung der Kerto-Platten mit dem Brettschichtholz der Deckenbalken

Bild 21: Prälatenhaus Meißen, Zustand 2009 (Foto: Antje Hainz)

3.4 Tragfähigkeit des Mauerwerks

3.4.1 Vorgeschichte des Falles

Bei diesem Beispiel handelt es sich um ein ehemaliges Hotel in der Inneren Neustadt von Dresden (Bild 22), bei dem eine Umnutzung zu Wohnungen unter Einbeziehung des Dachgeschosses geplant war. Das Dachgeschoss enthielt bis dahin nur Kammern, die nicht weiter genutzt wurden.

Bild 22: Ehemaliges Hotel in der Inneren Neustadt in Dresden. Zustand zum Zeitpunkt der vorgesehenen Abrissentscheidung

Das Gebäude besitzt eine barocke Grundsubstanz aus dem Jahr 1706, ist dann 1836 und auch danach noch mehrfach umgebaut worden und hat in der Dresdner Inneren Neustadt eine städtebauliche Bedeutung, weshalb es unter Denkmalschutz steht. Der Investor griff für die geplanten Umbauten auf ein Gutachten zurück, welches bereits früher einmal im Zusammenhang mit dem Kanalbau im Straßenbereich angefertigt worden war. Der Aufsteller war darin zu dem Schluss gekommen, dass das Gebäude dauerhaft nicht nachzuweisen ist, aber die Gefahrenzustände kurzzeitig vertretbar seien. Der Kanalbau wurde dann auch problemlos durchgeführt.
Der Tragwerksplaner kam im Rahmen der Umbauplanungen zu dem Schluss, dass man mit dem Gebäude nicht mehr viel anfangen kann, und so unterbreitete der Bauherr der Denkmalpflege den Vorschlag, das Gebäude abzureißen. Als Begründung wurde angegeben: Nicht ausreichende Tragfähigkeit des lastableitenden Mauerwerks.

3.4.2 Randbedingungen und Fehlerursachen

Für die Umnutzung sollten unbedingt Stahlbetonvolldecken eingesetzt werden, die natürlich erhebliche Lasten mit sich bringen und das Mauerwerk entsprechend beanspruchen. Das genannte, für den Kanalbau erstellte Gutachten hat das Eigengewicht des Sächsischen Sandsteins auf der Grundlage von allgemeinen Tabellenwerten mit 26 kN/m^3 eingeschätzt (in [8] und [9] mit 27 kN/m^3 angegeben), obwohl es tatsächlich nur etwa 20…21 kN/m^3 sind (vgl. *Grunert* [10] und [11], [12]). Die Mauerwerksfestigkeit wurde auf der Grundlage der Mauerwerksnorm DIN 1053 Teil 1 abgeschätzt. Der Abschnitt 12 dieser Norm zu Natursteinmauerwerk bietet allerdings nur untere, auf der sicheren Seite liegende Anhaltswerte an, die sehr konservativ sind. Die Deckensituation mit den nicht voll auf der Außenwand aufliegenden Holzbalken ist kein typischer Wand-Decken-Knoten, wie ihn die DIN 1053-1 kennt bzw. wie er für die Schnittkraftermittlung beim Vorhandensein von Stahlbetondecken angenommen wird (vgl. [13] Anhang bzw. [14], Abschnitt 12.1). Das heißt, man kann hier hinsichtlich der Schnittkräfte nicht so einfach nach den üblichen Vorgehensweisen verfahren. Das im Gutachten angewandte vereinfachte Verfahren nach DIN 1053-1 ist natürlich überhaupt nicht für den vorliegenden Fall geeignet. Am Ende wurde in dem Gutachten noch Grundbruchgefahr konstatiert, obwohl ein steifer Kellerkasten vorhanden ist, der eigentlich keinerlei Verdrehung der Fundamente der Außenwand zulässt.
Typische Fehler: Unzureichende Bestandsanalyse, falsche Materialeinschätzung und falsche Konstruktionswahl für die Umnutzung.

3.4.3 Maßnahmen zur Lösung

Die Lösung konnte über eine detaillierte Bestandseinschätzung erreicht werden. Dazu wurden sowohl eine Handrechnung als auch eine Finite-Elemente-Rechnung durchgeführt, um zu sehen, wie das Mauerwerk sich tatsächlich verhält. Für die Berechnung der Festigkeiten des Sandsteins wurde auf alternative Möglichkeiten (s. [15] und [16]) zurückgegriffen, nach denen das Mauerwerk erheblich mehr Tragfähigkeit hat und realistischer als in DIN 1053-1 abgebildet wird. Die Festigkeit des Ziegelmauerwerks wurde nach Feststellung der Stein- und Mörtelfestigkeiten unter Anwendung der Möglichkeiten der Potenzfunktion nach Eurocode 6 [17] nachgewiesen (dort Gl. (3.1) unter Beachtung von Abs. (6) nach 3.6.1.2).
Bild 23 zeigt einen Auszug der Handrechnung, bei der einfach alle tatsächlichen Lasten an der Stelle ihrer Einleitung eingetragen sind, ohne Berücksichtigung eines Wand-Decken-Knotens nach DIN 1053 Teil 1 oder 100, da keine Massivdecken vorliegen und auch die Ausmauerung der Balkenköpfe wegen fehlender Unterstopfung der Balkenoberseite keinerlei Verdrehung in die Wand weiterleiten lässt. Das Wesentliche war die realistische Lasteinleitung, Ansatz der vorhandenen Ausmitten der Kräfte. Damit hat sich letztendlich das Mauerwerk insgesamt nachweisen lassen. Ergänzend wurde noch eine Lastreduzierung durch den Einsatz einer Ziegelhandmontagedecke vorgeschlagen, die durchaus in so beengten Verhältnissen sinnvoll ist. Auf diese Weise konnten ein maximaler Bestandserhalt gesichert und zwischen dem Bauherrn, Tragwerksplanern und der Denkmalpflege eine Einigung erzielt und ein gangbarer Weg aufgezeigt werden.

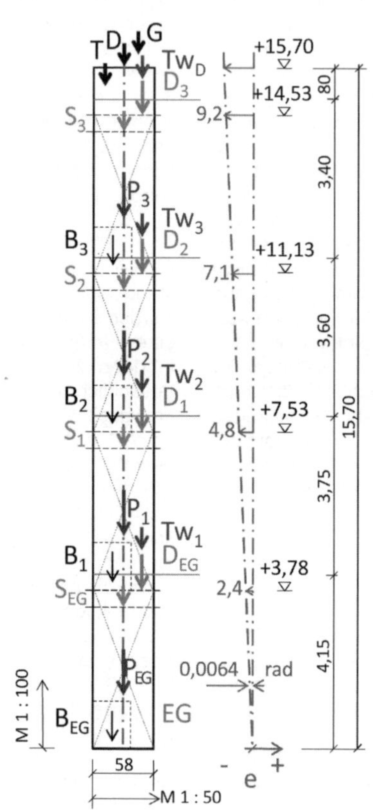

N	H	M_V	M_w	Su_M	e	s	$ß_R$	h
						N/mm²	N/mm²	
44,93	5,75	4,31	-1,02	3,29	**0,073**	0,097	2,67	
N_D=	26,06		16,26	ohne Tw				
$T=mN_D$	15,637		9,756					
n=	2,72		1,70					
361,78	6,27	26,04	-1,66	24,39	**0,067**	1,32	2,67	0,85
N_D=	42,59		16,26	ohne Tw				
$T=mN_D$	25,551	mit Tw	9,756					
n=	4,08		1,56	Eine Gleitsicherheit > 1,5 ist stets eingehalten				

Bild 23: Detaillierte Handrechnung statt Wand-Decken-Knoten in Anlehnung an DIN 1053-1 (Auszug)

4 Zusammenfassung

Eine umfassende und fundierte Bestandsaufnahme zu Beginn der Bauaufgabe muss auch die Grenzen des Gebäudes definieren, die bei der Planung einer Umnutzung oder Aufstockung zu berücksichtigen sind. Der Bestandsschutz spielt dabei eine wesentliche Rolle und muss rechtzeitig geklärt werden, um spätere Auseinandersetzungen, Unterbrechungen und schließlich eine Kostenexplosion oder gar Schäden zu vermeiden. Handelt es sich um ein Denkmal, dann können möglicherweise nicht alle Wünsche der Investoren erfüllt werden. Ausschlaggebend ist dann die Zumutbarkeit der Maßnahmen vor dem Hintergrund der Wahrung der denkmalpflegerischen Werte des Gebäudes. Darüber hinaus ist eine unabhängige Kontrolle durch einen Prüfingenieur sinnvoll und notwendig, der die geplante Lösung unvoreingenommen begutachtet und möglicherweise mit neuen Ansätzen hilft, eine festgefahrene Situation aufzulösen.

Ist es bereits zu einem Schaden gekommen, hat die vollständige Klärung der Ursachen als Voraussetzung für die Schadensbeseitigung oberste Priorität. Erst wenn man die Ursachen ermittelt hat, kann man an eine Sanierungslösung herangehen. Also nicht die Risse nur schließen, sondern erst die Ursachen finden und beseitigen, und dann an die Risssanierung gehen.

Die hier angeführten Fälle hatten im Wesentlichen ihren Ausgangspunkt in einer unzureichenden Bestandsanalyse sowie in falschen Ansätzen bei der Planung. Die Folge waren Fehlentwicklungen, Fehleinschätzungen und auch das Auftreten von Schäden. Diese lassen sich vermeiden, wenn zur rechten Zeit die notwendigen Bestandsinformationen verfügbar sind, die Ziele der Umnutzung bzw. der Nutzungserweiterung bereit stehen und in die Planungsüberlegungen einbezogen werden.

Mit intelligenten Konstruktionen lassen sich oft Kompromisse finden und darüber hinaus die Kosten soweit reduzieren, dass am Ende eine wirtschaftliche Lösung steht. Die verfügbaren Regelungen und Normen müssen kritisch betrachtet und unter Einsatz des Ingenieursachverstandes angewendet werden. Wo es sinnvoll und möglich ist, können die modernen Berechnungs- und Bemessungsansätze (z. B. das Teilsicherheitskonzept) den entscheidenden Anteil zum Nachweis der Konstruktionen beitragen. Einer Unterschätzung der Trag- und Nutzungsfähigkeit kann durch alternative Nachweismethoden vorgebeugt und damit ggf. ein unnötiger Abriss von wertvoller Gebäudesubstanz vermieden werden. Unkonventionelle Wege zur Problemlösung sollten durchaus bedacht werden. Die besprochenen Fallbeispiele zeigen das exemplarisch auf.

5 Regelwerke und Literatur

[1] Modifizierte Teilsicherheitsbeiwerte für Stahlbetonbauteile. Merkblatt. Deutscher Beton- und Bautechnik-Verein e. V., Redaktion Frank Fingerloos. Eigenverlag, Berlin 2013

[2] Fachkommission Bautechnik der Bauministerkonferenz (ARGEBAU): Hinweise und Beispiele zum Vorgehen beim Nachweis der Standsicherheit beim Bauen im Bestand. Stand 07.04.08. http://www.dibt.de/de/Geschaeftsfelder/data/Hinweis_Bauen_im_Bestand.pdf (Zugriff: 07.03.2013)

[3] Merkblatt Statische Vorbemessung. „Wiener Merkblatt" Magistrat der Stadt Wien, Magistratsabteilung 37, Baupolizei – Gruppe S vom 31.03.2008 www.wien.gv.at/wohnen/baupolizei/pdf/merkblatt-vorbemessung.pdf (Zugriff: 07.03.2013)

[4] ONR 24009:2013-01: Bewertung der Tragfähigkeit bestehender Hochbauten. Entwurf vom 01.01.2013. Österreichisches Normungsinstitut (ON), Wien 2013

[5] DIN 1053-1:1996-11: Mauerwerk – Teil 1: Berechnung und Ausführung. NABau im DIN, Berlin 1996

[6] Mönck, W.; Rug, W.: Holzbau. Bemessung und Konstruktion unter Beachtung von Eurocode 5. 13. Auflage. Verlag für Bauwesen, Berlin 1998

[7] DIN EN 1995-1-1: Bemessung und Konstruktion von Holzbauten. Allgemeines. Allgemeine Regeln für den Hochbau; Deutsche Fassung EN 1995-1-1:2004 + AC:2006 + A1:2008. NABau im DIN, Berlin 2010

[8] Goris, A. (vorm. Schneider, K.-J.): Bautabellen für Ingenieure mit Berechnungshinweisen und Beispielen. 18. Auflage. Werner Verlag, Köln 2008

[9] Vismann, U.: Wendehorst Bautechnische Zahlentafeln. 34. Auflage. Vieweg + Teubner, Wiesbaden/Beuth, Berlin 2012

[10] Grunert, S.: Der Sandstein der Sächsischen Schweiz als Naturressource, seine Eigenschaften, seine Gewinnung und Verwendung in Vergangenheit und Gegenwart. Dissertation, Fakultät für Bau-, Wasser- und Forstwesen, TU Dresden 1982

[11] Grunert, S.: Der Elbsandstein: Vorkommen, Verwendung, Eigenschaften. Geologica Saxonica. Journal of Central European Geology. 52/53 (2007) S. 3–22

[12] Jäger, W.; Pohle, F.: Einsatz von hochfestem Natursteinmauerwerk beim Wiederaufbau der Frauenkirche Dresden. In: Mauerwerk-Kalender

1999. Hrsg. P. Funk. Ernst & Sohn, 1999. S: 729–755

[13] Jäger, W.; Pflücke, T. Meyer, U. et al.: Bemessung von Ziegelmauerwerk. Ziegelmauerwerk nach DIN 1053-1. ARGE Mauerziegel e. V. im BV der Deutschen Ziegelindustrie e. V., Bonn 2002

[14] Jäger, W.; Marzahn, G.: Mauerwerk. Bemessung nach DIN 1053-100. Ernst & Sohn, Berlin 2010

[15] Berndt, E.: Zur Druck- und Schubfestigkeit von Mauerwerk – experimentell nachgewiesen an Strukturen aus Elbesandstein. Bautechnik 73 (1996) 4, S. 222–234

[16] DIN 1053-100:2007-09: Mauerwerk – Teil 100: Berechnung auf der Grundlage des semiprobabilistischen Sicherheitskonzepts. NABau im DIN, Berlin 2007

[17] DIN EN 1996-1-1:2013-02: Eurocode 6: Bemessung und Konstruktion von Mauerwerksbauten – Teil 1-1: Allgemeine Regeln für bewehrtes und unbewehrtes Mauerwerk; Deutsche Fassung EN 1996-1-1:2005 + A1:2012. NABau im DIN, Berlin 2013

Prof. Dr.-Ing. Wolfram Jäger,
Studium des Bauingenieurwesens mit anschließender Promotion in der Fachrichtung Konstruktiver Ingenieurbau/Baumechanik; Professor und Inhaber des Lehrstuhls Tragwerksplanung an der Fakultät Architektur der TU Dresden; Praktizierender Bauingenieur und Gesellschafter der Jäger Ingenieure GmbH sowie der Jäger und Bothe Ingenieure GmbH; Prüfingenieur für Standsicherheit der Fachrichtung Massivbau und Vorsitzender der Landesvereinigung der Prüfingenieure für Bautechnik in Sachsen e. V.; Beratender Ingenieur und Qualifizierter Tragwerksplaner; Mitarbeit in nationalen und internationalen Normungsgremien (u. a. Obmann des Spiegelausschusses Mauerwerksbau 2003-2012) sowie Mitglied zahlreicher weiterer Gremien des DIN und anderer Sachverständigenausschüsse; Gerichtsgutachter für Fragen im Bauwesen; Herausgeber des jährlich erscheinenden Mauerwerk-Kalenders sowie Chefredakteur der Zeitschrift Mauerwerk.

Das aktuelle Thema: Wärmedämm-Verbundsysteme (WDVS) in der Diskussion 1. Beitrag: Einleitung

Prof. Dr.-Ing. Rainer Oswald, AIBAU, Aachen

1 Anlass

An Neubaufassaden, erst recht aber zur energetischen Ertüchtigung der Außenwände von Bestandsgebäuden, werden WDVS äußerst häufig angewendet. Die nicht baufachkundige Öffentlichkeit wurde in den letzten Monaten durch TV-Reportagen [1] verunsichert, die WDVS als unzuverlässig, gefährlich, umweltschädlich und ineffektiv in Frage stellten und eine kleine Anfrage im Deutschen Bundestag [2] und eine Stellungnahme des DIBt [3] auslösten.

2 Behandelte Themen

Die folgenden Referate sollen Klarheit hinsichtlich der wesentlichen Einwände schaffen. Sie betreffen folgende Themenbereiche:

2.1 Reparierbarkeit von Wärmedämm-Verbundsystemen

In einem Aufsatz von Barbara Gay und Kay Beyen in der Zeitschrift „Der Bausachverständige" 4/2012 wird vor dem sorglosen Umgang mit Reparaturen an Wärmedämmverbundsystemen gewarnt. Wärmedämmverbundsysteme würden ihre bauaufsichtliche Zulassung verlieren, wenn sie mit zusätzlichen Deckschichten versehen werden. Ein Überputzen sei daher in der Regel unzulässig. Dazu haben wir unseren Referenten um die Beantwortung folgender Fragen gebeten:

1. Ist ein kleinflächiger Austausch von Wärmedämm-Verbundsystembereichen überhaupt realisierbar?
2. Unter welchen Randbedingungen ist das Überputzen möglich und zulässig?
3. Was ist beim Überdämmen zu beachten?

2.2 Die brandschutztechnischen Eigenschaften von WDVS mit Polystyrolpartikelschaum(EPS)-Wärmedämmschichten

In den Medienberichten werden Wärmedämm-Verbundsysteme aus EPS als ein „generelles brandschutztechnisches Problem" bezeichnet, da sie einen „aktiven Beitrag" zur Brandausbreitung liefern (Aussage des Brandschutzexperten Albrecht Broemme). Dazu wurden in den Fernsehbeiträgen spektakuläre Brandfälle gezeigt, die belegen sollen, dass Wärmedämm-Verbundsysteme mit Polystyrolpartikelschaum-Dämmschichten brandschutztechnisch gefährlich sind. In diesem Zusammenhang wird dann auch der Aussagewert der B1-Prüfung, d. h. der Klassifizierung von EPS als „schwer entflammbar" durch den Brandschachttest in Frage gestellt. Zur Einstufung von EPS als „schwer entflammbar" bemerkt der Brandschützer Dr. Peter Kuhn: *„Jeder weiß, dass das nicht stimmt."*

Ein weiterer interviewter, ehemaliger Mitarbeiter eines Prüflabors deutet an, dass die Brandschachttests so manipulierbar sind, dass ein positives Ergebnis zustande kommt. Die zunehmende Dramatisierung der brandschutztechnischen Einschätzung ist im Spiegel-Online-Bericht vom 30.03.2013 ablesbar. Dort heißt es unter der Überschrift *„Studie zur Wärmedämmung sorgt für Ärger: Die Sanierung von Häusern ... ist in die Kritik geraten: Die dabei häufig verwendeten Styroporplatten sind extrem leicht entflammbar."* Aus einem schwer entflammbaren Baustoff wird in der öffentlichen Wahrnehmung nicht etwa nur ein „normal entflammbarer", sondern gleich ein „extrem leicht" entflammbarer Baustoff:

Wir haben daher den Referenten zum Thema Brandschutz darum gebeten, folgende Fragen zu beantworten:

1. Trifft es zu, dass die in den Medien gezeigten Brände für unzureichende Brandschutzvorschriften sprechen?
2. Ist die Einordnung von EPS mit Flammschutzmitteln als „schwer entflammbar B1" unzutreffend?
3. Trägt EPS aktiv zur Brandausbreitung bei?
4. Sind Brandschachttests (DIN 4102-15) manipulierbar?

5. Würde eine Prüfung nach DIN EN 13501 zu einer ungünstigeren Klassifizierung von EPS führen?
6. Welcher Handlungsbedarf besteht hinsichtlich der Klassifizierung von EPS und hinsichtlich der konstruktiven Konsequenzen für neue und bestehende Fassaden mit EPS-Wärmedämmverbundsystemen?

2.3 Langzeitverhalten und Instandsetzungsbedarf

Auch das Langzeitverhalten von Wärmedämm-Verbundsystemen wird in den bereits genannten Medienberichten extrem negativ dargestellt. Ein norddeutscher Sachverständiger, Herr Konrad Fischer, bezeichnet Wärmedämmverbundsysteme als eine *„Zeitbombe an der Wand“* und sagt: *„Früher oder später wird es bei so gut wie allen Wärmedämmverbundsystemen zu Durchfeuchtungsschäden kommen.“* Dies entspricht eindeutig nicht der praktischen Erfahrung.
Wir möchten aus diesem Themenkreis insbesondere auf den mikrobiellen Bewuchs von Wärmedämmverbundsystemen eingehen, da dessen Vermeidung mit dem Einsatz von Bioziden verbunden ist und damit tatsächlich einen problematischen Aspekt aller hochgedämmten Fassaden darstellt, der diskussionswürdig ist. Unsere Fragen lauten daher:

1. Einflussmöglichkeiten auf den mikrobiellen Bewuchs:
   Ist er nur mit Bioziden vermeidbar?
2. Wirksamkeit und Langzeitverhalten von Bioziden:
   Retten Biozide nicht nur über die Gewährleistungsfrist?
3. Ist eine erhebliche Umweltbelastung durch Biozide möglich?

2.4 Entsorgung und Recycling von Wärmedämm-Verbundsystemen

In den Fernsehberichten tritt der Architekt Prof. Christoph Mäckler auf, der pauschal von Wärmedämm-Verbundsystemen behauptet: *„WDVS sind Sondermüll.“*
Diese Aussage soll durch einen fachkompetenten Referenten geprüft werden. Unsere Fragen lauten:

1. Sind Wärmedämm-Verbundsysteme aus EPS tatsächlich „Sondermüll“?
2. Sind die Komponenten der Verbundbauart mit wirtschaftlichen Verfahren voneinander trennbar?
3. Bringen die Flammschutzmittel bei der thermischen Verwertung Probleme?

3 Effektivität von Wärmedämmschichten auf Fassaden

Nicht ansprechen werden wir den Grundtenor der TV-Reportagen, der die Effektivität von Wärmeschutzmaßnahmen – man muss feststellen: wieder einmal – grundsätzlich in Frage stellt. Man erinnere sich:
Die „k-Wert“-Diskussion erhitzte vor einem Vierteljahrhundert die Gemüter. Prof. Gertis trug im Jahr 1987 auf den Aachener Bausachverständigentagen unter dem Titel *„Speichern oder Dämmen? – ein Beitrag zur k-Wert-Diskussion“* darüber vor. Feist machte im gleichen Jahr auch für Laien die Sachzusammenhänge klar [4]. Ich meine, die Streitpunkte können, durch vielfache Messungen an Referenzobjekten und durch Simulationsberechnungen belegt, als geklärt gelten. Die Chancen und Grenzen solarer Energieeinträge ins Gebäude sind ausführlichst untersucht und haben u. a. durch die völlig neue Bewertung des Beitrags der Fenster zum Energiehaushalt von Gebäuden in den Nachweisverfahren Berücksichtigung gefunden. Insofern war die k-Wert-Diskussion der späten 80er sehr fruchtbar. DIN V 4108-6 formuliert seit 1995: *„Solare Wärmegewinne tragen wesentlich der Reduzierung des Heizwärmebedarfs bei.“*
Die Norm schreibt vor, dass nicht nur der solare Energieeintrag über die Fenster, sondern auch über die opaken Bauteile und deren Wärmespeicherfähigkeit (s. 6.5.2) bei der Heizlastberechnung berücksichtigt werden muss. Wer vor diesem Hintergrund im Fernsehbericht ankündigt (wie dies Herr Mäckler tut), er werde demnächst an Versuchshäusern die Vorteile der Wärmespeicherung und die Nachteile der Wärmedämmung praktisch überprüfen, zeigt nur, dass er die gesamte Entwicklung der letzten 25 Jahre nicht kennt. Die Grenzen des sinnvollen Wärmeschutzes angesichts baupraktischer Imperfektion wurden auf dieser Tagung 2009 sehr kritisch und systematisch behandelt [5].
Nach alldem besteht unter informierten Fachleuten absolut kein Klärungsbedarf mehr zu diesem Thema: Ein guter Wärmeschutz ist ein unverzichtbarer Bestandteil des komplexen Maßnahmenkatalogs zur ressourcenschonenden Beheizung von Gebäuden.

4 Dauerhaftigkeit und Langzeitverhalten

Auch die pauschale Infragestellung der Dauerhaftigkeit von WDVS spricht für eine ungenügende Bereitschaft der Kritiker, systematisch zu recherchieren und die vorliegenden Untersuchungen zu diesem Thema zur Kenntnis zu nehmen. WDVS sind doch keine unerprobten Neuentwicklungen!

Als Friedrich Heck im Jahr 1980 – d. h. vor einem Dritteljahrhundert – auf dieser Tagung über „*Außenwand-Dämmsysteme, Materialien – Ausführung und Bewährung*“, sprach, konnte er bereits auf bis zu 20 Jahre alte Objekte zurückblicken. Das AIBAU hat im Jahr 1981 – gefördert durch das Bundesbauministerium – durch Umfragen unter Bausachverständigenkollegen Schadenserfahrungen an WDVS (*Schweikert, H.: Wärmedämmverbundsysteme – Außenwärmedämmsysteme für Fassaden mit gewebebewehrten Oberflächenbeschichtungen*, Aachen, 1981) zusammengetragen und eine größere Zahl von Verbesserungsvorschlägen erarbeitet, die in der Folge auch beachtet wurden und die Systeme zuverlässiger gemacht haben.

Untersuchungen zum Alterungsverhalten von WDVS reichen beim Fraunhofer Institut für Bauphysik (IBP) bis in das Jahr 1974 zurück (*Künzel, H.; Mayer, E.: Überprüfung von Außendämmsystemen mit Styropor-Hartschaumplatten, 1976*). Diese Untersuchungen wurden beim IBP kontinuierlich weiter fortgeführt. Umfangreiche Untersuchungen des Instituts für Bauforschung e. V., Hannover, dokumentierten bereits 1995 Erfahrungen an bis zu 30 Jahre alten Objekten („*Wärmedämmverbundsysteme im Wohnungsbau – Bestandsanalyse zur längerfristigen Lebensdauer und Kostendämpfung*“) und bestätigten die Funktionstauglichkeit der Systeme.

Dies bedeutet selbstverständlich nicht, dass es bei WDVS nicht auch Probleme gäbe. WDVS unterscheiden sich insofern nicht von anderen bewitterten Bauteilen. Über das Veralgungsverhalten wird ja im Folgenden noch berichtet werden.

Typische Probleme aus den Anfangsjahren der WDVS, wie Blasenbildungen und Rissbildungen in der Fläche aufgrund einer unzureichenden Festigkeit der verwendeten Materialien bzw. mangelhafter Abstimmung der Materialeigenschaften der Komponenten, können als gelöst gelten.

Aufgrund eigener Schadenserfahrungen liegt nach meiner Einschätzung die wesentliche Problemstelle des WDVS dort, wo die Deckbeschichtung bewittert endet, also z. B. am Fensterrahmenanschluss. Hier ist an den meist wenige Millimeter dicken Beschichtungsquerschnitt dicht anzuschließen, ohne dass die Beschichtung hinterwandert wird.

Man kann WDVS sehr preisgünstig in Einfachstversion ausführen, dann sind sie in bewitterten Situationen wartungsintensiver; man kann sie aber auch mit etwas größerem Aufwand sehr zuverlässig herstellen. Wir arbeiten zurzeit an einem Katalog, der vorbildliche Detaillösungen der typischen Problemstellen, wie Fensterrahmenanschlüsse, Fensterbankanschlüsse, Sockelanschlüsse, behandelt.

Zur Dauerhaftigkeit von Wärmedämmverbundsystemen kann nach langer Beobachtungszeit wohl Folgendes festgehalten werden:

Wärmedämm-Verbundsysteme haben auf Schlagregenseiten bei mittlerer oder hoher Schlagregenbeanspruchungsklasse keine große Fehlertoleranz. Dann rächen sich Ausführungsmängel deutlich. Sie sind deshalb aber keineswegs als „Zeitbombe an der Wand“ zu bezeichnen. Die Erfahrungen und Untersuchungen lehren insgesamt, dass Wärmedämm-Verbundsysteme weitaus überwiegend gut gebrauchstauglich sind.

5 Fazit

Ich meine, dass die Beiträge der eingeladenen Referenten zu wesentlichen Kritikpunkten eine klare Antwort geben. Bei einigen Fragen besteht noch Klärungsbedarf.

Man kann sicher darüber streiten, ob Dämmschichtdicken von 20 cm oder 30 cm tatsächlich noch einen effizienten Beitrag zur Energieeinsparung ergeben. Sicher ist aber doch wohl, dass im äußerst großen Altbaubestand der Bundesrepublik die energetische Verbesserung der Gebäudehülle durch Einbau von Wärmedämmschichten in 10–20 cm-Bereich einen ganz wesentlichen Beitrag zu wirtschaftlichen Energieeinsparungen leisten kann. Die kostengünstigste Methode zur nachträglichen Verbesserung des Wärmeschutzes der Fassaden stellen ganz eindeutig die WDVS dar. Ich meine daher, dass WDVS auch in Zukunft unsere kritische Unterstützung verdienen.

Lassen Sie mich daher zum Abschluss einen Wunsch äußern:

Es ist zu hoffen, dass die derzeitigen Kontroversen über Wärmedämm-Verbundsysteme nicht die kostengünstigste Maßnahme zur energetischen Verbesserung von Bestandsfassaden in Verruf geraten lassen und damit die effektivsten Ansätze zu den notwendigen Energieeinsparungen im Bestand ausbremsen, sondern für Fehlentwicklungen sensibilisieren und zur Weiterentwicklung zuverlässiger Systeme beitragen.

Die Kritiker, die sich mit publikumswirksamen Pauschalurteilen hervortun, sollten sich – wenn sie denn Sachverstand besitzen – ihrer Verantwortung bewusst werden und sich zu einer differenzierenden Bewertung durchringen.

6 Literatur:

[1] Purtul, G.; Kossin, Ch.: Wahnsinn Wärmedämmung – Risiken der Wärmedämmung von Gebäuden, Fernsehreportage NDR, 28.11.2011; Wärmedämmung – der Wahnsinn geht weiter, Fernsehreportage NDR 26.11.2012

[2] Drucksache 17/8197 des Deutschen Bundestages vom 14.12.2011

[3] Stellungnahme des DIBt vom 21.12.2011

[4] Feist, W.: Ist Wärmespeichern wichtiger als Wärmedämmung? wksb 23/1987

[5] Feist, W.: Wie viel Dämmung ist genug? Wann sind Wärmebrücken Mängel?
In: Aachener Bausachverständigentage 2009. Vieweg + Teubner, Wiesbaden 2010

Prof. Dr.-Ing. Rainer Oswald

Studium der Architektur (RWTH Aachen), Schwerpunkt Baukonstruktion und Bauphysik; Promotion über ein bauphysikalisches Thema; Honorarprofessor für Bauschadensfragen an der RWTH Aachen; Systematische Bauschadensforschung – zunächst an der RWTH Aachen, dann als Leiter des AIBAU – Aachener Institut für Bauschadensforschung und angewandte Bauphysik gemeinn. GmbH; Leiter der Aachener Bausachverständigentage; Ingenieurbüro für bauphysikalische Neubauberatung und Sanierungsplanungen; ö.b.u.v. Sachverständiger für Schäden an Gebäuden, Bauphysik und Bautenschutz; Mitglied in Arbeits- und Sachverständigenausschüssen des DIN und des DIBt zu Themen der Abdichtungstechnik und des Wärmeschutzes; Ausschussmitglied in Prüfungsgremien der Kammern zur öffentlichen Bestellung; Fachbuchautor.

Das aktuelle Thema: Wärmedämm-Verbundsysteme (WDVS) in der Diskussion 2. Beitrag: Ist das Überputzen und Überdämmen von WDVS zulässig?

Dr. rer. nat. Bodo Buecher, Ö. b. u. v. Sachverständiger für Schäden an Putzen und Wärmedämm-Verbundsystemen, Sachverständigengemeinschaft Wärmedämmung, Wildeck

1 Überdämmen von WDVS

Wärmedämm-Verbundsysteme werden seit über 35 Jahren in großem Umfang eingesetzt. Die in den Anfangsjahren verwendeten Dämmstoffdicken betrugen 4 bis 6 cm, womit bei den meisten Wandkonstruktionen U-Werte um 0,5 W/(m^{2}K) erreicht wurden. Schäden an den verwendeten Putzsystemen und erhöhte Anforderungen an den Wärmeschutz hatten schon früh zu Maßnahmen zur Überdämmung bestehender Wärmedämm-Verbundsysteme geführt; systematische Schäden sind hierbei nicht bekannt.

Wärmedämm-Verbundsysteme zählen zu den nicht geregelten Bauarten und deren Verwendung/Anwendung bedarf einer allgemeinen bauaufsichtlichen Zulassung. In diesen Zulassungen ist standardmäßig als Untergrund Beton oder Mauerwerk mit oder ohne Putz angegeben. Der Auftrag eines neuen Wärmedämm-Verbundsystems auf ein bestehendes war in diesen Zulassungen nicht geregelt. Um diesen Fall abzudecken, werden seit einigen Jahren Verwendungszulassungen der Gruppe Z-33.49-xxx ausgestellt. Diese Zulassungen beschreiben kein Produkt/Bausatz, sondern erweitern den Anwendungsbereich eines zugelassenen Wärmedämm-Verbundsystems für den Untergrund „standsicheres Alt-WDVS". Sowohl die tragende Wand als auch das vorhandene Alt-WDVS müssen dabei den Anforderungen entsprechen, die aus heutiger Sicht an diese Bauteile gestellt werden. Im Wesentlichen sind dies die folgenden Forderungen.

Tragende Wand:
- Aus Mauerwerk oder Beton mit oder ohne Putz, ausreichend tragfähig für den Einsatz von Dübeln.

Dämmstoffe:
- Das Alt-WDVS muss Dämmstoffe aus Polystyrol-Hartschaum oder Mineralwolle enthalten.
- Die Dämmstoffe müssen den heutigen Festigkeitsanforderungen entsprechen (EPS und Mineralwolle-Lamellen mindestens 80 kPa, Mineralwolle-Platten je nach Anwendungstyp).
- Die Dämmstoffplatten müssen durch Kleben oder durch Kleben und Dübeln entsprechend der heutigen Forderungen an Festigkeit und Klebeflächenanteil befestigt sein.
- Schienenbefestigte Systeme dürfen nicht überdämmt werden.

Gesamtsystem:
- Die Summe der Gewichte der Unter- und Oberputze (alt + neu) darf 30 kg/m^2 nicht überschreiten.
- Bei Dämmstoffdicken über 200 mm gilt zusätzlich, dass das Gewicht des neuen Putzsystems maximal 18 kg/m^2 betragen darf.

Brandschutz:
- Altsysteme mit Polystyrol-Dämmstoffen gelten als normalentflammbar, es sei denn, der Dämmstoff ist nachweislich schwerentflammbar.
- Altsysteme mit Mineralwolle-Dämmstoffen gelten als schwerentflammbar, es sei denn, der Dämmstoff ist nachweislich nichtbrennbar.
- WDVS mit Polystyrol-Dämmstoffen mit einer Gesamt-Dämmstoffdicke von über 300 mm sind immer normalentflammbar.
- Bei WDVS mit Polystyrol-Dämmstoffen und Dämmstoffdicken über 100 mm sind zum Erhalt der Schwerentflammbarkeit zusätzliche Brandschutzmaßnahmen, z. B. in Form von Brandriegeln durch Neu- und Altsystem anzubringen.

Altsystem	Neusystem	Gesamtsystem
Normalentflammbar	Normalentflammbar	Normalentflammbar (Gebäude geringer Höhe)
Normalentflammbar	Schwerentflammbar	Normalentflammbar (Gebäude geringer Höhe)
Normalentflammbar	Nichtbrennbar	Normalentflammbar (Gebäude geringer Höhe)
Schwerentflammbar	Normalentflammbar	Normalentflammbar
Schwerentflammbar	Schwerentflammbar	Schwerentflammbar (Gebäude mittlerer Höhe)
Schwerentflammbar	Nichtbrennbar	Schwerentflammbar (Gebäude mittlerer Höhe)
Nichtbrennbar	Normalentflammbar	Normalentflammbar
Nichtbrennbar	Schwerentflammbar	Schwerentflammbar
Nichtbrennbar	Nichtbrennbar	Nichtbrennbar (Hochhäuser)

Für das Gesamtsystem ergeben sich bezüglich des Brandverhaltens folgende Kombinationen.

Gefahr für interne Kondensation durch eine Aufdopplung besteht im Regelfall nicht; lediglich für Mineralwolle-Systeme mit Putzsystemen geringer Wasserdampfdurchlässigkeit ist eine feuchtetechnische Betrachtung angezeigt [1].

Über die oben stehenden allgemeinen Hinweise hinaus sind die Anforderungen der allgemeinen bauaufsichtlichen Zulassung des verwendeten Systems zu beachten.

2 Überputzen

Bei großflächigen Putzschäden werden Wärmedämm-Verbundsysteme seit vielen Jahren in der Art saniert, in dem auf den vorbereiteten Altputz ein neues, armiertes Putzsystem, bestehend aus einem Unterputz mit Gewebe und einem Oberputz, aufgetragen wird. Im Fall von Polystyrol-Dämmstoffen können alte Putzsysteme (speziell dünnschichtige) vor Auftrag des neuen Putzsystems auch bahnenweise eingeschnitten und abgezogen werden („Strippen"). Bei Mineralwolle-Dämmstoffen ist von dieser Vorgehensweise abzuraten, da dabei der Dämmstoff meist in erheblichem Umfang zerstört wird. Über diese Maßnahmen zur Nachbesserung und Sanierung von Wärmedämm-Verbundsystemen wurde bereits 1998 auf den Aachener Bauchsachverständigentagen berichtet [2].

Für den Fall, dass Systemhersteller und -typ bekannt sind, kann ein systemzugehöriges Putzsystem verwendet werden und die bauordnungsrechtlichen Voraussetzungen für die Anwendung sind gegeben. Für den Fall eines unbekannten Systems und für das Überputzen des Altsystems wurden trotz jahrelanger Anwendung noch keine allgemein anerkannten Regeln der Technik formuliert. Vor der Anwendung ist daher eine Zustimmung im Einzelfall einzuholen.

Als Vorschlag für die Definition der anerkannten Regeln der Technik für das Überputzen von Wärmedämm-Verbundsystemen mit Polystyrol- oder Mineralwolle-Dämmstoffplatten können in Analogie zu den Forderungen beim Überdämmen folgende Anforderungen dienen.

Voraussetzungen:
- Trockene, tragfähige Wand
- Trockenes, standsicheres Altsystem mit bewehrtem Putzsystem, geklebt oder geklebt und gedübelt

Vorhandener Dämmstoff:
- Polystyrol-Hartschaum oder Mineralwolle
- Anforderungen an Festigkeit entsprechend der heutigen Anforderungen für Neusysteme

Altputz:
- Tragfähiges Putzsystem mit gewebearmiertem Unterputz und ausreichender Haftung zum Dämmstoff

Neues Putzsystem:
- Nur Putzsysteme aus entsprechenden bauaufsichtlich zugelassenen WDVS verwenden
- Verträglichkeit mit Altputz und ausreichender Haftung auf dem Altputz (entsprechend BFS-Merkblatt 21 [3]
- Steifigkeit abgestimmt auf Altputz („weich auf hart")
- Gesamtgewicht der Putzsysteme (alt + neu) maximal 30 kg/m^2
- Wasseraufnahme (neues Putzsystem): $\leq$ 1,0 kg/(m^2 24h) [ETAG 004 (4)]
- Wasserdampfdurchlässigkeit (neues Putzsystem): EPS $\leq$ 1,0 m; MW $\leq$ 0,5 m

Brandschutz:
Für den Brandschutz steht eine allgemeine Beurteilung noch aus. Die hierfür erforderlichen Prüfungen und eine Zusammenstellung der bisherigen Ergebnisse im Hinblick auf diese Fragestellung ist in Arbeit.
Diese Anforderungen können in dem in Vorbereitung befindlichen WTA-Merkblatt „WDVS – Wartung, Instandsetzung, Verbesserung" aufgenommen und – gegebenenfalls modifiziert – als allgemein anerkannte Regeln der Technik für das Überputzen von WDVS definiert werden. Auf dieser Basis wären dann die Forderungen der Landesbauordnungen nach Einhaltung der allgemein anerkannten Regeln der Technik beim Überputzen von Wärmedämm-Verbundsystemen eingehalten, ohne dass ein technisch nicht begründbarer Aufwand für allgemeine bauaufsichtliche Zulassungen oder Zustimmungen im Einzelfall entsteht. Bis zum Vorliegen dieser Regelungen sind für das Überputzen von Wärmedämm-Verbundsystemen Zustimmungen im Einzelfall einzuholen.

3 Literatur

[1] Krus, M.; Rösler, D.: Hygrothermische Berechnung der Einsatzgrenzen unterschiedlicher Systeme bei der Aufdoppelung von Wärmedämm-Verbundsystemen. In: Bauphysik 33 (2011), Heft 2, S. 142 ff.

[2] Oster, K.-L.: Die Nachbesserung und Sanierung von Wärmedämm-Verbundsystemen. In: Aachener Bausachverstädigentage 1998, Tagungsband S. 50 ff.

[3] BFS-Merkblatt Nr. 21; Technische Richtlinien für die Planung und Verarbeitung von Wärmedämm-Verbundsystemen. Herausgeber: Bundesausschuss Farbe und Sachwertschutz; Mai 2012

Dr. rer. nat. Bodo Buecher
Seit über 30 Jahren beruflich im Bereich Putz und Wärmedämmverbundsystemen beschäftigt; Nach langjähriger Industrietätigkeit als Leiter Forschung und Entwicklung bei einem Hersteller von Putz und Wärmedämmverbundsystemen ist er seit 1998 selbständig als öffentlich bestellter und vereidigter Sachverständiger für Schäden an Putzen und Wärmedämmverbundsystemen tätig; Mitarbeit in europäischen Kommissionen zu Wärmedämmverbundsystemen, im entsprechenden deutschen Normenausschuss sowie im Sachverständigenausschuss des Deutschen Instituts für Bautechnik Fassadenbau; Leiter der Arbeitsgruppe Wärmedämmverbundsysteme des WTA.

Das aktuelle Thema: Wärmedämm-Verbundsysteme (WDVS) in der Diskussion 3. Beitrag: WDVS aus Polystyrolpartikelschaum: Brandschutztechnisch problematisch? – Fragen und Antworten

Dipl.-Phys. Ingolf Kotthoff, Stadtlengsfeld – Anhand der Vortragsfolien zusammengefasst vom AIBAU

Herrn Kotthoff waren folgende Fragen gestellt worden:

1. Trifft es zu, dass die in den Medien gezeigten Brände für unzureichende Brandschutzvorschriften sprechen?
2. Ist die Einordnung von EPS mit Flammschutzmitteln als „schwer entflammbar" B1 unzutreffend?
3. Trägt EPS aktiv zur Brandausbreitung bei?
4. Sind Brandschachttests (DIN 4102-15) manipulierbar?
5. Würde eine Prüfung nach DIN EN 13501 zu einer ungünstigeren Klassifizierung von EPS führen?
6. Welcher Handlungsbedarf besteht
   a. hinsichtlich der Klassifizierung von EPS in Deutschland
   b. hinsichtlich der konstruktiven Konsequenzen für neue und bestehende Fassaden mit EPS-WDVS?

Anhand einer großen Zahl von Brandfällen und der Demonstration von Brandversuchen gab Herr Kotthoff folgende Antworten:

1 Trifft es zu, dass die in den Medien gezeigten Brände für unzureichende Brandschutzvorschriften sprechen?

Herr Kotthoff stellte zunächst folgende Beschlüsse und Pressemitteilungen der Bauministerkonferenzen 2012/13 dar:

1.1 Offizielle Position der Bundesministerkonferenz

Beschluss der 123. Bauministerkonferenz 2012:

Die Bauministerkonferenz stellt fest, dass Wärmedämm-Verbundsysteme mit Polystyroldämmstoffen ordnungsgemäß zertifiziert und bei der zulassungsentsprechenden Ausführung sicher sind. Gleichwohl nimmt sie die Brandereignisse mit solchen Wärmedämm-Verbundsystemen ernst.

Pressemitteilung zur 124. Bauministerkonferenz 2013

Es wurden insgesamt 18 Brandfälle untersucht, bei welchen als Brandszenarium die aus einer Wandöffnung schlagenden Flammen bei einem Wohnungsbrand zugrunde lagen. Die Analyse ergab, dass für diesen Fall die Anforderungen, die sich aus der Zulassung ergeben, für die in Frage stehenden Wärmedämm-Verbundsysteme hinreichend sicher sind. Aufgrund der Tatsache, dass es in der Vergangenheit auch Brandereignisse gab, die außerhalb eines Gebäudes ausgelöst wurden, hat die Bauministerkonferenz den ASBW (Ausschuss für Stadtentwicklung, Bau- und Wohnungswesen) beauftragt, die Versuchsreihe nun auch unter Naturbrandbedingungen zu veranlassen.

- WDVS sind „geschlossen" angebotene Systeme aus aufeinander abgestimmten Einzelkomponenten.
- WDVS besitzen als System einen bauaufsichtlichen Verwendbarkeitsnachweis nach § 17 MBO, der auch die Nachweise von Einzelkomponenten beinhaltet (EPS Produktnorm DIN EN 13163 und nationale Anwendungszulassungen).
- Das Brandverhalten des Dämmstoffs wird sowohl als Einzelkomponente als auch im System untersucht.
- WDVS mit brennbaren Dämmstoffen bedürfen bei einer Überschreitung einer Dämmdicke von 100 mm zusätzlicher Nachweise im originalmaßstäblichen Großversuch (DIN E 4102-20).
- WDVS unterliegen sowohl als System, als auch als „Einzelbaustoff" einer kontinuierlichen Überwachung, die auch das Brandverhalten mit einschließt.

Herr Kotthoff wies darauf hin, dass Wärmedämmverbundsysteme grundsätzlich einen bauaufsichtlichen Verwendbarkeitsnachweis entsprechend Bauregelliste über eine allgemeine bauaufsichtliche Zulassung national oder europäisch (ETA), dann meist mit nationalem Anwendungsdokument (als Baustoff) benötigen. Eine Produktnorm sei in Vorbereitung.

1.2 Verwendete Baustoffe

Zu den verwendeten Baustoffen und zum System stellte Herr Kotthoff folgende Daten und Fakten zusammen:

- **Dämmung:**
- **Dämmstoff nach Produktnorm EN 13163**
  - in der Fläche meist **EPS:** 15–30 kg/m^3
  - am Sockel **XPS:** 20–30 kg/m^3
  - Dicke bis 300 mm, in Einzelfällen bis 500 mm
- **Brandverhalten:**
  - organischer und daher **brennbarer** Baustoff
  - durch Zusatz von Flammenschutzmitteln wird ein verbessertes Brandverhalten erzielt:
  - DIN 4102-1: B1, schwerentflammbar
  - EN 13501-1: E, normalentflammbar
  - **thermoplastisch**, d. h. nicht formstabil im Brandfall (entzieht sich schrumpfend der Flamme)
    Schmelzpunkt ≈ 140 °C
    Entzündungstemperatur ≈ 480 °C (fremd)
- **Putzsystem:**
  - mineralisch gebunden (Zement/Kalk) oder Wasserglas
  - dispersionsgebunden
- **Gesamtsystem:**
  - abhängig von der Dicke der Dämmung (über 100 mm Brandschutzmaßnahmen erforderlich)

  und
  - abhängig vom Putzsystem (minimale und größte Dicke) einschließlich des Gehalts organischer Bestandteile in der Trockenmasse entspricht das Brandverhalten des jeweiligen WDVS in der Regel der Klasse B oder C nach EN 13501-1 bzw. B1 nach DIN 4102

1.3 Durchgeführte Brandprüfungen – Rolle der Putzbeschichtung

Herr Kotthoff stellte hinsichtlich der Brandversuche Folgendes zusammen:
Der Original-Brandversuch nach DIN EN 4102-20 an unverputztem EPS (B1) hat folgende Ergebnisse (Bild 1):

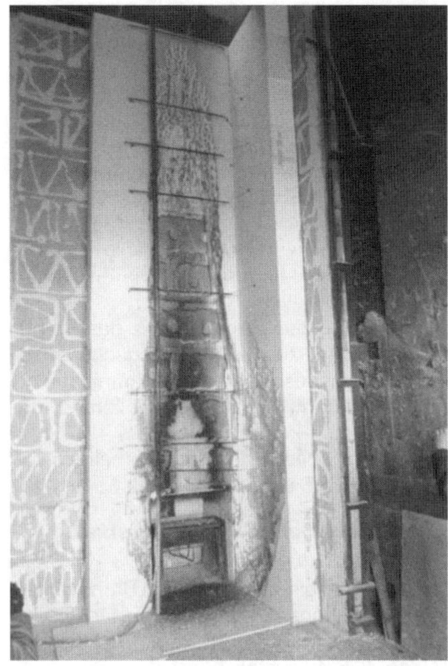

Bild 1: Original-Brandversuch nach DIN EN 4102-20: Dämmung nach dem Versuch

- keine fortschreitende Brandausbreitung, Schädigung < 3,5 m
- keine signifikante Vergrößerung der Primärflamme; $F_{3,5\,m}$ < 3,5 m (2,8 m)
- nur lokales Brennen des Dämmstoffs (**B1**) an der Oberfläche, $T_{3,5\,m}$ < 500 °C (220°C)
- lokales brennendes Abtropfen, aber kein Sekundärbrand (selbstverlöschend)

Er stellte weiterhin dar, dass auch die Stabilität der Putzschicht bei Brandbeanspruchungen untersucht wird. Es wird dabei folgender Versuchsansatz gewählt:

- Versuchsansatz
  thermische Beanspruchung nur der Putzschicht eines WDVS mit der Vollbrandkurve für den Feuerwiderstand nach EN 13501-2 über 60 Minuten
- Geprüfte Proben:
  dispersionsgebundenes, armiertes Putzsystem geringer Dicke (2 mm Unterputz und 2 mm Oberputz, gesamt 4 mm) und hohem Anteil organischer Bestandteile (ca. 10 Masseprozent, trocken)

Die Ergebnisse zeigen:
- keine Flammen auf der feuerabgewandten Seite
- kein Durchbrand, Raumabschluss
  - E 60 nach EN 13501-2 (50 x 50 cm)
  - E 30 nach EN 13501-2 (100 x 100 cm)
  - **Maximaltemperatur auf der Innenseite 15 Min. 400 °C, 60 Min. 500 °C**

Zusammenfassend hob er hervor, dass der Putz in seiner Mindestdicke wie ein Feuerschutzvorhang wirkt.
In weiteren Folien zeigt er, dass das Brandverhalten ohne zusätzliche Brandschutzmaßnahmen, insbesondere bei Dämmschichtdicken > 100 mm Dicke, zum Vollbrand führen können.
Bilder 2–5: Phasen des Brandverhaltens von WDVS mit EPS am Sturz

1.4 Brandverhalten über Bauwerksöffnungen/Brandriegel

Herr Kotthoff ging dann auf das Brandverhalten an Öffnungsstürzen ein. Die vier Phasen des Brandverhaltens am Sturz sind auf den Bildern 2–5 dargestellt.
Anschließend beschrieb er die verschiedenen, alternativ einsetzbaren Brandschutzmaßnahmen für Wärmedämm-Verbundsysteme mit EPS bei Dicken > 100 mm und ≤ 300 mm:
Alternativ kann der „Sturzschutz“ oberhalb jeder Außenwandöffnung mit dem Ziel der Verhinderung des Brandeintritts in die Dämmebene oder die Variante des umlaufenden Brandriegels verwendet werden, der eine sichere Begrenzung eines Brands in der Dämmebene in jedem 2. Obergeschoss zum Ziel hat.
Er weist dabei darauf hin, dass grundsätzlich brandschutztechnisch (gleichgültig, welche Fassade verwendet wird) ein geschossweiser Brandübertrag durch lokales Mitbrennen ohnehin akzeptiert wird. Ein Flammensprung von Fenster zu Fenster ist grundsätzlich bei Wohnungsbränden immer möglich.
Er weist darauf hin, dass die Variante Sturzschutz oberhalb jeder Außenwandöffnung mit dem Nachteil verbunden ist, dass Sonderausbildungen bei Verschattungseinrichtungen und bei vorgesetzten Fenstern erforderlich werden, was beim umlaufenden Brandriegel entfällt.

1.5 Ursachen größerer Brandereignisse

Herr Kotthoff stellt sich dann die Frage, warum es trotzdem manchmal zu spektakulären Bränden kommt. Er führt dies auf folgende Ursachen zurück:
- extreme Brandlasten, die die statistisch zum Ansatz gebrachten Referenzbrandszenarien (Wohnraumbrand mit Flammenaustritt nach dem flash-over) weit übersteigen
- schlechte Verarbeitung des WDVS, nicht sachgerechte Ausführung der notwendigen Brandschutzmaßnahmen
- Brände während der Bauphase (kein zulassungskonformer Gebrauchszustand)
- geänderte soziale Gewohnheiten (z. B. Entwicklung von der Müllentsorgung zur Restwertsammlung)

2 Ist die Einordnung von EPS mit Flammschutzmitteln als „schwer entflammbar“ B1 unzutreffend?

Herr Kotthoff stellt Folgendes heraus:
Allgemeine Anforderungen an schwerentflammbare Außenwandbekleidungen sind in DIN 4102-1 (Pkt. 6.1.1.b) geregelt.
Die Prüfung (siehe 6.1.3.1, Brandschacht) stellt modellhaft die aus einer Wandöffnung schlagenden Flammen dar. Unter dieser Beanspruchung darf sich die Brandausbreitung nicht wesentlich außerhalb des Primärbrandbereichs erstrecken (d. h. sie muss lokal begrenzt bleiben).
Er kommt schließlich zu folgendem Fazit:
- Bei direkter Beflammung mit Zündquellen – die auf Baustellen möglich oder denkbar sind und die untersucht wurden – entzieht sich flammengeschütztes EPS schrumpfend und schmelzend, teilweise temporär brennend, der Flamme, ohne dauerhaft selbst zu entzünden oder weiterzubrennen.
- Bisher hat sich gezeigt, dass flammgeschütztes EPS nicht fahrlässig oder aus Versehen entzündet werden kann, sondern auch nach massiver (Gasbrenner auf Baustelle, Molotow-Cocktail etc.), teilweise länger andauernder Beflammung (mehrere Minuten) kein eigenständiges Weiterbrennen aufzeigt.
- Um EPS in Brand zu setzen, bedarf es mutwilligen Vorsatzes, grober Fahrlässigkeit oder es muss sich eine Zündkette (z. B. Streichholz → Papier → Müllsäcke mit brennbarem Inhalt → Dachpappe → etc.→ etc. → EPS) entwickeln, die allerdings einer gewissen Zeit bedarf.

→ **EPS ist schwer entflammbar!**

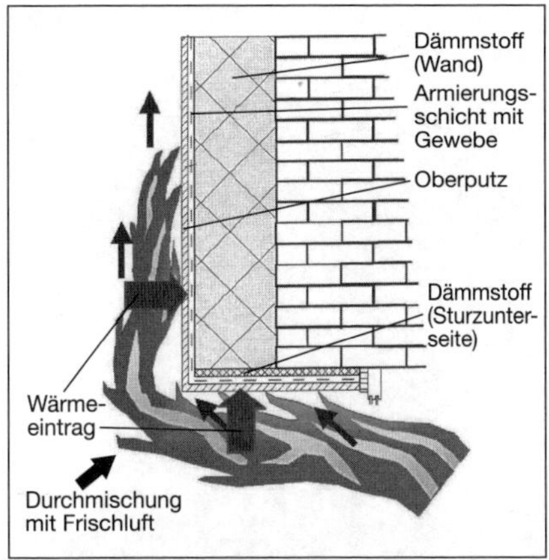

Bild 2: **Phase 1:** Wärmeeintrag von unten und von vorn in das WDVS

Bild 3: **Phase 2:**
- Dämmstoff schmilzt
- Hohlraumbildung
- Schmelze an der Rückseite der Putzschicht und der Wand
- ablaufende Schmelze sammelt sich am tiefsten Punkt (Fenstersturz)

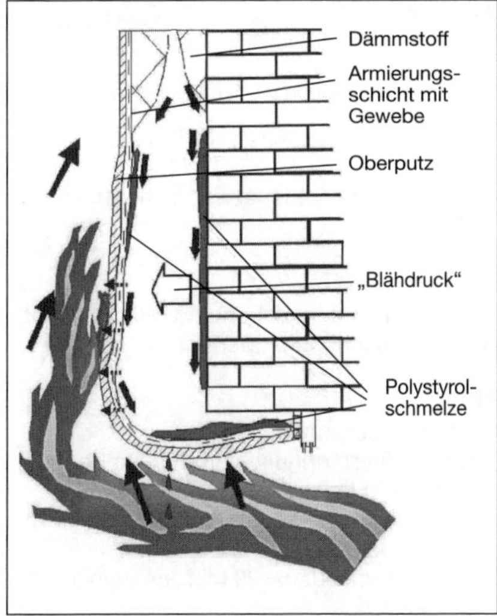

Bild 4: **Phase 3:**
- Aufbau eines „Blähdrucks“ im Inneren des WDVS durch Erwärmung der Luft und entstehender Pyrolysegase
- Austritt von Pyrolysegasen durch die Putzschicht
- Abbrand der organischen Putzanteile
- Wölbung der Putzoberfläche nach außen, Risse
- Absenken des Sturzes durch das Gewicht der Schmelze
- vereinzeltes Abtropfen brennender Polystyrolschmelze

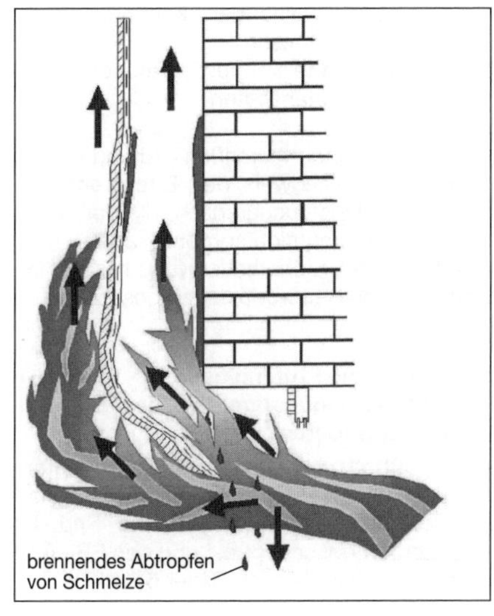

Bild 5: **Phase 4:**
- Abreißen des Sturzes
- Öffnen des Systems
- Flammeneintritt in das Systeminnere
- Brennen außen und innen
- brennendes Abtropfen von Polystyrolschmelze

Bilder 2–5: Phasen des Brandverhaltens von WDVS mit EPS am Sturz

3 Trägt EPS aktiv zur Brandausbreitung bei?

Herr Kotthoff zeigte typische Brandbilder und stellt zusammenfassend fest:
EPS ist ein organischer, brennbarer Baustoff der bei hinreichend großer thermischer Beanspruchung (Initialbrand), die über die normgemäß festgelegte Brandbeanspruchung hinausgeht, seine Energie freisetzt.

4 Sind Brandschachttests (DIN 4102-15) manipulierbar?

Herr Kotthoff beantwortete die Frage folgendermaßen:
Jede Prüfung ist bei fehlerhafter Ausführung manipulierbar, bei korrekter Ausführung jedoch nicht. Das wird in Deutschland sichergestellt durch:

- akkreditierte Prüf-, Zertifizierungs-, Überwachungsstellen nach § 25 MBO deren gerätetechnische und personelle Ausstattung festgelegten Forderungen unterliegt und die regelmäßigen Audits unterzogen werden
- einen nachzuweisenden, kontinuierlichen Erfahrungsaustausch
- wiederkehrende Vergleichsversuche zwischen den Prüfanstalten

Das Ziel einer normgemäßen Prüfung ist der zweifelsfreie Nachweis des Erreichens der geforderten Leistungsgrenzen, die der „Wertesetzer" (Bauaufsichtsorgane) als zu gewährleistendes Sicherheitsniveau für die Anwendung des Bauprodukts festgesetzt hat.

5 Würde eine Prüfung nach DIN EN 13501 zu einer ungünstigeren Klassifizierung von EPS führen?

Herr Kotthoff hebt hervor, dass die unterschiedlichen Prüfverfahren Ergebnisse haben, die nur bedingt vergleichbar sind. Er stellt den Brandschachttest und den SBI-Test wie folgt dar (siehe auch Bilder 6 und 7):

Brandschacht
Brandbeanspruchung:
- vorgemischte (Verbrennungsluft beigefügt), „harte" Flamme
- Flammenhöhe: stabil 30–40 % der Prüfkörperhöhe
- Beflammungsdauer 10 min, Energieabgabe ca. 5,5 kW

Bild 6: Prüfeinrichtung für den Brandschachttest

- vierseitig geschlossener Schacht, Höhe 1,0 m

Kriterien:
vertikale Flammenausbreitung (Schädigungsstrecke, Rauchgastemperatur)

SBI
Brandbeanspruchung:
- diffuse (Verbrennungsluft aus Umgebung), „weiche" Flamme
- Flammenhöhe: „pumpend", 50–90 % der Prüfkörperhöhe
- Beflammungsdauer 20 Min., Energieabgabe ca. 30 kW
- Vorn offene Innenecke, Höhe 1,5 m

Kriterien:
Anstieg der Wärmefreisetzung
seitliche Flammenausbreitung

Er stellt dann zusammenfassend zu dieser Frage fest:

- Die Ergebnisse der Kleinbrennerprüfung (B2 bzw. E) weisen auch für EPS eine sehr gute Vergleichbarkeit auf, da sich beide Prüfverfahren kaum unterscheiden.

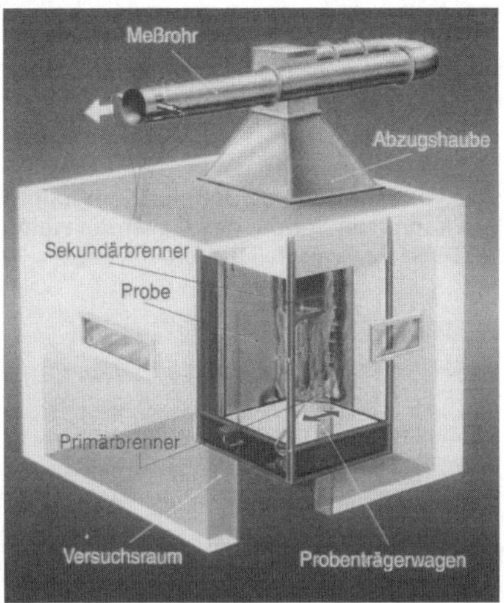

Bild 7: Prüfeinrichtung für den SBI-Test

- Die Ergebnisse der Brandversuche im Brandschacht und im SBI sind trotz unterschiedlicher Prüfmethoden für die überwiegende Anzahl von Baustoffen hinreichend gut vergleichbar, für manche Baustoffe werden allerdings bessere, für andere schlechtere Ergebnisse erzielt.
- Insbesondere bei thermoplastischen Baustoffen, zu denen EPS gehört, treten beim SBI-Versuch starke Streuungen der Versuchsergebnisse selbst bei gleichem Grundmaterial in Abhängigkeit von dessen Dicke und Dichte auf, die zu Klassifizierungen von B bis E führen.
- Zur Vermeidung einer Irritation des Marktes durch eine ausufernde Klassifizierungsvielfalt hat sich die EPS-Industrie entschieden das Prüfgerät SBI generell nicht zu verwenden.
- Eine klare Unterscheidung zwischen flammengeschütztem EPS und EPS ohne Flammenschutzmittel ist bereits im Kleinbrennertest sicher möglich, so dass eine hinreichende Kontrolle der brandschutztechnischen Grundanforderungen gegeben ist.
- In Deutschland ist durch die Gültigkeitsdauer der aktuell erteilten Verwendbarkeitsnachweise eine Anwendung des Brandschachts (DIN 4102-1; 6.1 Baustoffklasse B1) bis zum Jahre 2017 gewährleistet.

6 Welcher Handlungsbedarf besteht a) hinsichtlich der Klassifizierung von EPS in Deutschland b) hinsichtlich der konstruktiven Konsequenzen für neue und bestehende Fassaden mit EPS-WDVS?

Herr Kotthoff gibt dazu folgende Empfehlungen:

- Einführung einer generellen, öffentlich geführten Brandschadensstatistik nach vergleichbaren Erfassungskriterien für alle relevanten Brandfälle, die alle brennbaren Bauprodukte an der Fassade mit einbezieht, um Gefährdungen aktuell zu erkennen.
- Ergänzende experimentelle Überprüfung von Außenbrandszenarien infolge geänderter gesellschaftlicher Rahmenbedingungen und eine daraus resultierende Anpassung und Erweiterung von Brandschutzmaßnahmen.
- Sicherstellung der Einhaltung der notwendigen Verarbeitungsqualität durch konsequente Anwendung bereits bestehender Vorschriften.
- Brandschutztechnisch vertiefende Betrachtung der Situation auf Baustellen, sowohl hinsichtlich der Lagerung brennbarer Materialien, als auch der partiell bereits am Bauwerk applizierten Baustoffe in Abstimmung mit der Feuerwehr, den Bauaufsichten, dem Bauherrn, den Versicherungen und auch Fachleuten.

7 Zusammenfassende, generelle Aussagen zur Brandsicherheit von Wärmedämm-Verbundsystemen

Herr Kotthoff fasst wie folgt zusammen:
Die Brandsicherheit von WDVS steht auf vier Fundamenten:

- der Baustoffklassifizierung des unverputzten Dämmmaterials,
- der Stabilität und Zusammensetzung der abdeckenden Putzschicht,
- der Qualität der Verarbeitung

und

- der Funktionalität der angewendeten Brandschutzmaßnahmen

Jede der einzelnen Komponenten bedarf zwingend eines **Mindestniveaus:**
- Gewährleistung der minimal zulässigen Baustoffklassifizierung (normalentflammbar)

der Dämmung und aller anderen Komponenten (Zubehörteile)

- Mindestdicke der Putzschicht von 4 mm, generell eine Armierung mit Glasgittergewebe, Begrenzung der organischen Bestandteile in der Trockenmasse unter 15 M-%
- hinreichende brandschutztechnische und praxistaugliche „Robustheit" der Brandschutzmaßnahmen
- klare, praxislesbare Verwendbarkeitsnachweise; Verarbeitungsrichtlinien der Hersteller, verbandsabgestimmte Ausführungsbestimmungen für den Brandschutz wiederkehrende sachkundige Schulungen der Verarbeiter etc.

Er hebt hervor:
Der Verzicht auf eine der vier Komponenten kann zum Verlust des Gesamtsystems „WDVS" im Brandfall führen.

Dipl.-Phys. Ingolf Kotthoff
Seit 1992 mit dem baulichen Brandschutz beschäftigt, zuletzt als Geschäftsbereichsleiter und Prokurist des Bereichs Baulicher Brandschutz der MFPA Leipzig und befasst mit der Erforschung und der Prüfung des Brandverhaltens an der Gebäudeaußenwand; Seit 2012 Inhaber eines Ingenieurbüros für Brandschutz und Fassaden; Leiter des DIN Arbeitskreises 4102-20; Mitarbeiter bzw. teilw. Leiter von Gremien, die sich mit dem Brandverhalten von Originalbränden an Fassadenbekleidungen auseinandersetzen.

Das aktuelle Thema: Wärmedämm-Verbundsysteme (WDVS) in der Diskussion 4. Beitrag: Mikrobieller Aufwuchs auf WDVS

Dr. Christian Scherer, Fraunhofer-Institut für Bauphysik IBP, Valley

1 Ausgangssituation

Die wesentlichen Maßnahmen zur energetischen Ertüchtigung von Bestandsgebäuden sind die Erhöhung der Luftdichtheit, der Austausch der Heizungsanlage und die Verringerung des Energiedurchgangs durch die Gebäudehülle. Letztere kann neben dem Austausch der Fenster und Außentüren durch die Anbringung eines Wärmedämm-Verbundsystems (WDVS) erreicht werden. Die Dämmstoffschicht zwischen Mauerbildner und Fassadenbeschichtung führt zu deren thermischen Entkopplung. Als Folge dieser thermischen Entkopplung stellen sich in der Nacht Oberflächentemperaturen an der Fassade ein, die zum Teil unter dem Taupunkt der Luftfeuchte liegen. Eine Folge ist, dass es an der kühlen Fassade zur Ausbildung eines Wasserfilms kommen kann. Abhängig von der Saugfähigkeit der Putzschicht und deren Hydrophobizität können dann an der Gebäudeoberfläche Bedingungen herrschen, die den Aufwuchs von Algen und Schimmelpilzen begünstigen (Bild 1 bis Bild 3).

Bild 1: WDVS mit deutlichem Aufwuchs

2 Maßnahmen gegen mikrobiellen Aufwuchs

Die wesentlichen, den Aufwuchs begünstigenden Faktoren sind geringe thermische Masse der Fassadenbeschichtung, geringe Wasseraufnahmefähigkeit der Fassadenbeschichtung, hoher Infektionsdruck durch die Umgebung, Mikroklima am Standort und hohe Schlagregenbelastung.

Mikrobieller Aufwuchs kann durch planerische und konstruktive, bauphysikalische und chemische Maßnahmen vermieden oder zumindest verzögert werden.

2.1 Planerische und konstruktive Maßnahmen

Bereits bei der Standortwahl ist erkennbar, inwieweit durch die Lage und die das Grundstück umgebende Vegetation mit einem erhöhten Aufwuchs- oder Infektionsdruck zu rechnen ist. Standorte in feuchten Senken, Bachläufe in unmittelbarer Nähe des geplanten Gebäudes, dichte Vegetation in direkter Umgebung (z. B. Waldrand) oder landwirtschaftlich genutzte Flächen in unmittelbarer Nähe zum geplanten Objekt begünstigen mikrobiellen Aufwuchs. In Gebieten mit hoher Schlagregenbelastung schützt ein ausreichender Dachüberstand die Fassade zumindest teilweise. Ähnliches gilt für fachgerechte eingebaute und richtig dimensionierte Fensterbänke. Ziel der konstruktiven Maßnahmen muss es sein, eine Durchfeuchtung der Fassadenbeschichtung zu verhindern bzw. die Zeiten hoher Oberflächenfeuchte so weit zu verkürzen, dass es nicht über längere Zeiträume zu Verhältnissen an der Oberfläche kommt, die den mikrobiellen Aufwuchs begünstigen.

Bild 2: Aufwuchs auf einem historischen Gebäude ohne Wärmedämmung

Bild 3: Aufwuchs an windgeschützten Gebäudeflächen

2.2 Bauphysikalische Maßnahmen

Bauphysikalische Maßnahmen verfolgen ebenfalls das Ziel, die hygrischen Verhältnisse an der Fassade so zu verändern, dass sich keine für die Mikroorganismen günstigen Wachstumsvoraussetzungen einstellen. Mit den nachfolgend beschriebenen Maßnahmen bzw. deren Kombination lässt sich dieses Ziel dauerhaft erreichen.

Eine Erhöhung der Wärmespeicherkapazität der Fassade kann durch die Applikation dickschichtiger Putzsysteme erreicht werden. Angesichts der höheren thermischen Masse der Fassadenbeschichtung wird das Zeitfenster, in dem die Oberflächentemperatur unter den Taupunkt fällt, verkürzt. Eine vergleichbare Wirkung, nämlich die Verringerung der Zeitspanne, in der die Oberflächentemperatur unterhalb des Taupunkts liegt, kann mit der Verwendung von Latentwärmespeichern (PCM = phase changing material) erzielt werden. Latentwärmespeicher können in einem engen Temperaturbereich (Schaltpunkt) Energie aufnehmen, ohne sich selbst weiter zu erwärmen. Die zugeführte Energie bewirkt vielmehr eine Änderung des physikalischen Zustands (z. B. Schmelzen) des PCM. Erst wenn diese Zustandsänderung abgeschlossen ist, kommt es bei anhaltender Energiezufuhr zu einer weiteren Erwärmung. Bei der Abkühlung der Umgebung unter den Schaltpunkt sinkt die Temperatur der Oberfläche so lange nicht, wie die Rückkehr des Systems zum Ausgangszustand (z. B. Erstarren) nicht abgeschlossen ist. Die „Einstellung" eines definierten Schaltpunktes limitiert jedoch die praktische Anwendung, da die klimatischen Gegebenheiten durchaus starken Schwankungen unterliegen.

Über die Auswahl der Farbe lässt sich die kurzwellige Absorption (UV-VIS) der Fassade erhöhen. Das heißt, ein höherer Anteil der eingestrahlten Sonnenenergie wird in der Fassadenbeschichtung gespeichert und verzögert im Weiteren die Abkühlung. Die Verringerung der langwelligen Emission (IR-Effekt), also die Abstrahlung von Wärme, kann ebenfalls zu einer Verbesserung der Situation an der Fassade beitragen.

Für die Optimierung der hygrothermischen Eigenschaften bieten sich in erster Linie Maßnahmen an, die die Sorptionsisotherme (Ausgleichsfeuchte) und die kapillare Wasseraufnahme (w-Wert) beeinflussen. Der schnelle Abtransport des Wassers von der Oberfläche ins Innere der Beschichtung kombiniert mit einer schnellen Abgabe von Wasserdampf beim Erwärmen der Beschichtung wirken der Bildung eines Wasserfilms an der Beschichtungsoberfläche entgegen.

2.3 Ausrüstung mit bioziden Wirkstoffen

Organisch gebundene Putze, die als dünnschichtige Systeme appliziert werden, enthalten zum größten Teil biozide Wirkstoffe (Algizide und Fungizide). Da alle in Fassadenbeschichtungen eingesetzten Wirkstoffe mehr oder weniger spezifische Wirksamkeit gegenüber bestimmten Spezies (z. B. Pilze oder Algen, zusätzlich u. U. noch gekoppelt mit Wirkungslücken gegenüber bestimmten Arten) aufweisen, werden Biozid-Kombinationen eingesetzt, die üblicherweise mehrere Wirkstoffe enthalten. Als Biozide können z. B. Terbutryn, Diuron, 3-Iodopropynyl-N-butylcarbamat (IPBC), n-Octylisothiazolinon (OIT), Dichloroctylisothiazolinon (DCOIT) oder Zinkpyrithion zum Einsatz kommen. Die Wirkstoffe müssen eine gewisse Wasserlöslichkeit besitzen, damit sie in den Zielorganismus gelangen können. Gleichzeitig sollen sie aber nicht aus der Fassade ausgewaschen werden, möglichst lange in der Beschichtung verweilen und so einen dauerhaften Aufwuchsschutz gewährleisten. Ein frühzeitiger Verlust des Aufwuchsschutzes durch das Absinken der Wirkstoffkonzentration in der Beschichtung unter die effektive Dosis (ED) kann prinzipiell zu einem Selektionsvorteil für besonders „widerstandsfähige Spezies" führen. Diesem schnellen Verlust des Aufwuchsschutzes wird derzeit durch die Verwendung verkapselter Biozide begegnet. Die Verkapselung der Biozide muss auf den jeweiligen Wirkstoff und auch die Putzmatrix abgestimmt werden. Ziel der Verkapselung ist es, die Biozid-Auswaschung durch Schlagregeneinfluss zu verringern und damit einen vorschnellen Verlust an Wirksubstanz zu verzögern. Vergleichende Untersuchungen an realen Fassaden (Bild 4) zweier identischer Versuchshäuser am Fraunhofer-Institut für Bauphysik haben gezeigt, dass sich die Menge an ausgetragenem Biozid durch die Verkapselung auf bis zu 15 % reduzieren lässt (Bild 5). Das heißt, aus einer Fassadenbe-

Bild 4: Nach Westen ausgerichtete Fassade eines Versuchshauses mit Schlagregenmesser. Für die Untersuchungen wurden jeweils die rechten Fassadenhälften zweier identischer Versuchshäuser gleicher Ausrichtung verglichen.

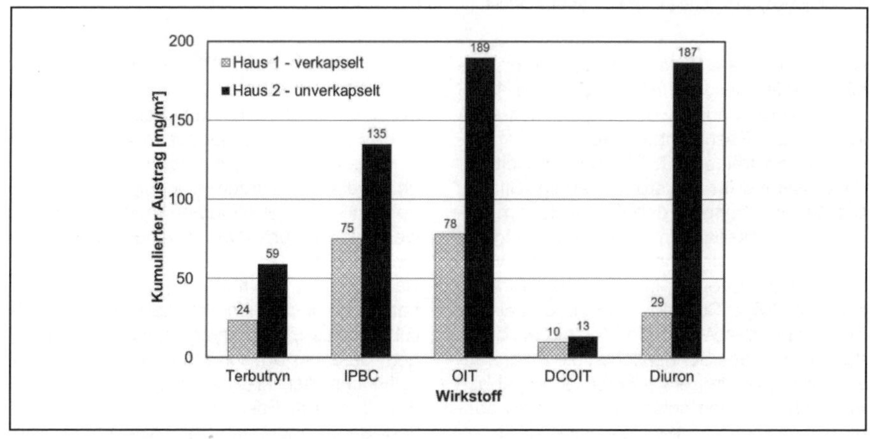

Bild 5: Biozidfreisetzung aus Fassadenbeschichtungen durch Schlagregeneinfluss

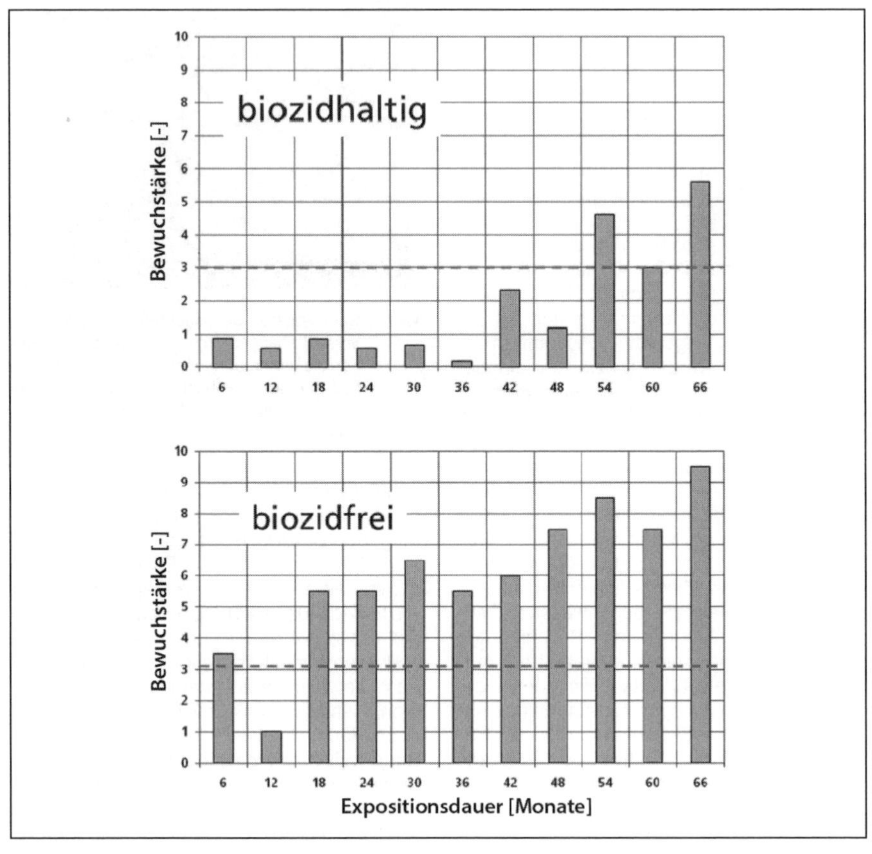

Bild 6: Aufwuchsverlauf auf einem Probekörper mit einer Musterrezeptur eines Stryolacrylatputzes mit (oben) und ohne (unten) biozider Ausrüstung (Terbutryn, OIT, IPBC)

schichtung, die z. B. verkapseltes Diuron enthält, werden im gleichen Zeitraum nur 15 % des Wirkstoffs ausgewaschen, der aus einer identischen Beschichtung mit unverkapseltem Diuron freigesetzt. Die Wirksamkeit der Verkapselung ist wirkstoffabhängig (Bild 5). Die Auswaschung ist dabei zwar der am einfachsten messbare, nicht aber der einzige Mechanismus, der zum Absinken der Wirkstoffkonzentrationen in der Beschichtung selbst beiträgt. So sind auch die chemische Zersetzung der Wirkstoffe, der Abbau durch den Einfluss des Sonnenlichts, die Evaporation der Wirkstoffe, ein metabolischer Abbau durch Nicht-Zielorganismen oder die Wanderung in Richtung Armierungsputz und Dämmstoff denkbar.

3 Dauerhaftigkeit antimikrobieller Maßnahmen

In den letzten Jahren hatten deutsche Gerichte des Öfteren Streitsachen zu entscheiden, in denen die Frage im Vordergrund stand, über welchen Zeitraum eine Fassade frei von optischen Mängeln bleiben muss und inwieweit mikrobieller Aufwuchs einen Mangel darstellt, den der Verarbeiter auf seine Kosten im Rahmen der Gewährleistung zu beseitigen hat. Obwohl die Gerichtsurteile unterschiedlich ausfielen, wird derzeit davon ausgegangen, dass ein optisch störender mikrobieller Aufwuchs, der innerhalb von 5 Jahren nach Erstellung der Fassade auftritt, unabhängig von deren fachgerechter Ausführung, als Mangel angesehen werden kann.

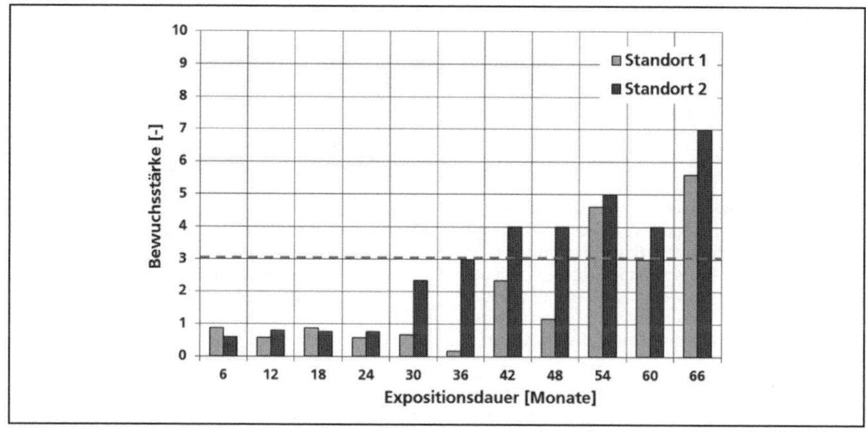

Bild 7: Aufwuchsverlauf auf einem Probekörper mit einer Musterrezeptur eines Stryolacrylatputzes mit biozider Ausrüstung an zwei Standorten mit unterschiedlichen klimatischen Verhältnissen

Bei Freilanduntersuchungen an kleinformatigen Probekörpern (35 cm × 30 cm), die sowohl mit biozid ausgerüsteten als auch mit nicht ausgerüsteten Beschichtungen (Musterrezepturen mit nicht an die Rezeptur angepasster biozider Ausrüstung) versehen waren, wurden sowohl der Einfluss der bioziden Ausrüstung der Beschichtung auf den mikrobiellen Aufwuchs (Bild 6) als auch der Einfluss der mikroklimatischen Verhältnisse an zwei unterschiedlichen Standorten auf den Biozidgehalt in der Beschichtung und den Aufwuchs (Bild 7) untersucht. Standort 1 liegt auf einer Ebene auf ca. 690 m Meereshöhe, zeichnet sich durch eine Anströmung aus west- bis südwestlicher Richtung aus und wird in die Schlagregengruppe 3 eingeordnet. Standort 2 hingegen befindet sich in einer Senke auf einer Waldlichtung mit einem Bachlauf. Während die Probekörper an Standort 1 nach einem Regenereignis aufgrund der freien Anströmung schnell wieder abtrocknen, bleiben sie an Standort 2, der deutlich weniger Niederschlag in Form von Schlagregen aufweist, länger feucht. Die Folge ist ein schnellerer Anstieg der Aufwuchsstärke über den kritischen Wert von 3 auf einer 10-stufigen Bewertungsskala. Ein Aufwuchsbild ab der Stufe 4 wird in der Praxisanwendung bereits als Reklamationsfall eingestuft. Die Dauerhaftigkeit der Wirksamkeit biozider Ausrüstungen ist sowohl von der Abstimmung der bioziden Wirkstoffe auf die Beschichtungsmatrix als auch von den klimatischen Bedingungen am Standort abhängig.

4 Fazit

Der Einsatz von bioziden Wirkstoffen verzögert und verringert den mikrobiellen Aufwuchs auf WDVS meist deutlich. Nichtsdestotrotz können auch biozid ausgerüstete Fassaden bei entsprechenden Umgebungsbedingungen von mikrobiellem Aufwuchs betroffen sein. Entscheidende Faktoren für das Befallsrisiko sind das Mikroklima am Standort und der Infektionsdruck, also häufig die umliegende Vegetation. Hinzu kommen weitere Faktoren wie z. B. das Nährstoffangebot durch Antragung von Partikeln, die den Organismen, insbesondere Schimmelpilzen, als Nahrungsquelle dienen können. Experimentelle Untersuchungen an kleinformatigen Probekörpern haben gezeigt, dass Systeme mit biozid ausgerüstetem Farbanstrich generell bessere Ergebnisse als Systeme ohne Farbanstrich zeigen. In Freilanduntersuchungen konnte auch gezeigt werden, dass der Wirkstoffgehalt in der Beschichtung keinen direkten Rückschluss auf die Bewuchsanfälligkeit eines WDVS zulässt. Der Einsatz verkapselter Biozide verringert den Wirkstoffaustrag durch ablaufendes Regenwasser um bis zu 85 % im Vergleich mit nicht verkapselten Bioziden. Es ist davon auszugehen, dass der geringere Austrag und auch der Schutz der Wirkstoffe durch die Verkapselung an sich zu einer längeren Verfügbarkeit ausreichend hoher Biozidkonzentrationen in der Fassadenbeschichtung beiträgt und somit geeignet ist, den bewuchsfreien Zeitraum zu verlängern. Den maximal möglichen Schutz einer Fassade gegen mikrobiellen Aufwuchs erreicht man durch die Kombination von planerischen, bauphysikalischen und materialchemischen Maßnahmen unter Berücksichtigung der Umgebungsbedingungen.

5 Literatur

[1] Breuer, K.; Hofbauer, W.; Krus, M.; Scherer, C.; Schwerd, R.; Krueger, N.; Mayer, F.; Sedlbauer, K.: Bedeutung des bioziden Wirkstoffeinsatzes bezüglich der Dauerhaftigkeit von Fassadenbeschichtungen. In: Venzmer, H. (ed.): Fassadensanierung – Praxisbeispiele, Produkteigenschaften, Schutzfunktionen. Beuth, Berlin, S. 53–79 (2011)

[2] Breuer, K.; Hofbauer, W.; Krueger, N.; Mayer, F.; Scherer, C.; Schwerd, R.; Sedlbauer, K.: Wirksamkeit und Dauerhaftigkeit von Bioziden in Bautenbeschichtungen. In: Bauphysik 34(4), 2012, S. 170–182

[3] Breuer, K.; Mayer, F.; Scherer, C.; Schwerd, R.; Sedlbauer, K.:·Wirkstoffauswaschung aus hydrophoben Fassadenbeschichtungen: verkapselte versus unverkapselte Biozidsysteme. In: Bauphysik 24(1), 2012, S. 19–23

[4] Schwerd, R.; Scherer, C.; Mayer, F.; Breuer, K.: Biozide in Bautenbeschichtungen – chemische Untersuchungen zur Dauerhaftigkeit. In: Der Bausachverständige 3, (2011), S. 30–34

Dr. Christian Scherer

Diplom-Chemiker am Fraunhofer-Institut für Bauphysik, IBP, in Valley; Seit 2003 Stellv. Abteilungsleiter der Abteilung Bauchemie, Baubiologie und Hygiene; Leiter der Arbeitsgruppe Chemie und Sensorik; Fachliche Schwerpunkte: Emissionen aus Bauprodukten in den Innenraum und Innenraumluftqualität und Luftinhaltsstoffe Beurteilung von Materialgerüchen und chemisch-analytische Identifizierung von geruchsgebenden Stoffen Auswaschung aus Gebäuden und Baustoffen der Gebäudehülle durch Schlagregeneinfluss, Material- und Schadensanalytik; Mitgliedschaften in den deutschen Spiegelausschüssen von CEN/TC 351, CEN/TC 351 WG 1, WG 2 und WG 5 sowie CEN/TC 139 WG 10, der Projektgruppen „Beregnete Bauteile" und „Analytik" am DIBt.

Das aktuelle Thema: Wärmedämm-Verbundsysteme (WDVS) in der Diskussion 5. Beitrag: Sind WDVS Sondermüll? Flammschutzmittel, Rückbaubarkeit und Recyclingfreundlichkeit

Dipl.-Ing. (FH) Wolfgang Albrecht, Forschungsinstitut für Wärmeschutz e. V. FIW, München

1 Einführung

Die öffentliche Debatte über Wärmedämm-Verbundsysteme (WDVS) in Fernseh- und Presseberichten wird teilweise sehr emotional geführt. Dabei spielen die geplante Verschärfung der Energieeinspar-Verordnung, aber auch die Marktanteile einzelner Bauweisen eine große Rolle. Teilweise werden in den Diskussionen unscharfe Begriffe verwendet, verschiedene Dinge vermischt, aber auch auf offene Fragen und Probleme hingewiesen.
Deshalb sollen in dem Beitrag die Begriffe geklärt werden, wie können WDVS entsorgt werden, welche Lebensdauer haben sie und wann ist es sinnvoll, WDVS-Komponenten, wie zu entsorgen.

2 Begriffe

2.1 Was ist Sondermüll?

Der Begriff Sondermüll kommt aus der Umgangssprache und meint Abfallstoffe, die besonders gefährlich für die Umwelt oder die Gesundheit sind.
Der Fachbegriff für derartige Stoffe heißt gefährliche Abfallstoffe oder Abfallstoffe, die Gefährlichkeitsmerkmale aufweisen und somit eine potenzielle Gefahr aufweisen.
Diese gefährlichen Abfallstoffe wie z. B. PCB, verbrauchte Lösungsmittel, Säuren und Laugen, aber auch Filterstäube und Schwermetalle sind nach dem Kreislaufwirtschafts- und Abfallgesetz (§ 48 KrW-/AbfG) [1] besonders überwachungsbedürftige Abfälle. Das heißt, über jedes Kilogramm dieser Stoffe muss genau Buch geführt werden und sie dürfen nur bei zugelassenen Beseitigungsanlagen entsorgt oder beseitigt werden.
Zu diesen gefährlichen Abfallstoffen gehören WDVS und WDVS-Komponenten eindeutig nicht, WDVS werden heute meist mit dem üblichen Restmüll oder Bauschutt entsorgt, soweit sie nicht wiederverwendet werden.
Um es ganz deutlich zu sagen: WDVS, egal mit welchem Dämmstoff, sind kein Sondermüll.

2.2 Flammschutzmittel

Viele organische Dämmstoffe (auf Erdölbasis aber auch aus nachwachsenden Rohstoffen) werden heute aus Sicherheitsgründen mit Flammschutzmitteln ausgerüstet, übrigens auch viele Heimtextilien, Autositze, Flugzeugsitze, usw. Das bei EPS und XPS übliche Flammschutzmittel HBCD (Hexabromcyclododecan) wurde mit der Publizierung vom 18. Februar 2011 in den Anhang XVI der europäischen REACH-Verordnung [2] aufgenommen und mit Wirkung vom 21.08.2015 ist die Anwendung und das Inverkehrbringen in der Europäischen Union verboten.
Deshalb läuft die Umstellung bereits. Es muss aber auch überlegt werden, wie man mit den bereits eingebauten und später rückgebauten EPS- und XPS-Dämmstoffen umgeht.

3 Rückbau von WDVS heute

Betrachtet man die Menge an Quadratmeter WDVS, die in Deutschland verbaut wurden, wann diese eingebaut wurden, die mittlere Lebensdauer und die Renovierungsrate, dann kann man ungefähr abschätzen, welche Menge an WDVS [3] zum Rückbau in den nächsten Jahren ansteht.
Entsprechend der Statistik des WDVS-Verbandes wurden in den letzten 35 Jahren ca. 900 Mio. m^2 WDVS in Deutschland eingebaut. Etwa 80 % davon sind WDVS mit EPS als Dämmstoff. Der Rest sind hauptsächlich Mineralwolle Dämmstoffe, aber auch Kork, Holzfaser, mineralische Dämmstoffe, Polyurethan usw.
Nach 30 oder 40 Jahren Einsatz (Gebäude aus den Jahren 1970–1985) wird das WDVS normalerweise nicht abgerissen, sondern

meist repariert, instandgesetzt oder mit einer 2. Lage Dämmschicht und Putz versehen und bleibt weiter am Gebäude. Das älteste WDVS-Bauobjekt, mit EPS-Dämmstoff, wurde 1957 in Berlin Dahlem [3] ausgeführt und ist mittlerweile 56 Jahre im Einsatz.

Betrachtet man zusätzlich den IBP-Bericht zur Langzeitbewährung von Wärmedämm-Verbundsystemen [4], bei dem 12 Gebäude zwischen 19 und 35 Jahren Einsatz beobachtet wurden und bei denen praktisch keine größeren Mängel (außer den üblichen Renovierungsarbeiten) auftraten, so liegt der Schluss nahe, dass WDVS bei sachkundiger Ausführung und üblicher Pflege und Renovierung deutlich länger als 50 Jahre halten.

Das heißt, die WDVS mit rel. großer Dämmschichtdicke, die in den letzten Jahren und heute an die Wand kommen, werden voraussichtlich erst in ca. 50 Jahren wieder rückgebaut und stehen dann zum Recycling an. Nur etwa 900.000 m² WDVS werden heute pro Jahr nach Angaben des WDVS-Verbands [3] zurückgebaut. Das entspricht ca. 1 ‰ der 900 Mio. m² verbautem WDVS in den letzten 35 Jahren.

Der größte Anteil der Dämmstoffe und der anhaftenden Putze und Kleber, die heute zurückgebaut werden, wird mit dem Restmüll in Müllverbrennungsanlagen thermisch verwertet. Dadurch wird das Volumen enorm verkleinert (Faktor 50-150) und die im EPS und im organischen Teil der Kleber und Putze steckende Energie wird etwa zur Hälfte zurückgewonnen.

4 Gesetzliche Forderungen und Umsetzung

Seit dem 01.06.2012 gilt in Deutschland das Kreislaufwirtschaftsgesetz – KrWG, das die EU-Richtlinie 2008/98 (Abfallrahmenrichtlinie) umsetzt. Danach sollen bis 1. Januar 2020 70 Gewichtsprozent der nichtgefährlichen Bau- und Abbruchabfälle wiederverwertet werden (Vorbereitung zum Recycling, stoffliche Wiederverwertung). Nach Angaben des Bundesumweltministeriums (BMU) wird diese Quote beim Abbruch von Gebäuden bereits heute erreicht, da die mineralischen Bestandteile von Gebäuden, aber auch Metalle, Holz, Glas, Kunststoffe usw. bereits heute getrennt gesammelt und wieder verwertet werden. Die Verwertungsquote bei den Bau- und Abbruchabfällen betrug 2008: 89,4 % [5].

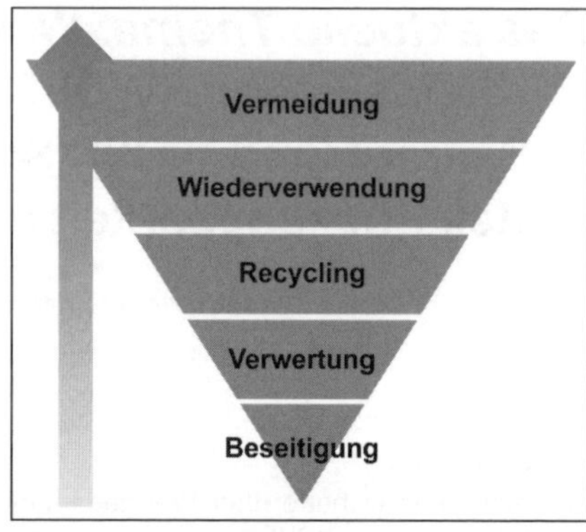

Bild 1: Abfallhierarchie nach dem Kreislaufwirtschaftsgesetz (Quelle: Kreislaufwirtschaftsgesetz)

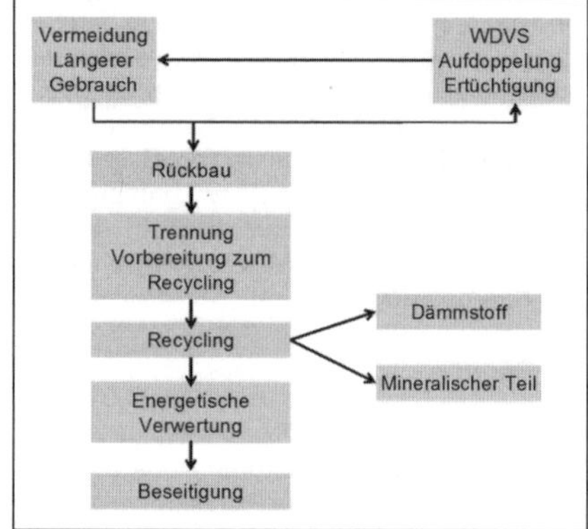

Bild 2: Abfallhierarchie auf WDVS umgesetzt (Quelle: IBP und FIW)

Nach dem Kreislaufwirtschaftsgesetz gilt die Abfallhierarchie in Bild 1.

Auf WDVS umgesetzt ergibt sich die Abfallhierarchie in Bild 2.

5 Rückbau von WDVS in der Praxis

Einer der wesentlichen Merkmale des WDVS ist der innige Verbund und die hohe Querzugfestigkeit der einzelnen Komponenten während der Nutzungsphase, die aus Sicherheitsgründen am Bauwerk auch unerlässlich sind. Gerade dieser innige Verbund macht aber die Trennung der einzelnen Komponenten schwierig.

Bild 3: Abbruch Übergangswohnheim Dortmund 2009 (Quelle: Carsten Hördemann http://forum.bauforum24.biz)

Bild 4: Abschälen der Putzschicht mit einem Eisschaber, Gräfelfing 2013 (Quelle: FIW München)

Im Moment gibt es nur Erfahrungen mit dem Abschälen oder Abschaben mit einem Bagger oder Eisschaber, da bisher noch vergleichsweise wenig Quadratmeter WDVS zurückgebaut werden.
Das Abschaben mit einem Bagger funktioniert weitgehend. Einiges vom Dämmstoff verbleibt am Mauerwerk.
Wenn das Mauerwerk stehen bleiben soll oder bei kleineren Flächen, wird die Putzschicht mit einem Eisschaber gelockert und von Hand bahnenweise abgezogen.
Anschließend werden die EPS-Platten ebenfalls mit einem Eisschaber komplett vom Mauerwerk entfernt. Die Dübelschäfte werden mit einem Bohrhammer mit Meißel gelockert und von Hand herausgezogen.
Das Forschungsvorhaben mit dem Titel: „Möglichkeiten der Wiederverwertung von Bestandteilen des Wärmedämmverbundsystems nach dessen Rückbau durch Zuführung in den Produktkreislauf der Dämmstoffe bzw. Downcycling in die Produktion minderwertiger Güter bis hin zur thermischen Verwertung" wird vom Fachverband WDVS, vom Industrieverband Hartschaum und vom Bundesamt für Bauwesen und Raumordnung (BBR) finanziert.
Wissenschaftliche Projektpartner sind das

- Fraunhofer Institut für Bauphysik, Holzkirchen
- Forschungsinstitut für Wärmeschutz e. V. München, FIW
- Fraunhofer Institut für Verfahrenstechnik und Verpackung in Freising

Bild 5: Entfernen der EPS-Platten mit einem Eisschaber. Die Dübelschäfte werden mit einem Bohrhammer mit Meißel gelockert und von Hand herausgezogen (Quelle: FIW München).

Im Rahmen eines Forschungsvorhabens sollen verschiedene Techniken erprobt werden. Unter anderem sollen mechanische Trennmethoden weiterentwickelt werden.

6 Recycling des EPS-Teils

Auch heute gibt es schon einige Verfahren zur Aufarbeitung der WDVS-Komponenten. Zum Beispiel werden alle EPS-Produktionsabfälle

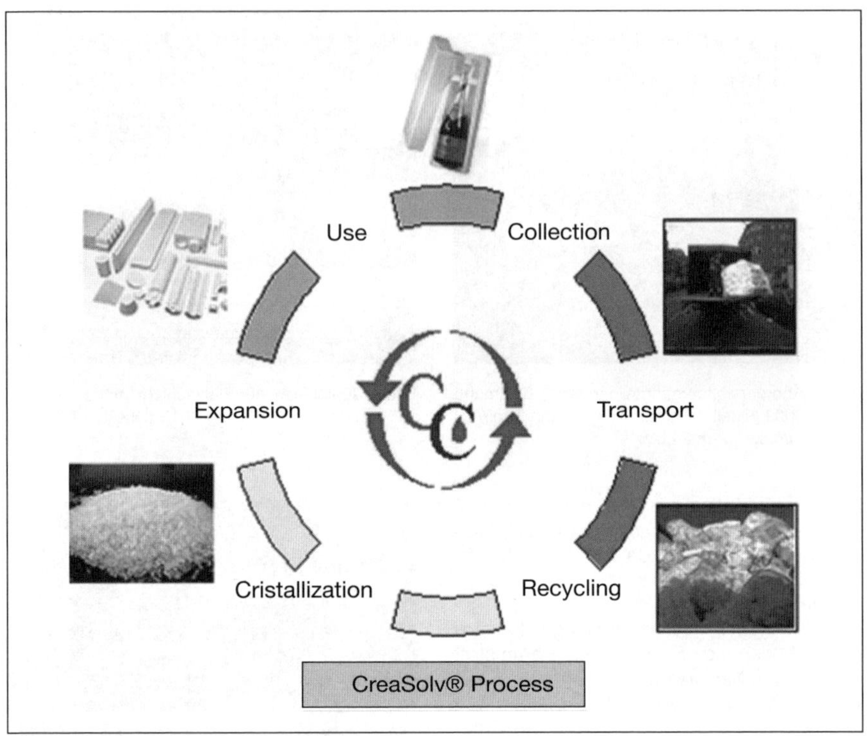

Bild 6: CreaSolv Prozess (Quelle: IVV Freising, FAKUMA Forum 2005, Friedrichshafen 20.10.2005)

direkt im Herstellwerk zerkleinert und als Flocken wieder dem Produktionsprozess beigegeben.
Liegt der EPS-Dämmstoff als getrennte Fraktion vor, gibt es bereits folgende Möglichkeiten zum Recycling:

- Recycling EPS-Platten (gering verschmutzt)
  - Mechanische Zerkleinerung
  - Aussortieren von Verschmutzungen
  - Aufschäumen von Recycling EPS-Platten mit 100 % Recycling-Anteil, WLS 035 und eine Druckspannung von 60 kPa sind möglich
  - Geschlossener Kreislauf
  - Eine allgemeine bauaufsichtliche Zulassung existiert bereits
- Creasolv Prozess (hoher Verschmutzungsgrad)
  - Auflösen des EPS-Abfalls in Lösemittel
  - Abfiltern von Verschmutzungen, bis zu 99 % Abtrennung des HBCD sind möglich
  - Polymer Upgrading
  - Umkristallisierung des EPS
  - Extrusion von neuem EPS Granulat

- Styromull
  - EPS-Perlen als Bodenverbesserer
  - Zukunft wegen des Flammschutzmittels ungewiss
- Porosieren von Ziegeln
- Recycling und Wiederverarbeitung zu neuen Produkten
  - Kleiderbügel
  - CD-Behälter

7 Recycling der innig verbundenen Kleber, Dämmstoff, Putzfraktion

Nach dem Abschälen und Abschaben des WDVS mit dem Eisschaber oder einem Bagger entstehen heute größere Mengen an stark mit Kleber, Putz, Gewebe und Dübeln versetztem Dämmstoff.

Bild 7: Abbruch Übergangswohnheim Dortmund 2009 (Quelle: Carsten Hördemann http://forum.bauforum24.biz)

Bild 8: Innig verbundene Putz-, Gewebe- und Kleberabfälle (Quelle: FIW München)

Diese Mischung kann in Müllcontainern verpresst werden und mit dem normalen Restmüll (Hausmüll) in Müllverbrennungsanlagen kontrolliert verbrannt und thermisch verwertet werden. Mit Kunststoffresten versetzter Restmüll wird wegen des hohen Heizwertes normalerweise problemlos in Müllverbrennungsanlagen angenommen. Kontrollierte Verbrennungsversuche in der Müllverbrennungsanlage in Karlsruhe in den 1990er Jahren haben gezeigt, dass auch flammschutzmittelhaltige Dämmstoffe problemlos mit dem normalen Restmüll verbrannt werden können. Dazu müssen allerdings die Verbrennungstemperaturen gesteuert und überwacht und eine Rauchgaswaschanlage nachgeschaltet sein, was in Deutschland schon lange Stand der Technik ist.

In diesem Jahr sollen weitere Versuche in der Müllverbrennungsanlage Würzburg stattfinden, bei denen das Verbrennen von HBCD-haltigen EPS-Dämmstoffen untersucht werden soll. Das wäre eine Möglichkeit, das unter Verdacht stehende HBCD aus der Umwelt zu entfernen. Übrigens ein Weg, den auch das Umweltbundesamt begrüßen würde.

Ob es auch noch andere Wege gibt, z. B. EPS-Dämmstoffe sinnvoll von den Putz- und Kleberresten zu trennen und einer stofflichen Verwertung zuzuführen, soll im Rahmen des Forschungsvorhabens geklärt werden.

8 Recycling von Mineralwolle Dämmstoffen und Mineralschaum Dämmstoffen

WDVS mit Mineralwolle- und Mineralschaum-Dämmstoffen können mit den gleichen Techniken (abschälen und abschaben) von der Gebäudewand entfernt werden.

Weitgehend sortenreine Mineralwolle-Dämmstoffe werden meist in speziell gekennzeichneten Kunststoff-Säcken (nach TRGS 521) gesammelt und zu Briketts gepresst. Diese Briketts können bei der Mineralwolleherstellung wieder dem Herstellprozess zugegeben und damit recycelt werden.

Stark verschmutzte Mineralwolle-, Kleber- und Gewebeabfallstoffe können üblicherweise bisher nicht sinnvoll getrennt werden und werden deshalb wie verschmutzte EPS-Abfälle in Müllverbrennungsanlagen entsorgt.

Die Rückbaubarkeit und Verwertung von mineralischen Schaum- und Mineralwolle-Dämmstoffen soll in einem weiteren Teil des Forschungsvorhabens weiter untersucht und bewertet werden.

9 Recycling der mineralischen Bestandteile des Bauschutts

Ist das WDVS vom Gebäude entfernt, kann das Gebäude mit herkömmlichen Methoden wie Abrissbirne, Bagger usw. rückgebaut werden. Bauschutt wird üblicherweise in Bauschuttrecyclinganlagen mit sogenannten Backenbrechern zerkleinert, mit verfahrenstechnischen Anlagen gereinigt, Metalle, Holz und Kunststoffe abgetrennt und dann in verschiedene Fraktionen getrennt.

Zerkleinerter Bauschutt mit einem organischen Anteil < 10 % wird beispielsweise als

- Betonsand Korngröße 0–10 mm
- Ziegelsplitt
- Betonschotter Korngröße 0–100 mm

verkauft und weiterverwertet.
Diese Komponenten werden als Zuschlagsstoff für Beton, für den Untergrund im Straßen- und Wegebau oder zur Geländeauffüllung verwendet.

10 Rückbaubarkeit und Recyclingfreundlichkeit

Auch wenn bereits Lösungen für den Rückbau von WDVS aufgezeigt wurden, steht doch der Rückbau der größten Mengen WDVS durch die größeren Dämmschichtdicken und die Zeit des Einbaus erst bevor. Deshalb sind die betroffene Industrie und die Industrieverbände weiter gefordert, an einem größeren Anteil der stofflichen Verwertung der EPS-Abfälle (heute ca. 25 % [6]) als Alternative zur energetischen Verwertung (heute ca. 70 % [6]) zu arbeiten.
Seit dem Ende der 1990er Jahre wird vor allem in Österreich die Diskussion geführt, an WDVS Sollbruchstellen einzubauen, um diese beim Rückbau leichter trennen zu können. Zum Beispiel sind Systeme denkbar, bei denen mit Entfernen einiger Schraubverbindungen das WDVS so geschwächt wird, dass sich die Kleberverbindungen relativ leicht lösen lassen. Auch sind mit der Wulst-Punkt-Methode verklebte WDVS leichter rückbaubar als geklebte und verdübelte WDVS.
Dazu muss in den nächsten Jahren eine breite technische und offensive gesellschaftliche Diskussion geführt werden, zum Thema Rückbaubarkeit, Recyclingfreundlichkeit, stoffliche oder energetische Verwertbarkeit von WDVS.

Bild 9: Abbruch Übergangswohnheim Dortmund 2009 (Quelle:Carsten Hördemann http://forum.bauforum24.biz)

11 Zusammenfassung

Heute gibt es bereits technisch erprobte Methoden WDVS zurückzubauen, das Dämmstoffvolumen nach dem Rückbau deutlich zu verkleinern und die WDVS-Komponenten stofflich oder energetisch zu verwerten. Trotzdem besteht noch Optimierungspotenzial beim Anteil der stofflichen Verwertung und bei der besseren Rückbaubarkeit von WDVS mit Sollbruchstellen, angesichts dessen, dass der größte Anteil an WDVS erst in den nächsten 20–50 Jahren zum Rückbau ansteht. Aber auch wenn deutlich größere Mengen an Dämmstoffen zur Entsorgung anstehen würden, ist nicht mit einem Entsorgungsengpass zu rechnen, da mehrere Wege zur Entsorgung offen stehen.

12 Literatur

[1] Kreislaufwirtschaftsgesetz – KrWG vom 29.02.2012

[2] REACH EU VO 1907/2006 Registration, Evaluation, Authorisation and Restriction of Chemical substances vom 18. December 2006

[3] Setzler, Wolfgang; Fachverband WDVS: WDVS im Lebenszyklus. 2nd. ETICS-Forum, 25. Oktober 2012 in Straßburg

[4] Künzel, Helmut; Künzel, Hartwig, M.; Sedlbauer, Klaus.: Langzeitverhalten von Wärmedämmverbundsystemen. IBP-Mitteilungen 461/2005 u. a. IBP-Bericht HTB-01/2005

[5] Kreislaufwirtschaft: Abfall nutzen, Ressourcen schonen; Bundesministerium für Umweltschutz, Naturschutz und Reaktorsicherheit (BMU) Juli 2011

[6] Produktion, Verarbeitung und Verwertung von Kunststoffen in Deutschland 2011, Consultic Studie vom 31.08.2012

Dipl.-Ing. (FH) Wolfgang Albrecht

Studium der Physikalischen Technik an der Fachhochschule München; Seit 1981 im FIW München tätig in den Bereichen Messung der Wärmeleitfähigkeit, Dämmstoffprüfung und Forschung; Ab 2000 Abteilungsleiter „Dämmstoffe im Hochbau"; Seit 2012 Stellvertretender Geschäftsführer des FIW München und Abteilungsleiter Zertifizierung; Mitarbeit in verschiedenen nationalen und internationalen Normungsausschüssen und in den DIBt Sachverständigenausschüssen A Baustoffe und Bauarten, B1 Wärmeleitfähigkeit, B3 Außenliegende Wärmedämmung und ad hoc Ausschuss lastabtragende Wärmedämmung unter der Gründungsplatte; Mitglied der Lambda-Expert Group der Scheme Develop Group 5 bei CEN; Mitarbeit an zwei Forschungsvorhaben zum Recycling von EPS; Zahlreiche Vorträge und Veröffentlichungen zum Thema Wärmedämmstoffe, Anwendung und Langzeitbewährung.

Die Restlebens- und Restnutzungsdauer als Entscheidungskriterium für Baumaßnahmen im Bestand

Dipl.-Ing. Martin Oswald, M.Eng., AIBau, Aachen

1 Problemstellung

Weder bei Neubau- noch bei Instandsetzungs- und Modernisierungsmaßnahmen ist es heutzutage üblich, die Lebensdauer von Bauteilen als Entscheidungskriterium heranzuziehen. Bei der ganzheitlichen Betrachtung des Ressourcenbedarfs für die Errichtung, den Betrieb sowie den Rückbau und die Entsorgung von Gebäuden, die heute immer wichtiger wird, ist dieser lebenszyklusorientierte Aspekt des Bauens nicht mehr zu vernachlässigen. Als Beispiele können in diesem Zusammenhang Kostenkalkulationen, wie z. B. Lebenszykluskostenanalysen oder Wirtschaftlichkeitsberechnungen genannt werden. Aber auch bei ökologischen Analysen, wie z. B. Variantenuntersuchungen mittels Ökobilanzen, stellt die Lebensdauer eine wichtige Eingangsgröße dar.

Dies gilt insbesondere für Baumaßnahmen im Bestand sowohl aus privatwirtschaftlicher als auch aus gesellschaftlicher Sicht. Schließlich ist die Weiternutzung einer behutsam den modernen Anforderungen angepassten Altbausubstanz äußerst ressourcenschonend.

Das Thema „Lebensdauer" wurde bereits im Rahmen der Aachener Bausachverständigentage im Jahr 2008 [1] behandelt. Hier wurden aber andere Aspekte beleuchtet, wie z. B. die Lebensdauer aus rechtlicher Sicht und Lebensdauerdaten in Regelwerken.

Im Rahmen des vorliegenden Beitrags wird auf die Rolle des Restlebens- und Nutzungsdauer bei Maßnahmen im Bestand näher eingegangen. Es soll aufgezeigt werden, wie Abschätzungen der Restlebensdauer im Einzelfall vorgenommen werden können und welche Randbedingungen zu berücksichtigen sind.

Grundsätzlich stellt sich bei Maßnahmen im Bestand häufig die Frage, wie die Restlebens- und Restnutzungsdauer einzuschätzen ist. Und ob das Gebäude oder Bauteil instandgesetzt und erhalten oder abgerissen und ggf. neu errichtet werden soll.

Bevor einige typische Fallbeispiele zu diesen Fragestellungen gezeigt werden, wird eine Abgrenzung der Begriffe „Lebensdauer" und „Nutzungsdauer" vorgenommen, da diese nicht immer einheitlich verwendet werden.

2 Begriffe

Es wird zwischen technischer und wirtschaftlicher Lebensdauer unterschieden. In der Literatur wird auch häufiger der Begriff (wirtschaftliche) Nutzungsdauer verwendet. Die technische Lebensdauer beginnt mit der Errichtung und endet mit dem Ausfall des Bauteils. Nach Pfeiffer/Arlt [2] ist das Ende der technischen Lebensdauer eines Bauteils oder einer Bauteilschicht als Zeitpunkt definiert, *„an dem die vorgesehene Funktion nicht mehr erfüllt werden kann, eine Bestandserhaltung nicht mehr möglich ist und, soweit sinnvoll, ein Ersatz geschaffen werden muss"*. Bahr/Lennerts [3] verstehen unter der wirtschaftlichen Lebensdauer *„den Zeitraum, in dem es unter den gegebenen Bedingungen ökonomisch sinnvoll ist, das Bauteil zu nutzen. Das Ende der wirtschaftlichen Nutzungsdauer ist erreicht, wenn die Kosten für das Bauteil die Erträge übersteigen, z. B. aufgrund von hohen Kosten für Instandhaltungen oder wenn alternative Nutzungen unter Berücksichtigung aller Kosten eine höhere Rendite erwirtschaften"*.

Eine Unterscheidung zwischen wirtschaftlicher Lebensdauer und Nutzungsdauer erscheint nicht sinnvoll, da beide Begriffe synonym verwendet werden. Es wird daher im Folgenden zwischen „Lebensdauer" und „Nutzungsdauer" differenziert, wobei mit „Lebensdauer" die technische Lebensdauer und mit „Nutzungsdauer" die wirtschaftliche Lebensdauer gemeint ist. Als „Restlebensdauer" wird die verbleibende technische Lebensdauer, als „Restnutzungsdauer" die verbleibende wirtschaftliche Lebensdauer eines schon genutzten Bauteils bezeichnet.

3 Einzelaspekte

Grundsätzlich können bei Maßnahmen im Bestand zwei Fälle unterschieden werden:

- Es werden langlebige Produkte auf Untergründen mit ggf. kürzerer Lebensdauer aufgebracht.
- Es werden kurzlebige Maßnahmen auf Untergründen mit ggf. längerer Lebensdauer durchgeführt.

3.1 Langlebige Produkte auf Untergründen mit ggf. kürzerer Lebensdauer

Werden langlebige Produkte auf Untergründen mit ggf. kürzerer Lebensdauer aufgebracht, kann dies zu Problemen führen. Typisches Beispiel ist die Montage von Solarmodulen auf dem Flachdach eines Bestandsgebäudes (Bild 1).

Es geht um die Fragestellung, ob das Bestandsdach noch eine Restlebensdauer aufweist, die mindestens der Nutzungsdauer der PV-Anlage entspricht. Wird die Wirtschaftlichkeitsbetrachtung der PV-Anlage ohne Berücksichtigung der Restlebensdauer der Dachkonstruktion durchgeführt, so kann dies dazu führen, dass sich die PV-Anlage als unwirtschaftlich erweist, wenn die Restlebensdauer der Dachkonstruktion wesentlich geringer als die Lebensdauer der PV-Anlage ist. Dies hat zur Folge, dass das Dach instandgesetzt werden und dazu die PV-Anlage deinstalliert und zwischengelagert werden muss. Nach Abschluss der Instandsetzungsmaßnahme muss die Anlage dann wieder erneut installiert und in Betrieb genommen werden. Die Kosten für diese Maßnahmen können zu einer Unwirtschaftlichkeit der Anlage führen.

In diesem Zusammenhang besteht die Grundanforderung, dass die technischen Lebensdauern aufeinander abgestimmt sein müssen. Das Problem hätte vermieden werden können, wenn eine angemessene Zustandsanalyse durchgeführt worden wäre. Dabei sollte nicht ein „Einzelbauteil“ (in diesem Fall: PV-Anlage) betrachtet werden, sondern auch das Zusammenwirken mit anderen Bauteilen als Teilsystem (in diesem Fall: Dach).

Bild 1: Photovoltaik-Module auf einem Bestandsdach

Wie sinnvoll vorzugehen ist, umreißt seit 2005 die DIN 18531 „Dachabdichtungen“. Die Norm unterscheidet im Teil 4 [4] bei Instandhaltungsmaßnahmen zwischen Inspektion, Wartung, Instandsetzung und Erneuerung der Dachabdichtung. Die gesamte Dacherneuerung (Modernisierung) fällt nicht unter den Oberbegriff der Instandhaltung. In der Norm sind Art und Umfang der Voruntersuchungen, die vor der Durchführung von Instandsetzungsmaßnahmen und Dacherneuerungen erforderlich sein können, beschrieben. Hier heißt es: *„Bei einer geplanten wesentlichen Erhöhung der Dachlasten sowie bei Schadensbildern, die Schädigungen des Dachtragwerks vermuten lassen, (...) ist der Zustand des Tragwerks zu untersuchen“* und *„sollen die vorhandenen Dachschichten auf dem Dach verbleiben, so ist zu untersuchen, ob sie weiterhin funktionsfähig sind.“*

Die im zuvor gezeigten Fallbeispiel erläuterten Probleme wären bei dieser Vorgehensweise nicht aufgetreten. Im Rahmen der Voruntersuchung wäre die Dachkonstruktion untersucht worden. In der Norm fehlt aber ein Hinweis zur Abschätzung und Abstimmung der technischen Lebensdauern.

3.2 Kurzlebige Produkte auf Untergründen mit ggf. längerer Lebensdauer

Im 2. Fall werden kurzlebige Maßnahmen auf Untergründen mit ggf. längerer Lebensdauer durchgeführt. Dabei handelt es sich um Reparaturen. Die DIN 18531 unterteilt Instandsetzungsmaßnahmen in größere und kleinere Instandsetzungen. Größere Instandsetzungen, wie z. B. das einlagige Überarbeiten der Abdichtungsoberfläche, setzen eine Voruntersuchung voraus. Im Zusammenhang mit kleineren Instandsetzungsmaßnahmen, wie z. B. das Ausbessern kleinerer Schadstellen in der Abdichtung, heißt es in der Norm [4]: *„Soll das Ziel der Instandsetzungen lediglich eine auf eine kurzfristige Reststandzeit des Gebäudes oder des Daches abgestimmte* ***Reparatur*** *sein, so ist dies ausdrücklich zu vereinbaren. Dann können ggf. die Voruntersu-*

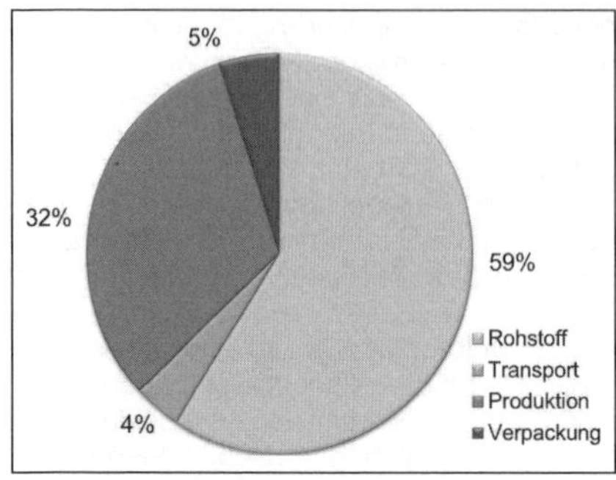

Bild 2: Größenordnung der Anteile an Grauer Energie typischer Baustoffe

chungen eingeschränkt werden oder ganz entfallen."

Die Reparatur kann als nachhaltig eingestuft werden, wenn sie auf die Restnutzungsdauer des reparierten Bauteils abgestimmt ist und bei kurzlebigen Reparaturen durch Inspektionen die abgelaufene Lebensdauer der Reparaturmaßnahme erkannt werden kann.

4 Zukünftige Entscheidungskriterien für den Abriss oder den Erhalt

Die Entscheidung für den Erhalt oder die Erneuerung eines Bauteils hängt sicherlich von vielen Faktoren ab: Zustand der Bausubstanz, Wirtschaftlichkeit etc. In Zukunft werden aber weitere Bewertungskriterien hinzukommen, bei deren Berücksichtigung die Restnutzungsdauer an Bedeutung gewinnt. Zwei dieser Faktoren werden nachfolgend dargestellt.

4.1 Graue Energie (Primärenergiegehalte)

Die „Graue Energie" wird bei Entscheidungen über Maßnahmen im Bestand zu beachten sein. Zunächst soll der Begriff kurz erläutert werden. Die „Graue Energie" umfasst den Energiebedarf aller vorgelagerten Prozesse, d. h. von der Rohstoffgewinnung, über den Transport, die Herstellung und den Einbau bis zur Entsorgung des Baustoffes oder -produktes (Primärenergie). Die Graue Energie ist ein Indikator für den sogenannten „ökologischen Rucksack" eines Baustoffs oder einer Bauweise. In Bild 2 ist die Größenordnung der Anteile an Grauer Energie typischer Baustoffe in Form eines Tortendiagramms dargestellt.

Wie zu erkennen ist, verursachen die Gewinnung des Rohstoffs und die Produktion den größten Energieaufwand. Die tatsächliche prozentuale Verteilung hängt u. a. vom Baustoff und dem Produktionsverfahren ab. In diesem Zusammenhang sind auch die Primärenergiegehalte verschiedener Bauteilschichten sehr interessant. Bild 3 zeigt, wie viel Pri-

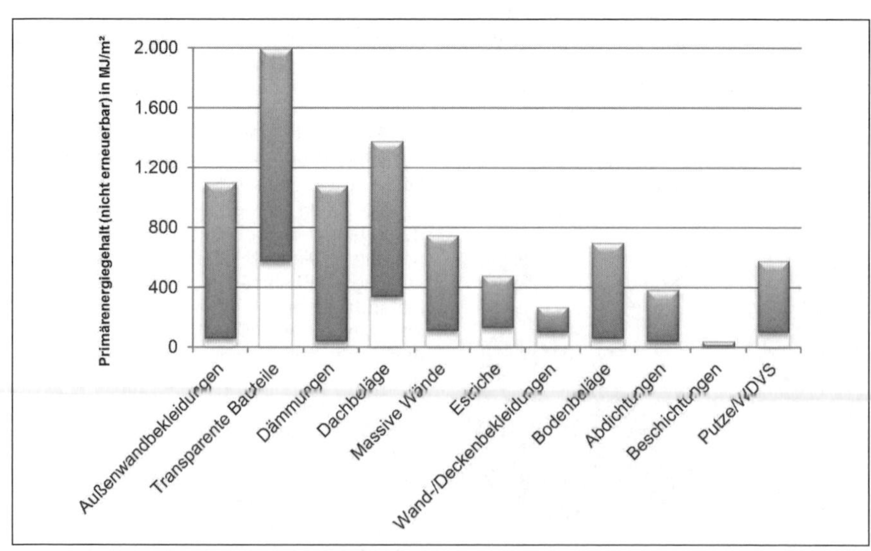

Bild 3: Primärenergiegehalte verschiedener Bauteilschichten

märenergie (in MJ/m²) in diesen steckt. Die angegebenen Werte stellen Bandbreiten dar.
Es fällt auf, dass in Außenwandbekleidungen, transparenten Bauteilen, Dämmungen und Dachbelägen der größte Teil an „Grauer Energie" enthalten ist. Wie viel Energie tatsächlich in diesen Schichten steckt, hängt wie schon erläutert u. a. von den Rohstoffen, der Produktion und Masse des Bauteils ab.
Es wird deutlich, welche Menge an Energie in Baustoffen enthalten ist, die z. B. im Rahmen des EnEV-Nachweises nicht betrachtet wird. Erhält man ein bestehendes Bauteil/Gebäude, z. B. durch Instandsetzungsmaßnahmen, kann dies wesentlich ökologischer sein als der Abriss und Neubau.
Abschließend lässt sich zum Thema „Graue Energie" Folgendes festhalten: Sobald die Graue Energie bei energetischen Nachweisen für Baumaßnahmen zu berücksichtigen sein wird, werden sich die Bewertung von bestandserhaltenden Maßnahmen und die Bedeutung der technischen Lebensdauer wesentlich ändern.
Neben der Grauen Energie können weitere Umweltindikatoren, wie z. B. das Treibhauspotenzial oder das Ozonschichtabbaupotenzial als Entscheidungskriterium herangezogen werden. Diese sollen aber im Rahmen des vorliegenden Beitrags nicht weiter behandelt werden. Vielmehr soll kurz auf die Thematik „Bau- und Abbruchabfälle" eingegangen werden.

4.2 Bau- und Abbruchabfälle

Ein weiterer Aspekt, der für den Erhalt von Gebäuden spricht, ist die Vermeidung von Abfällen. Im Jahr 2010 belief sich das Abfallaufkommen in Deutschland auf 373 Millionen Tonnen (Bild 4).
Davon bestand über die Hälfte aus Bau- und Abbruchabfällen. Stofflich verwertet, d. h. recycelt, wurden nur 48 % dieser Abfälle.

5 Gründe für den Erhalt oder Austausch

Die zu Anfang des vorliegenden Beitrags gestellte Frage lautete:
Soll das Gebäude oder Bauteil instandgesetzt und erhalten oder abgerissen und ggf. neu errichtet werden?
Es gibt viele Gründe, Bestandsgebäude weiter zu nutzen:

1. Es werden Ressourcen geschont und Abfallmengen reduziert.
2. Der Energieaufwand und Schadstoffausstoß für Abbruch, Entsorgung, Neuherstellung, Transport und Montage wird vermieden.
3. Es werden ggf. Kosten eingespart. Das hängt vom Einzelfall ab.
4. Kulturgüter bleiben erhalten.

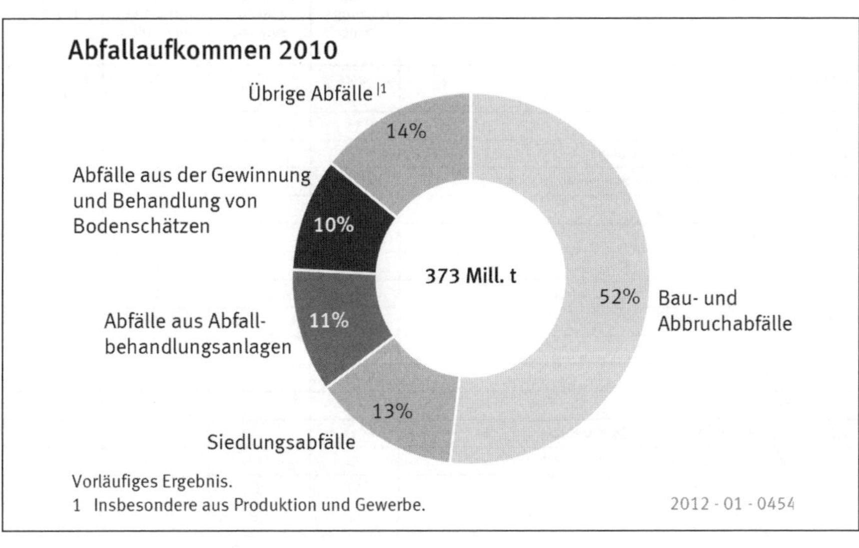

Bild 4: Abfallaufkommen in Deutschland im Jahr 2010

Bauteil / Material	a	Ersatz in 50a
Flachdachabdichtung		
Abdichtungsbahnen: Elastomerbahnen, Kunststoffbahnen unterhalb der Dämmung	40	1
Abdichtungsbahnen: Bitumenbahnen unterhalb der Dämmung	30	1
Abdichtungsbahnen: Bitumenbahnen, Elastomerbahnen, Kunststoffbahnen oberhalb Dämmung mit schwerer Schutzschicht	30	1
Abdichtungsbahnen: Bitumenbahnen, Elastomerbahnen, Kunststoffbahnen oberhalb Dämmung mit leichter Schutzschicht	20	2
Abdichtmassen: Asphaltmastix, Flüssigabdichtung, Gussasphalt unterhalb der Dämmung	40	1

Bild 5: Nutzungsdauer-Tabellen des BBSR (Auszug)

Es gibt aber auch einige Gründe, die eine Erneuerung oder einen Austausch rechtfertigen. Als mögliche Gründe sind u. a. in Baustoffen enthaltene Schadstoffe (z. B. Asbest), durch Fäulnis stark geschädigte Holzbauteile oder stark korrodierte Bauteile zu nennen.

6 Lebensdauerangaben in der Literatur

In der Literatur finden sich sowohl Angaben zur technischen Lebensdauer als auch zur Nutzungsdauer.

Bild 5 zeigt einen Auszug aus den Nutzungsdauer-Tabellen des BBSR. Diese eignen sich nur bedingt, um im konkreten Einzelfall die Restnutzungsdauer von Bauteilen zu bestimmen. Das hängt damit zusammen, dass die tatsächlich zu erwartende Nutzungsdauer von zahlreichen Einflussfaktoren abhängt.

Mit den Nutzungsdauerangaben können aber in der Planungsphase Prognoseszenarien unter definierten Randbedingungen erarbeitet werden, die z. B. eine Abschätzung der Le-

Anlagenkomponente	Rechn. Nutzungsdauer	Aufwand für Instandsetzung f_{Inst}	Aufwand für Wartung und Inspektion f_{W+Insp}	Aufwand für Bedienen
Einheiten	Jahre	%	%	Stunden pro Jahr (h/a)
1.2.4 Mess- und Regelgeräte	15	1,5	1,5	0
1.2.5 Wärmedämmung von Rohrleitungen	25	1	0	0
1.2.6 Rohrleitung aus gezogenem oder gewalztem Stahl				
Warmwasser-Heizung	40	1	0	0
Dampf	40	1	0	0
Kondensat	8	5	0	0
Gas	40	1	0	0
1.2.7 Rohrleitungen aus Kupfer	35	0,5	0	0
1.2.8 Rohrleitungen aus Kunststoff	30	0,5	0	0
1.3 Erzeugung				
1.3.1 Wärmeerzeuger				
1.3.1.1 Gasfeuerstätte mit Brenner ohne Gebläse				
Umlauf-Gaswasserheizer	18	2	1,5	5
Vorrats-Gaswasserheizer	15	2	1,5	5
Gas-Brennwertkessel, wandhängend, unter 100 kW	18	1,5	1,5	10

Bild 6: Nutzungsdauer-Tabellen für gebäudetechnische Anlagen und Komponenten (Auszug)

benszykluskosten oder Umweltwirkungen (Ökobilanz) ermöglichen.
Im Bereich der Gebäudetechnik ist in Bild 6 ein Auszug aus den Nutzungsdauer-Tabellen der VDI 2067-1 dargestellt. Die Richtlinie kann für die Wirtschaftlichkeitsbetrachtung gebäudetechnischer Anlagen herangezogen werden.
Es finden sich u. a. Angaben zur rechnerischen Nutzungsdauer gebäudetechnischer Anlagen. Es wird richtigerweise darauf hingewiesen, dass die Nutzungsdauer deutlich kürzer sein kann als die technische Lebensdauer. Als Gründe werden neue Entwicklungen mit wirtschaftlicheren Lösungen, Änderung der rechtlichen Rahmenbedingungen und Änderungen beim Stand der Technik genannt.
Die Lebensdauerangaben aus der Literatur eignen sich als Eingangsgrößen für Wirtschaftlichkeitsberechnungen und ökologische Analysen. Sie sind aber nur eingeschränkt geeignet, um die Restlebens- oder Restnutzungsdauer von Bauteilen bei Instandsetzungs- oder Modernisierungsmaßnahmen zu bestimmen. Hierfür gibt es unterschiedliche Gründe:

1. Die Daten sind schlecht vergleichbar, da sie unterschiedlich ermittelt wurden.
2. Die Angaben sind nicht aktuell, d. h. sie beziehen sich nicht auf aktuell verwendete Baustoffe und -produkte. Das liegt auch in der Natur der Sache, da es sich bei den Angaben um Langzeiterfahrungen handelt.
3. Die Informationsdichte ist unzureichend, d. h. für einige Baustoffe und -produkte liegen keine Angaben vor.
4. Die Aussagekraft der Angaben ist begrenzt.

Als Fazit lässt sich festhalten, dass die Lebensdauerangaben grobe Richtwerte darstellen und für Bewertungen im Bestand nur sehr eingeschränkt geeignet sind.

7 Zusammenfassung

Die Entscheidung für oder gegen den Erhalt von Bauteilen hängt von zahlreichen Kriterien ab. In Bild 7 sind nochmals die wesentlichen Bewertungskriterien zusammengefasst.
Wird ein Bauteil, eine Bauteilschicht erneuert oder ein gesamtes Gebäude neu errichtet, müssen zukünftig auch der Energiebedarf und die Emissionen der vorgelagerten Prozessketten (Gewinnung, Herstellung, Transport, Einbau etc.) berücksichtigt werden. Weiterhin sollte bei der Auswahl der Materialen auch die Trennbarkeit, Rückbaubarkeit und Recyclingfreundlichkeit Beachtung finden. Es sollten langlebige bzw. auf die Nutzungsdauer abgestimmte Bauteile verwendet werden.

8 Fazit

Die Entscheidung für die Durchführung einer Baumaßnahme im Bestand hängt (mit Ausnahme der Baudenkmäler) im Wesentlichen davon ab, ob eine weitere Nutzung des Bauteils/Gebäudes noch wirtschaftlich ist. Die Wirtschaftlichkeit hängt dabei stark von der Restlebensdauer einzelner Bauteile oder Bauteilschichten ab. Neben der Restlebens- und Restnutzungsdauer des einzelnen Bauteils muss auch die Lebensdauer des Teilsystems und des gesamten Gebäudes betrachtet werden.

Erhalt	Austausch
▪ Ressourcenschonung ▪ Abfallreduzierung ▪ Vermeidung von Energieaufwand für Abbruch, Entsorgung etc. ▪ Wirtschaftlichkeit ▪ Erhalt von Kulturgütern	▪ Funktionalität ist nicht mehr gegeben ▪ Technisch veraltet ▪ Wirtschaftlichkeit ▪ Optik ▪ Rechtliche Gründe ▪ Gefahren

Bild 7: Bewertungskriterien für bestehenden Bauteile

Die in der Literatur vorhandenen Tabellenwerte können nur für eine grobe Abschätzung herangezogen werden. Auch die vorhandenen rechnerischen Verfahren, die (zumindest teilweise) die Einflussfaktoren auf die Lebensdauer berücksichtigen, sind nicht praxisgerecht und liefern lediglich Anhaltswerte. Eine genauere Abschätzung ist vom Einzelfall abhängig und nur unter Kenntnis der örtlich vorliegenden Randbedingungen möglich. Im Vorfeld von Instandsetzungs- oder Modernisierungsmaßnahmen sind angemessene Zustandsanalysen durchzuführen. Damit rückt die Bestandsanalyse in den Vordergrund. Teil 4 der DIN 18531 [4] ist ein gutes Beispiel für die Systematisierung der Analyseschritte. Bestandsbeurteilungen benötigen einen unabhängigen Fachmann.

Bei Investitionsentscheidungen im Rahmen von Bauleistungen im Bestand bleibt letztlich, mit Ausnahme von sehr eindeutigen Fällen, die Abschätzung der Restlebens- und Restnutzungsdauer ein Risikofaktor. Dieses kann nur unter Annahme eines ungünstigen Szenarios kleingehalten werden.

9 Regelwerke und Quellenangaben

[1] Oswald, Rainer (Hrsg.); u. a.: Bauteilalterung – Bauteilschädigung – Typische Schädigungsprozesse und Schutzmaßnahmen. In: Aachener Bausachverständigentage 2008, Vieweg + Teubner, Wiesbaden 2009

[2] Pfeiffer, Martin; Arlt, Joachim: Lebensdauer der Baustoffe und Bauteile zur Harmonisierung der wirtschaftlichen Nutzungsdauer im Wohnungsbau. Fraunhofer IRB Verlag 2005, Stuttgart

[3] Bahr, Caroline; Lennerts, Kunibert: Lebens- und Nutzungsdauer von Bauteilen. Endbericht Forschungsinitiative „Zukunft Bau“, im Auftrag des BBSR und BBR, 2010, Karlsruhe

[4] DIN 18531-04:2010-05 Dachabdichtungen – Abdichtungen für nicht genutzte Dächer – Teil 4: Instandhaltung. Beuth Verlag 2010, Berlin

Bildnachweis:

Bild 2: eigene Darstellung in Anlehnung an www.gutebaustoffe.de

Bild 3: eigene Darstellung in Anlehnung an Hegger u. a., Energieatlas 2007

Bild 4: statistisches Bundesamt, 2012

Bild 5: Auszug BBSR: Nutzungsdauern von Bauteilen für Lebenszyklusanalysen nach BNB, 2011

Bild 6: VDI 2067-1:2012-09

Dipl.-Ing. Martin Oswald, M. Eng.

Studium des Bauingenieurwesens und Masterstudium Facility Management an der Fachhochschule Aachen. Seit 2006 Mitarbeiter im Büro von Herrn Prof. Dr.-Ing. Rainer Oswald und beim AIBau – Aachener Institut für Bauschadensforschung und angewandte Bauphysik gemeinn. GmbH; 2008-2012 wissenschaftlicher Mitarbeiter am Lehrstuhl für Baubetrieb und Gebäudetechnik der RWTH Aachen University; seit 2012 Geschäftsführer der ennac GmbH; seit 2010 DGNB-Auditor; Mitglied in Richtlinienausschüssen des VDI.

Tätigkeitsschwerpunkte: Gebäudezertifizierungen, Energieberatung, bauphysikalische Beratungen, energetische Nachweise, Mitarbeit bei Gutachten, praktische Bauforschung (u. a. zu den Themen Wärmeschutz, Energieeinsparung, Schimmelpilzbildung, Instandhaltung von Gebäuden und gebäudetechnischen Anlagen, Lebenszykluskostenermittlung, Nachhaltigkeit im Bauwesen).

Modernisierung gebäudetechnischer Anlagen – Strategien und Probleme

Prof. Dr.-Ing. Rainer Hirschberg, FH Aachen

1 Einleitung

Anlass zur Reduktion des CO_2-Ausstoßes sind die objektiv feststellbaren Einflüsse auf die globale Entwicklung der meteorologischen Randbedingungen in der Erdatmosphäre. Neben den sogenannten FCKW-haltigen bilden die CO_2-Emissionen den überragenden Anteil am Ausstoß von klimaschädlichen Stoffen.

Bereits frühe Studien des Club of Rome haben aufgezeigt, dass dem ungezügelten Wachstum Grenzen gesetzt sind, wenn die Umwelt mittelfristig nicht zerstört werden soll. Für den CO_2-Ausstoß sind im Wesentlichen die gesamten Verbrennungsprozesse verantwortlich. Da hierbei unterschiedliche Brennstoffe verwendet werden, ist die primärenergetische Bewertung das einzig probate Mittel, um eine Bewertung des Verbrauchs vorzunehmen.

Die Schwerpunkte des Primärenergieverbrauchs entfallen auf den Verkehr und die Konditionierung von Gebäuden, wobei oftmals übersehen wird, dass der Primärenergieverbrauch in Gebäuden das ca. 1,5-fache des gesamten Verkehrs beträgt (siehe Bild 1).

Das Europäische Parlament hat, um einen Beitrag zur Reduktion des Primärenergiebedarfs in Gebäuden zu leisten, die Energy Performance Building Directive (EPBD) im Jahr 2002 verbindlich für die Mitgliedsstaaten eingeführt. Die Kernpunkte dieser Directive sind:

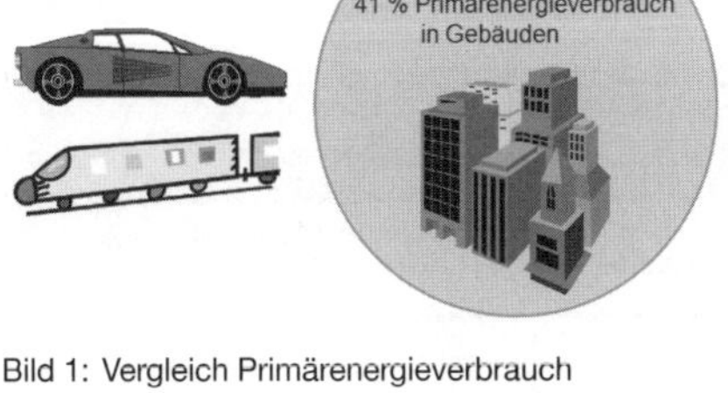

Bild 1: Vergleich Primärenergieverbrauch

1. Eine durchgängige Methode zur Berechnung des integrierten Energiebedarfs von Gebäuden;
2. Mindestanforderungen an den Energiebedarf neuer Gebäude und an Bestandsgebäude, die renoviert werden;
3. Systeme zur Zertifizierung neuer und bestehender Gebäude und, für öffentliche Gebäude, Aushang des Zertifikats und weiterer relevanter Information an prominenter Stelle. Die Zertifikate dürfen nicht älter als 5 Jahre sein;
4. Regelmäßige Inspektion von Wärmeerzeugern und zentralen RLT-Anlagen in Gebäuden und zusätzlich Austausch von Wärmeerzeugern, die mehr als 15 Jahre alt sind.

Die EBPD wurde bereits einmal überarbeitet und wird momentan aufgrund eines neuen Mandats nochmals mit dem Ziel überarbeitet, das Anforderungsniveau zu verschärfen und das Nachweisverfahren (Energieausweis) verständlicher und einfacher zu gestalten. Im Neubaubereich können die Anforderungen, auch verschärft, mit geringen Problemen umgesetzt werden. Im Gebäudebestand, der den weitaus größten Anteil aller Gebäude ausmacht, bedarf es einer sorgfältigen energetischen Modernisierung.

Von den derzeit ca. 18,2 Millionen Wohngebäuden in Deutschland mit ca. 40 Millionen Wohnungen sind in den letzten 10 Jahren ca. 800.000 Wohngebäude mit ca. 2,2 Millionen Wohnungen neu errichtet worden. Damit entsprechen ca. 95 % aller Wohngebäude einem energetischen Standard, der modernisierungsbedürftig ist. Die gebäudetechnischen Anlagen in diesen Gebäuden haben ihre rechnerische Nutzungsdauer erreicht oder weit überschritten. Die Verhältnisse sind bei Nichtwohngebäuden differenzierter zu sehen, bilden in der Summe jedoch die gleichen Verhältnisse ab.

Nicht nur die kommenden internationalen Regelungen der EPBD, sondern auch die nationalen Regelungen der EnEV (Energieeinspar-

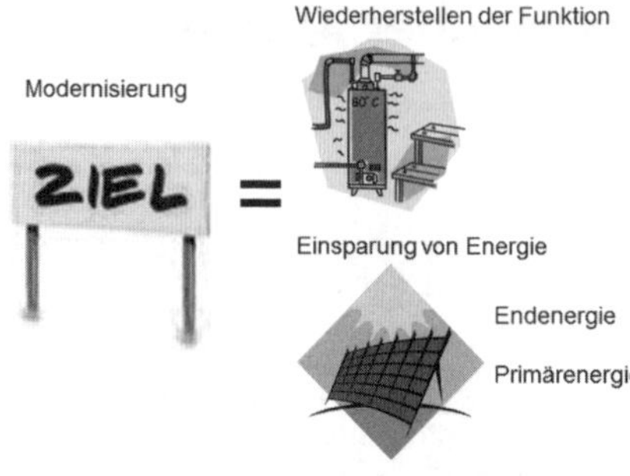

Bild 2: Zielfunktionen der Modernisierung

verordnung) verschärfen die Anforderungen an den Primärenergiebedarf von Gebäuden. Das Gesamtziel der signifikanten Reduzierung des Primärenergieverbrauchs kann nur erreicht werden, wenn in der großen Anzahl der Bestandsgebäude energetische Modernisierungsmaßnahmen durchgeführt werden. Energetische Gebäudemodernisierung darf wegen des Wechselspiels der Energieströme nicht auf die Gebäudehülle beschränkt bleiben, sondern muss die Modernisierung gebäudetechnischer Anlagen unbedingt einschließen. Leider ist nach wie vor festzustellen, dass vielfach energetische Analysen fehlen und auf plakativ beworbene Standardlösungen zurückgegriffen wird. Dies führt in einer großen Anzahl von Fällen dazu, dass die Erwartungen an die Energieeinsparung zurückbleiben.

2 Energieeinsparung und Effizienz

Die Zielfunktionen jeder Modernisierung gebäudetechnischer Anlagen ist nicht nur die Wiederherstellung der Funktion, sondern maßgeblich die Einsparung von Energie, wobei bei Energieeinsparung in End- und Primärenergieeffekte zu unterscheiden ist (siehe Bild 2).

Die Reduktion der Endenergie führt unmittelbar, unter der Voraussetzung gleichbleibender Energiekosten, zu einer Energiekosteneinsparung des Nutzers. Die Reduktion der Primärenergie muss nicht immer zur Reduktion der Energiekosten führen, sondern erfüllt die übergeordneten, globalen Anforderungen an die Reduktion von CO_2-Emissionen.

Zur Entwicklung von Strategien für die durchzuführenden Maßnahmen im Wechselspiel mit der Gebäudehülle ist das Aufteilen der Phänomene in grundsätzliche Anteile erforderlich. Das in Bild 3 dargestellte 3-Säulen Modell der Energieeinsparung zeigt die grundsätzlichen Anteile auf.

Energieeinsparung ergibt sich immer aus

- Bedarfsreduktion,
- Effizienzsteigerung und
- Energiemanagement.

Bedarfsreduktion ist immer eine passive Maßnahme, die sich aus Änderungen von Materialeigenschaften und Nutzenanforderungen ergibt. Sie ist deswegen passiv, weil der Bedarf keinen unmittelbaren Umgang mit Energie besitzt. Die Steigerung der Effizienz ist eine aktive Maßnahme, weil sie den unmittelbaren Umgang mit Energie beschreibt. Der

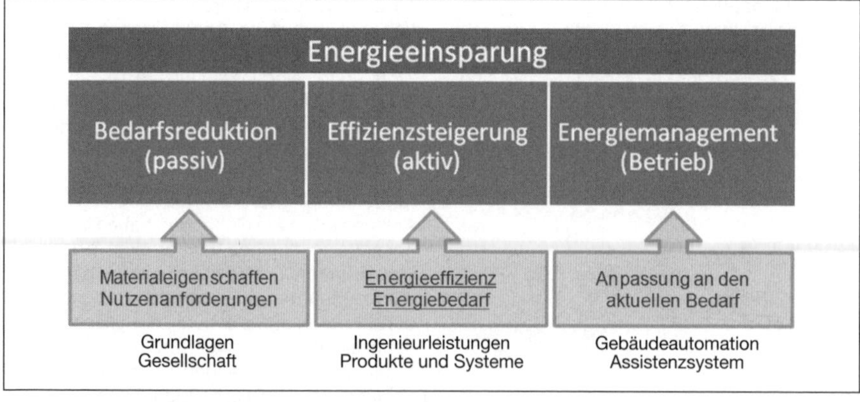

Bild 3: 3-Säulen-Modell der Energieeinsparung

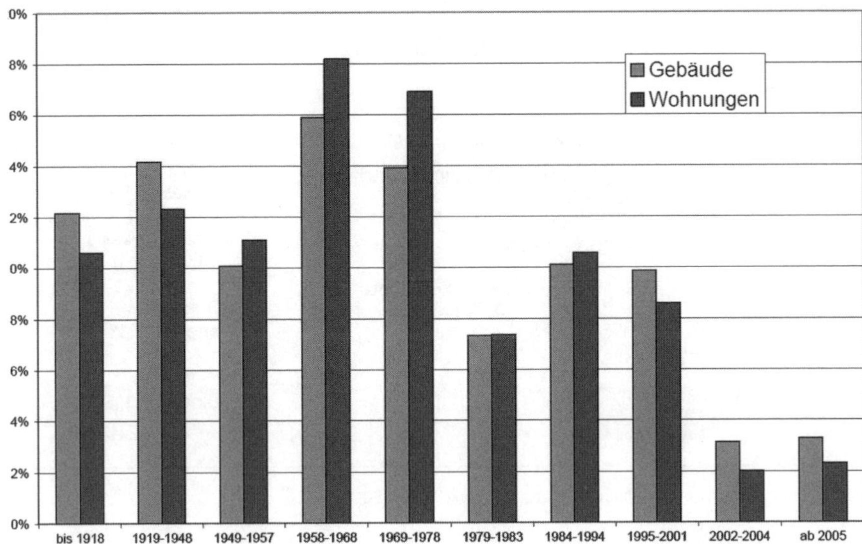

Bild 4: Baualtersverteilung der Wohngebäude bzw. Wohnungen in Deutschland (Quelle: IWU)

inflationär gebrauchte Begriff der Effizienz wird leider vielfach unsachgemäß angewendet. Aus der Energiebilanz resultierend stellt Effizienz das Verhältnis von Energieaufwand zu Energiebedarf dar. Daher darf die physikalische Definition der Energieeffizienz nicht mit Wirkungs- oder Nutzungsgrad verwechselt werden. Die Qualität der Modernisierung gebäudetechnischer Anlagen kann damit nur über die Energieeffizienz beschrieben werden. Schließlich stellt das Energiemanagement die Schnittstelle zwischen Nutzer und Gebäude mit Anlagentechnik dar und beschreibt den Betrieb des Gebäudes. Neben einer Reihe einfacher Bedienmöglichkeiten besteht eine Vielzahl von Entscheidungsmöglichkeiten zur Energieeinsparung, für die Nutzer keine Sensorik besitzen, so dass Assistenzsysteme sinnvolle Ergänzungen darstellen können.

Bei allen Maßnahmen der energetischen Modernisierung ist zu beachten, dass die Anforderungen an die Thermische Behaglichkeit und die Raumluftqualität erfüllt werden müssen. Die Einhaltung oftmals nicht explizit genannter Normen wie DIN EN ISO 7730 oder DIN EN 13779, die den Wärmehaushalt des Menschen und die lokale Behaglichkeit (Phänomene wie Zugluft, vertikaler Temperaturgradient, Fußbodentemperatur oder Strahlungsasymmetrie) behandeln, ist stillschweigend geschuldet. Es ist demgemäß nicht nur die bauliche/anlagentechnische Realisierung einer energetischen Sanierung zu untersuchen, sondern es sind gleichzeitig auch die Behaglichkeits-Randbedingungen einzuhalten.

3 Strategien zur Modernisierung gebäudetechnischer Anlagen

Die in Bild 4 dargestellte Baualtersstruktur der Wohngebäude lässt unschwer erkennen, dass die überwiegende Anzahl der Gebäude vor 1995 errichtet wurden und daher potenziell zur Modernisierung anstehen, wenn man berücksichtigt, dass die Mehrzahl von Anlagenkomponenten eine rechnerische Nutzungsdauer von unter 20 Jahren besitzt.

Bei der energetischen Modernisierung gebäudetechnischer Anlagen kann keine eigene Strategie entwickelt werden, ohne das Wechselspiel mit der Gebäudehülle zu betrachten (siehe Bild 2 und Bild 3), da immer zwei Zielfunktionen bestehen:

- Reduktion des Endenergiebedarfs,
- Reduktion des Primärenergiebedarfs.

Die Reduktion des Endenergiebedarfs verringert die Energiekosten und bildet in diesem

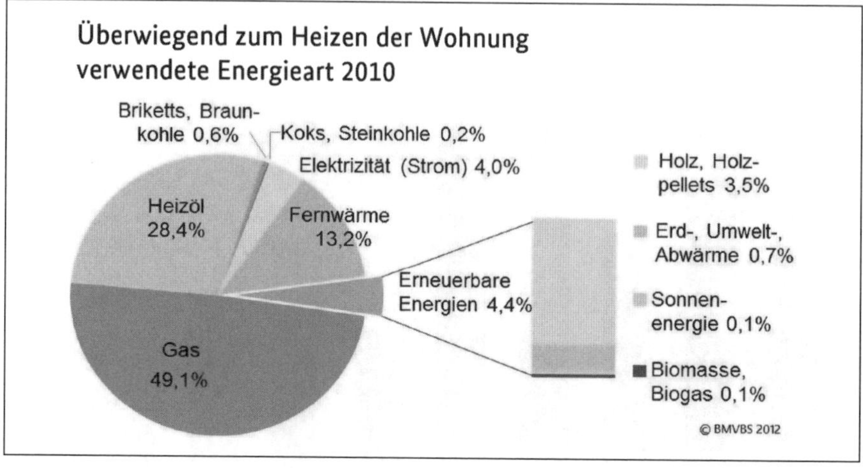

Bild 5: Energiearten zur Beheizung von Wohnungen – Stand 2010

Zusammenhang ein wesentliches Maß für die Wirtschaftlichkeit der Maßnahmen, während die Reduktion des Primärenergiebedarfs einen Beitrag zum Erreichen umwelt- und gesellschaftspolitischer Ziele leistet. Es gehört daher mit zur Strategie von Modernisierungsmaßnahmen der Anlagentechnik, die eingesetzten Energieträger zu betrachten. In Bild 5 sind die im Jahr 2010 überwiegend verwendeten Energiearten zur Beheizung von Wohnungen angegeben.
Aus Bild 5 wird ersichtlich, dass noch über 77 % der zur Beheizung von Wohnungen verwendeten Energie auf fossile Energieträger entfallen. Sollen umweltpolitische Ziele erreicht werden, muss also zwingend der Anteil erneuerbarer Energie gesteigert werden.
Die Strategie zur Modernisierung gebäudetechnischer Anlagen muss eine Reihe grundlegender Überlegungen enthalten, die alle gemeinsam haben, dass sie Energiebilanzen erfordern. Da alle Modernisierungsmaßnahmen Investitionen erfordern, muss auch deren Wirtschaftlichkeit ausgewiesen werden.
Die einzelnen Schritte zur Entwicklung einer Strategie für die in Bild 6 allgemein dargestellten Energien und Anlagenteilbereiche sind:

1. Reduktion des Nutzenergiebedarfs
   a. Gebäudehülle
   b. Lüftungsenergiebedarf
   c. Tageslichtnutzung
   d. Thermische Behaglichkeit
2. Effizienz Anlagentechnik – bis Verteilung
   a. Übergabesysteme
   b. Verteilsysteme
   c. Entkopplung Erzeuger-/Verbraucherkreise
3. Effizienz Anlagentechnik – Erzeugung/Speicherung
   a. Erneuerbare Energie - Deckungsanteile
   b. Erzeuger – Energieträger
   c. Lokale Speicher
4. Wechselwirkung Nutzenergie – Endenergie
   a) Reduktion Nutzenergiebedarf gesamtenergetisch sinnvoll?
5. Endenergetische und Primärenergetische Bewertung/Energieeffizienz
6. Beschreibung der Betriebsführung
7. Wirtschaftlichkeitsnachweis

Die Strategieentwicklung lässt sich insgesamt als Ablaufdiagramm nach Bild 7 darstellen.
An jede Strategieentwicklung muss sich notwendigerweise eine Strategieprüfung anschließen, die ebenfalls in Ablaufschritten nach Bild 8 dargestellt werden kann.

4 Probleme bei der Modernisierung gebäudetechnischer Anlagen

Die wesentlichen Probleme bei der Modernisierung gebäudetechnischer Anlagen entstehen meist für den Nutzer durch mangelnde Funktionalität und durch Nichterreichung der prognostizierten Energieeinsparung. Mangelnde Funktionalität äußert sich in Behaglichkeitsde-

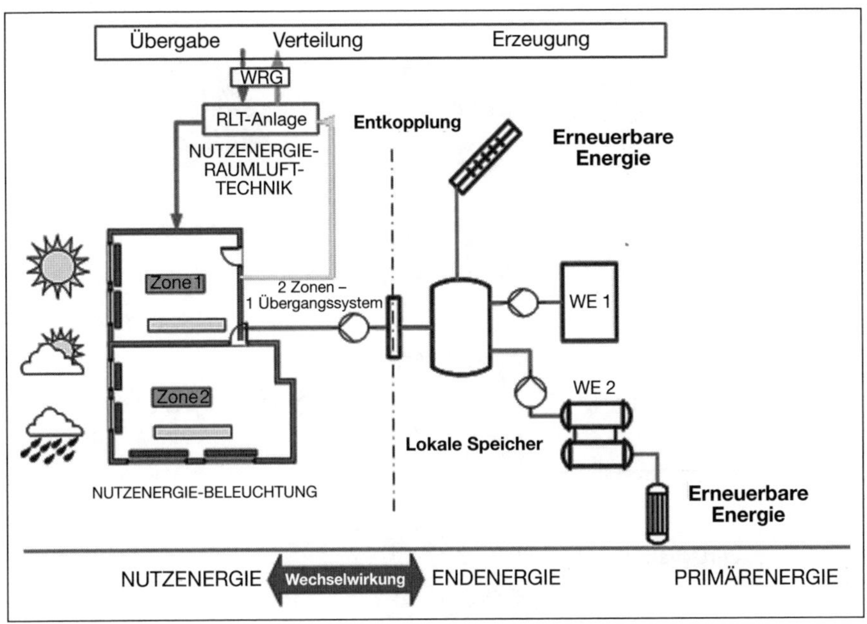

Bild 6: Energiebilanzanteile und allgemeines Schema der Anlagentechnik

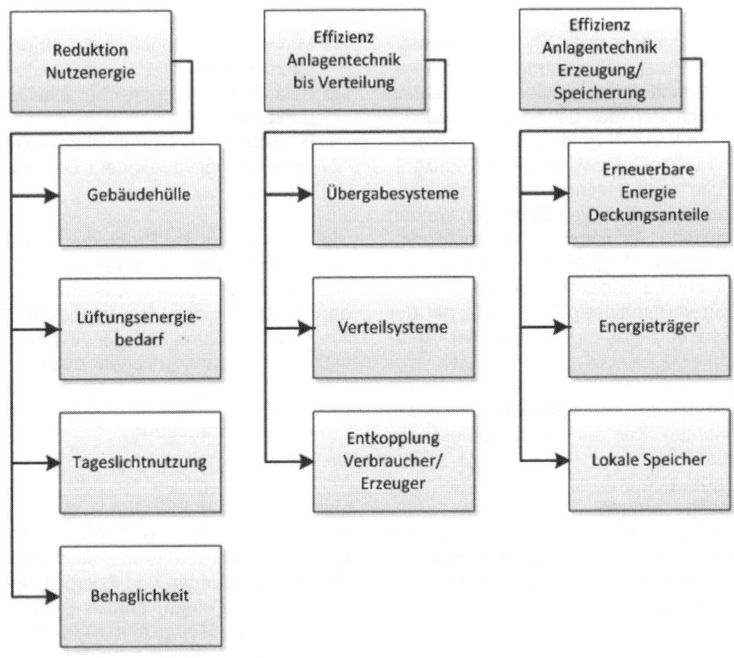

Bild 7: Strategieentwicklung als Ablaufdiagramm

Bild 8: Ablaufdiagramm der Strategieprüfung

fiziten und Nutzungseinschränkungen, Nichterreichen der Energieeinsparung stellt die gesamte Wirtschaftlichkeit in Frage. Die Ursachen für das Entstehen der genannten Probleme bestehen im Wesentlichen in der gewerkeorientierten Herangehensweise bei der Konzeptentwicklung und fehlendem Systemansatz. Insbesondere bei kleineren Gebäuden werden vorkonfigurierte „Anlagensysteme" zur Modernisierung eingesetzt, die nicht in eine ganzheitliche Betrachtung einbezogen werden.
Die häufig vernachlässigten Punkte bei der Modernisierung gebäudetechnischer Anlagen sind:

1. Bereitstellung von Installationstrassen, Schächten, Zentralen in angemessener Größe
2. Nichtbetrachtung von zukünftigen Nutzungsänderungen
3. Behaglichkeitsdefizite durch mangelnde Abstimmung Übergabesysteme/Raum
4. Fehlende Entkopplung von Verbraucher- und Erzeugerkreisen
5. Einsatz lokaler Speicher
6. Mangelhafte Einbindung der Nutzung erneuerbarer Energien
7. Mangelhafte Regelung/fehlende Assistenzsysteme
8. Belastbarer energetischer Nachweis der Energieeffizienz
9. Belastbarer Wirtschaftlichkeitsnachweis
10. Fehlende objektbezogene Bedienungsanleitungen

Die Vermeidung von Problemen bei der Modernisierung gebäudetechnischer Anlagen steht in unmittelbarem Zusammenhang mit der Steigerung der Planungsqualität bezüglich des Gebäudes und der Anlagentechnik, mithin einem ganzheitlichen Ansatz.

5 Zusammenfassung

Bei der Modernisierung gebäudetechnischer Anlagen kann auf der Grundlage der allgemeingültigen Struktur von Anlagen und Anlagenteilbereichen eine Strategie zur Planung angegeben werden. Hierzu sind objektbezogene Betrachtungen und Energiebilanzen erforderlich, die einem ganzheitlichen Ansatz folgen müssen. Daher sind Modernisierungsmaßnahmen gebäudetechnischer Anlagen nie ohne Bewertung der Gebäudehülle durchzuführen. Andererseits muss bei Modernisierungsmaßnahmen auf die Notwendigkeiten der Anlagentechnik hinsichtlich des erforderlichen Platzbedarfs eingegangen werden. Die meist anzutreffenden Probleme bei der Modernisierung der gebäudetechnischen Anlagen lassen sich mit strukturierter Planung sicher vermeiden. Die seither fehlenden Anforderungen an energetische Nachweise bei Modernisierungsmaßnahmen werden mit der künftigen EnEV eingefordert werden. Meist nicht aufgestellte Wirtschaftlichkeitsnachweise sollten ebenso zur Regel werden.

Es wird deutlich, dass die Modernisierung gebäudetechnischer Anlagen eine durchaus schwierige Maßnahme darstellt, der sich die Planungsbeteiligen nach Albert Einstein stellen sollten, denn „Inmitten von Schwierigkeiten liegen günstige Gelegenheiten".

Prof. Dr.-Ing. Rainer Hirschberg

Studium der Wärme- und Energietechnik, Heiz- und Raumlufttechnik sowie Mechanik an der TU-Darmstadt und in Stuttgart; Promotion über das Thema Heiz- und Raumlufttechnik; Seit 1975 Freiberuflicher Ingenieur; Seit 1986 ö.b.u.v. Sachverständiger für Heiz-, Raumluft- und Sanitärtechnik; Professur an der FH Aachen, Fachgebiet Technische Gebäudeausrüstung, ressourcenschonendes Bauen, Facility-Management; Präsidiumsmitglied der DIN, Beirat der VDI-Fachgesellschaft TGA, Obmann in verschiedenen Ausschüssen und VDI-Richtlinien; Mitarbeit in den Gremien für DIN-, EN- und ISO-Normen; Autor von Fachveröffentlichungen.

Einleitung des Beitrags: „Energetisch modernisierte Gebäude ohne Lüftungssystem, ein Planungsfehler?“

Dipl.-Ing. Matthias Zöller, AIBAU, Aachen

1 Anlass zum Streit über Lüftungssysteme

Unstreitig sollen Räume gesund bewohnbar sein. Über die Wege dahin entsteht aber häufig Streit, ob Nutzer selbst für einen ausreichenden Luftwechsel zu sorgen haben oder Gebäude so auszustatten sind, dass sie automatisiert und nutzerunabhängig für die richtige Luftqualität sorgen können. Die Lufthygiene hängt ab von den CO_2-Emissionen, der Luftfeuchtigkeit, Emissionen flüchtiger organischer Komponenten (VOC) sowie von Gerüchen wie aber auch von dem Luftfeuchtegehalt, der wesentlich zur Schimmelpilzbildung beitragen kann. Aber auch Aspekte der Energieeinsparung und des Wohnkomforts durch angemessenen Luftwechsel sind Streitthema.

2 Forschungsarbeit des AIBAU zum Ausmaß von Schimmelpilzbildungen (2004-2006)

2003 veröffentlichten Brasche, S.; Heinz, E.; Hartman, T.; Richter, W.; Bischof, W. den Bericht „Vorkommen, Ursachen und gesundheitliche Aspekte von Feuchteschäden in Wohnungen“, der auf der Begehung einer repräsentativ ausgewählten Stichprobe von deutschlandweit 5.530 Wohnungen durch Bezirksschornsteinfegermeister beruht. Danach sind 8,2 % aller Wohnungen, die nach 1995 errichtet oder umfassend modernisiert wurden, in irgendeiner Form von Schimmelpilzbildungen betroffen.
Das AIBAU hat diese Quote im Forschungsbericht *Schimmelpilzbefall bei hochwärmegedämmten Neu- und Altbauten. Erhebung von Schadensfällen, Ursachen und Konsequenzen* durch eine Umfrage unter ö.b.u.v. Sachverständigen in 145 Fallbeschreibungen differenziert und kommt zum Ergebnis, dass die Schimmelpilzbildungen neuer wärmegedämmter Gebäude auf folgende Ursachen zurückzuführen sind:

- Mangelhafter Wärmeschutz: 36 %;
- Abdichtungs-, Installationsmängel, Baufeuchte: 22 %;
- Lüftungsverhalten, ungeeignete Wohnungsnutzung, keine Lüftungsanlage: 32 %;
- Sanitärfugen, Sonstiges: 10 %.

Damit sind lüftungsbedingte Schimmelpilzschäden auf ca. 1/3 aller möglichen Ursachen zurückzuführen.
Wie oben ausgeführt, liegt die repräsentativ ermittelte Schimmelpilzschadensquote insgesamt bei 8,2 % und damit die Schimmelpilzschadensquote, die im Zusammenhang mit der Lüftungsproblematik steht, bei (1/3 von 8,2 % =) ca. 3 %.

3 Erhebung im Gesamtverband der Deutschen Wohnungswirtschaft (GdW, 2006)

Ingrid Vogler hat zu den Aachener Bausachverständigentage 2006 eine Erhebung im Gesamtverband der Deutschen Wohnungswirtschaft vorgestellt, die sich mit den Kosten und der Akzeptanz von mechanischen Lüftungssystemen auseinandersetzt.
Die Kosten für die Installation von Zu- und Abluftanlagen mit Wärmerückgewinnung liegen bei 50 € je m² Wohnfläche und erreichen damit bei Wohnungen mit ca. 100 m² Wfl. einen Kostenaufwand von 5.000 €. Hinzu kommen Betriebskosten von ca. 0,1 €/m² und Monat, die damit bei Wohnungen mit 100 m² Kosten in Höhe von 120 € pro Jahr bedeuten. Dazu ist anzumerken, dass das Kosten für aufwändige Zu- und Abluftsysteme mit Wärmerückgewinnung sind, während Abluftsysteme ohne Wärmerückgewinnung oder Querlüftungen mit Außenluftdurchlässen (ALD) z. T. erheblich geringere Kosten und Wartungsaufwendungen mit sich bringen.
Frau Vogler führte weiter aus, dass ventilatorgestützte Systeme seitens der Nutzer häufig als Reglementierung der Privatsphäre und als Kontrolle über das Wohnverhalten empfun-

den werden. Solche Systeme werden ad absurdum durch Fehlverhalten geführt, indem zum Beispiel Fenster gekippt, ALDs zugeklebt, Anlagen abgeschaltet oder insgesamt fehlbedient werden.
Als Argumente gegen den Einsatz von ventilatorgestützte Lüftungsanlagen werden

- die technische Einrichtung (13 %),
- fehlende Akzeptanz (21 %),
- Investitions- und
- Betriebskosten (zusammen 56 %)

angeführt.
Im Ergebnis kommt Frau Vogler zur Empfehlung, keine ventilatorgestützten Systeme gesetzlich oder normativ vorzuschreiben, sondern andere nutzerunabhängige Lüftungssysteme einzusetzen, die technisch einfacher sind, geringere Kosten verursachen und von den Nutzern eher akzeptiert werden. Falls größere Luftwechsel notwendig werden, sind Menschen anwesend, die Fenster zur Lüftung bedienen können.

4 DIN-Fachbericht 4108-8:2010-09

Der DIN-Fachbericht 4108-8 *Wärmeschutz und Energie-Einsparung in Gebäuden – Teil 8: Vermeidung von Schimmelwachstum in Wohngebäuden* von September 2010 führt mangelnde Raumhygiene in vielen Fällen auf Fehlverhalten des Nutzers zurück, der durch sein Verhalten für einen ausreichenden Luftwechsel sorgen kann. Selbst eher problematische Altbauten mit geringem Wärmeschutzstandard lassen sich bei entsprechendem Nutzerverhalten schimmelpilzfrei bewohnen.

5 IBP-Studie zum Nutzen von ventilatorgestützen Lüftungssystemen (2011)

Hans Erhorn vom IBP-Fraunhofer-Institut für Bauphysik hat die Ergebnisse einer Studie zum Nutzen von ventilatorgestützen Lüftungssystemen wie folgt zusammengefasst:

- Eine relative Luftfeuchte von > 80 % an Bauteiloberflächen über einen längeren Zeitraum führt zu Schimmelpilzbildung.
- Ungefährlich sind Feuchtespitzen, die durchschnittlich weniger als 3 Stunden am Tag vorliegen, wenn die restlichen 21 Stunden am Tag die relative Luftfeuchte deutlich unter 80 % liegt.
- Gefährlich sind Feuchtespitzen, die durchschnittlich mehr als 6 Stunden am Tag vorliegen, selbst wenn über die restlichen 18 Stunden am Tag die relative Luftfeuchte deutlich unter 80 % liegt.

Im Rahmen der Studie wurde festgestellt, dass unabhängig vom Lüftungskonzept Wohnungsnutzer während der Heizperiode jeweils ähnlich lange die Fenster öffnen. Ebenso unabhängig vom Lüftungskonzept lüften Bewohner viel oder wenig, aber es gibt keine Bewohner, die gar nicht lüften.
Erhorn zieht das Fazit, dass:

- ein guter Wärmeschutz und wärmebrückenarme Bauweise die Voraussetzung für Schimmelpilzfreiheit sind,
- die Fensterlüftung die effektivste Art ist, Räume zu belüften, jedoch einen aktiven (Be)-Nutzer erfordert,
- die mechanische Wohnungslüftungsanlage in Räumen mit Fenstern eine Komfortlösung darstellt, aber nicht per se Primärenergie einspart,
- Feuchteschäden mit mechanischer Wohnungslüftungsanlage nur in ganz speziellen Fällen heilbar sind,
- diese Technologie wie ein Wintergarten zu sehen ist: „Es ist nett ihn zu haben, aber es muss nicht sein."

6 Beitrag Michael Gierka (2013)

Michael Gierka vom Ingenieurbüro Kurz und Fischer hat in seinem Beitrag zu den Wienerberger Mauerwerkstagen 2013 zu ventilatorgestützten Lüftungsanlagen folgendes Resümee gezogen: Mechanische Lüftungsanlagen sind primärenergetisch neutral, amortisieren sich nicht und dienen daher vorrangig dem Komfort. Zur Sicherstellung des hygienischen Mindestluftwechsels sind sie in großen, üblich bewohnten Einfamilienhäusern mit mehr als 150 m^2 Wohnfläche nicht erforderlich.

7 Zusammenfassung der Diskussion

Für ventilatorgestützte Systeme werden von Befürwortern folgende Argumente angeführt:

- es ist energetisch sinnvoll, Heizenergie zurückzuhalten,
- bei Passivhausstandard sind diese Systeme zur Energieeinsparung notwendig,
- gegen Schimmelpilzbildungen sind nutzerunabhängige Maßnahmen erforderlich,

- die Luftqualität in Wohnräumen ist besser, der CO_2-Gehalt wird reduziert, Gerüche werden vermieden,
- Erwerber dürfen mittlerweile Lüftungssysteme als Standard voraussetzen, daher ist es juristisch riskant, keine zu bauen.

Gegner von solchen Systemen wenden folgende Argumente ein:

- sie sind primärenergetisch neutral,
- die Installation und Wartung sind zu teuer, die Anlagen amortisieren sich nicht,
- Fenster werden sowieso geöffnet, Schimmelpilzvermeidung ist effizienter durch Fensterlüftung möglich, Wasserdampf entsteht nur in größeren Mengen, wenn Nutzer zu Hause sind, die dann auch lüften können,
- in nicht zugänglichen Lüftungsleitungen besteht die Gefahr der Luftverkeimung, damit geht von den Systemen eine Gefahr für die Raumlufthygiene aus,
- diese Anlagen dienen nur dem Komfort, sie sind nicht unbedingt notwendig.

8 Fallbeispiel Schimmelpilzbildung nach Fensteraustausch – Nachträgliche Installation von Lüftungssystemen: ein technisches oder ein juristisches Problem?

Nach dem Austausch der bauzeitlichen Fenster in einer im Jahre 1962 errichteten Wohnung in einem mehrgeschossigen Mehrfamilienwohnhaus gegen luftdichte Kunststofffenster, die mit Fensterfalzlüftungssystemen ausgestattet wurden, waren Schimmelpilzbildungen aufgetreten. Diese waren zu einem Teil auf unzureichendes Lüften zurückzuführen.

Unter technischen Aspekten ist es kein Problem, mit dem Austausch von Fenstern gegen deutlich luftdichtere Fensteranlagen weitere Maßnahmen flankierend zu ergreifen, wie die Erhöhung des Wärmeschutzstandards und/oder der Einbau von ventilatorgestützten Systemen, die nutzerunabhängig die Raumlufthygiene sicherstellen können. Beim zuvor zusammengefassten Streit um die Notwendigkeit von Lüftungssystemen ist aber erkennbar, dass schon für Neubauten sich unter Technikern keine einheitliche Meinung abzeichnet. In den typischen in großem Umfang in Deutschland gebauten Altbauten lässt sich mit solchen Systemen die Situation verbessern. Die Frage betrifft aber die Leistungspflichten des Hauseigentümers und des Nutzers. Ob zur Verminderung des Schimmelpilzrisikos in diesen Altbauten der Eigentümer zu flankierenden Maßnahmen wie zusätzlichen Wärmeschutz und bzw. oder die Installation einer nutzerunabhängigen, ventilatorgestützten Lüftungsanlage verpflichtet werden kann oder ob dem Nutzer trotz permanenter Lüftung durch den Fensterfalz ein sorgfältigeres Heiz- und Lüftungsverhalten abverlangt werden kann, als dies früher der Fall war, beinhaltet im Wesentlichen juristische Aspekte. Sie lässt sich damit nicht abschließend von Bausachverständigen beantworten.

Energetisch modernisierte Gebäude ohne Lüftungssystem, ein Planungsfehler?

Dipl.-Phys. Raimund Käser, Energieberatungszentrum Süd Ingenieurgesellschaft mbH, Bundesverband für Wohnungslüftung e. V., Viernheim

Die genannte Fragestellung, wie auch die damit zusammenhängenden folgenden Fragen:

- Ist ein Lüftungssystem rechtlich gefordert?
- Ist die DIN 1946-6 allg. anerkannte Regel der Technik und/oder baurechtlich gefordert?
- Was ist üblich und kann ein Kunde heute erwarten?
- Was hat man als Planer zu liefern?
- Was kann man vom Nutzer erwarten?

beinhalten rechtliche und technische Aspekte. Die folgenden Ausführungen beziehen sich im Wesentlichen auf Wohngebäude oder wohnähnliche Nutzungen.
Vorerst einige Anmerkungen zu den rechtlichen Aspekten:

1 Rechtsfragen und Konsequenzen

Planer und Bauausführende, die bei Neubau oder Renovierung eines Wohnhauses auf eine Prüfung der Lüftungsfrage verzichten, setzen sich Haftungsrisiken aus.
Das ist das Ergebnis des Rechtsgutachtens „Erfordern die allgemein anerkannten Regeln der Technik in Wohnungen eine kontrollierte Lüftung?“, das der Bundesverband für Wohnungslüftung e. V. schon 2007 vorgestellt hat. [1]
Ausgearbeitet hat es Rechtsanwalt Dietmar Lampe von der auf Baurecht spezialisierten renommierten Kanzlei Heiermann-Franke-Knipp, in Frankfurt. Zwar kann heute noch nicht davon ausgegangen werden, dass ein Lüftungssystem immer vorzusehen ist, doch steht die Alternative, den notwendigen Luftaustausch nur durch zusätzliche Fensterlüftung der Bewohner sicherzustellen, mittlerweile auf schwachen Füßen.
Sowohl die geltende Energieeinsparverordnung (EnEV) [2] als auch die in den Landesbauordnungen verankerte DIN 4108-2 [3] bestimmen, dass die Gebäudehülle dauerhaft luftundurchlässig abgedichtet sein muss.

Bild 1

Gleichzeitig schreiben beide Regelwerke einen Mindestluftwechsel vor. Das soll verbrauchte Atemluft, also eine erhöhte Kohlendioxid-Konzentration, zu hohe Raumluftfeuchte und dadurch begünstigte Schimmelbildung sowie Schadstoffbelastungen durch Ausdünstungen aus Baustoffen und Wohnungseinrichtung verhindern.
Der Planer muss also dafür sorgen, dass der notwendige Luftaustausch nicht nur durch Leckagen in der Gebäudehülle erreicht wird. Bauausführende und Vermieter stellen sich hierbei gerne auf den Standpunkt, dass die Bewohner zusätzlich über die Fenster lüften müssen. Doch in welchem Umfang ist das – noch – realistisch?
Die Minimalforderung von Raumhygieneexperten sind vier bis sechs Stoßlüftungen am Tag mit Öffnen der Fenster für ca. zehn Minuten. Viele gehen sogar noch weiter. Kritisch wird die Lage auch bei milden Wintern,

bei Windstille und in den Übergangsjahreszeiten. Ihrer Ansicht nach müssen die Fenster alle zwei Stunden aufgemacht werden – auch nachts. Dies ist einem Mieter nicht zuzumuten, so die meisten einschlägigen Gerichtsurteile. So stufen zum Beispiel die Gerichte zunehmend bei ganztägig berufstätigen Nutzern bereits ein mehr als zweimaliges Stoßlüften am Tag als kritisch bzw. als nicht zumutbar ein [1]. Eine Wohnung müsse so beschaffen sein, dass bei einem üblichen Wohnverhalten die erforderliche Raumluftqualität ohne besondere Lüftungsmaßnahmen gewährleistet ist.

2 Regeln der Technik schützen nicht

Im Zweifel nützt es dem beklagten Planer oder Bauausführenden wenig, wenn er nachweisen kann, sich an die allgemeinen Regeln der Technik gehalten zu haben. Hier sticht das Argument der „Vereinbarten Beschaffenheit", in diesem Fall der Eignung für Wohnzwecke, die ein Mieter oder Käufer stillschweigend voraussetzen kann. Lässt sich der erforderliche Luftwechsel nur durch Lüftungsmaßnahmen erreichen, die von dieser Beschaffenheitsvereinbarung abweichen, liegt ein Werkmangel vor, für den der Planer bzw. der Unternehmer einzugestehen hat. Wurde keine Vereinbarung darüber getroffen, dass der nach den technischen Regelwerken zu gewährleistende Luftwechsel nur durch zusätzliche Lüftungsmaßnahmen des Nutzers erreicht werden kann, ergibt sich hieraus ein Haftungsrisiko. Will der Leistungserbringer sich dem entziehen und trotzdem auf lüftungstechnische Maßnahmen verzichten, muss er eine vertragliche Vereinbarung mit dem Nutzer treffen, die den Umfang der notwendigen Lüftungsmaßnahmen ausführlich und objektbezogen beschreibt.
So ist nach Autor und Gutachter Dietmar Lampe die Rechtslage. Hier bewegt sich die Baubranche auf eine rechtliche Grauzone zu. Das sei insofern problematisch, als der Auftragnehmer zum Zeitpunkt der Abnahme ein mangelfreies Werk schulde, die Regeln der Technik sich aber im Laufe des Bauvorhabens ändern können. Nach Lampes Einschätzung werden zukünftig kontrollierte Lüftungssysteme zunehmend bekannter und bei einem gewissen Qualitätsanspruch der Gebäude und Wohnungen auch als notwendig erachtet werden. Diesen Zeitpunkt sollten die Bauausführenden nicht verpassen.
Das oben genannte Gutachten wird momentan im Auftrag des Bundesverbandes für Wohnungslüftung aktualisiert und fortgeschrieben. (Ausgabe der Aktualisierung voraussichtlich Sommer 2013) Weiter werden in dieser Fortführung die Haftungsfragen insbesondere für Planer, Bauausführende und auch das Vermieter-Mieter Verhältnis im Detail dargestellt.
Zu den technischen Aspekten der Fragestellung:
Der Planer sollte also dafür sorgen, dass der notwendige Luftaustausch nicht nur durch Leckagen in der Gebäudehülle erreicht wird. Die in 2009 aktualisierte DIN 1946-6 [4] gibt hierzu Hilfsmittel und Werkzeuge vor.

3 DIN 1946-6 als Hilfsmittel und Werkzeug für die Lüftungsplanung im Neubau und Bestand

Mit Ausgabedatum Mai 2009 wurden nach mehrjähriger Überarbeitung die aktualisierte Lüftungsnorm DIN 1946-6 „Lüftung von Wohnungen; Allgemeine Anforderungen, Anforderungen zur Bemessung, Ausführung und Kennzeichnung, Übergabe, Wartung, Instandhaltung" sowie im September 2009 die inhaltlich zugehörige DIN 18017 Teil 3 „Lüftung von Bädern und Toilettenräume ohne Außenfenster " [5] veröffentlicht.
Die zwei wichtigsten Fragen zur Lüftung von Wohngebäuden: „Warum sollte kontrolliert gelüftet werden?" und „Warum sollte ein Mindest-Außenluftvolumenstrom sichergestellt werden?" waren neben der Notwendigkeit der Anpassung der DIN 1946-6 auf der Grundlage der europäischen Normenentwicklung der Leitfaden für die Überarbeitung/Aktualisierung und Erweiterung dieser Norm.
Die wesentlichen Änderungen/Neuerungen der DIN 1946-6: Ausgabe 2009 gegenüber der Ausgabe 1998 sind:

a. Abstimmung mit den europäischen Normen
b. Festlegung der Notwendigkeit lüftungstechnischer Maßnahmen (Lüftungskonzept)
c. Definition und Beschreibung von 4 Lüftungsstufen einschließlich Aktualisierung der erforderlichen Gesamt-Außenluftvolumenströme
d. Überarbeitung der Infiltrationsberechnung
e. Aufnahme von Kriterien für die Auswahl von Lüftungssystemen
f. Erweiterung der Lüftungssysteme - Querlüftung (Feuchteschutz) bei freier Lüftung und Zuluftsystem bei ventilatorgestützter Lüftung

g. Anforderungen an Lüftungssysteme mit erhöhten energetischen, hygienischen und schalltechnischen Eigenschaften, sowie Anforderungen im Betrieb mit Feuerstätten
h. Aufnahme einer energetischen Gleichwertigkeitsbetrachtung für Lüftungssysteme
i. Einführung eines Kennzeichnungssystems
j. Protokolle für Inbetriebnahme/Wartung und Instandhaltung

Die DIN 1946-6 ist also primär eine Norm zur Auslegung von freien und ventilatorgestützten Lüftungssystemen für Wohnungen oder wohnähnlichen Nutzungen.
Die DIN 1946-6 beinhaltet auch erstmalig ein Nachweisverfahren, ob eine lüftungstechnische Maßnahme für ein Gebäude erforderlich ist. Sie schafft Regeln für die Belüftung von Wohngebäuden (Neubauten und Sanierungen) und legt Grenzwerte sowie Berechnungsmethoden für den notwendigen Luftaustausch fest.
Die baurechtlich relevanten Regelwerke wie die Energieeinsparverordnung 2009 im § 6 (EnEV) und die DIN 4108-2 (Ausgabe Juli 2003, Abschnitt 4.2.3) fordern gleichzeitig eine dichte Gebäudehülle und die Sicherstellung eines Mindestluftwechsels. Damit stehen diese Forderungen scheinbar im Widerspruch zueinander. Bisher blieb auch offen, wie dieser geforderte Mindestluftwechsel sichergestellt werden kann: manuell durch den Nutzer mit Fensteröffnen und/oder zusätzlich unterstützt durch ein Lüftungssystem?
Die aktualisierte Fassung der DIN 1946-6 schließt diese Lücke und konkretisiert, für welche Leistungen der Nutzer herangezogen werden kann und - viel wichtiger - für welche nicht.

4 Lüftungskonzept und Lüftungsstufen

Die DIN 1946-6 verlangt im Abschnitt 4 jetzt die Erstellung eines Lüftungskonzeptes für Neubauten und Renovierungen. Für letztere ist ein Lüftungskonzept notwendig, wenn im Ein- und Mehrfamilienhaus mehr als 1/3 der vorhandenen Fenster ausgetauscht bzw. im Einfamilienhaus auch mehr als 1/3 der Dachfläche neu abgedichtet werden. Das heißt: Der Planer oder Verarbeiter muss festlegen, wie aus Sicht der Hygiene und des Bautenschutzes der notwendige Luftaustausch erfolgen sollte. Das Lüftungskonzept kann von jedem Fachmann erstellt werden, der in der Planung, der Ausführung oder der Instandhaltung von lüftungstechnischen Maßnahmen oder in der Planung und Modernisierung von Gebäuden tätig ist.
Herzstück der Norm ist die Festlegung von vier Lüftungsstufen unterschiedlicher Intensität:

Lüftung zum Feuchteschutz (FL):
Notwendige Lüftung zur Gewährleistung des Bautenschutzes (Feuchte) bei reduzierten Lasten, z. B. während zeitweiser längerer Abwesenheit von Nutzern.

Reduzierte Lüftung (RL):
Notwendige Lüftung zur Gewährleistung der hygienischen und gesundheitlichen Erfordernisse bei reduzierten Lasten, z. B. während zeitweiser Abwesenheit von Nutzern, dies schließt den Bautenschutz (Feuchte) mit ein.

Nennlüftung (NL):
Notwendige Lüftung zur Gewährleistung der hygienischen und gesundheitlichen Erfordernisse bei Anwesenheit der Nutzer (Normalbetrieb), dies schließt den Bautenschutz (Feuchte) mit ein.

Intensivlüftung (IL):
Zeitweilig notwendige erhöhte Lüftung zum Abbau von Lastspitzen (Lastbetrieb).
Die Grafik in Bild 2 zeigt den notwendigen Außenluftvolumenstrom dieser Lüftungsstufen abh. von der Wohnfläche.
In einer konkreten Auslegung eines Lüftungssystems wird zusätzlich geprüft, ob durch höhere Personenbelegung oder Mehranforderungen der Ablufträume dieser Außenluftvolumenstrom angepasst werden muss.
Bei einem Wärmedämmstandard der Außenbauteile nach Anforderungen der 3. Wärmeschutzverordnung 1995 wird die notwendige Feuchteschutzlüftung aufgrund der höheren Oberflächentemperatur dieser Bauteile etwas geringer angesetzt.
Folgende Anmerkung aus der DIN 1946-6 beschreibt den Zusammenhang zwischen dem in EnEV 2009 geforderten Mindestluftwechsel und den in der DIN 1946-6 dargestellten Lüftungsstufen:
Die zeitliche Mittelung dieser definierten Lüftungsstufen entspricht über den Bilanzzeitraum dem nach EnEV § 6 definierten, zum Zwecke der Gesundheit und Beheizung erforderlichen Mindestluftwechsel.
Wichtigste Frage bei der Erarbeitung des Lüftungskonzeptes ist es, wie die Lüftung zum

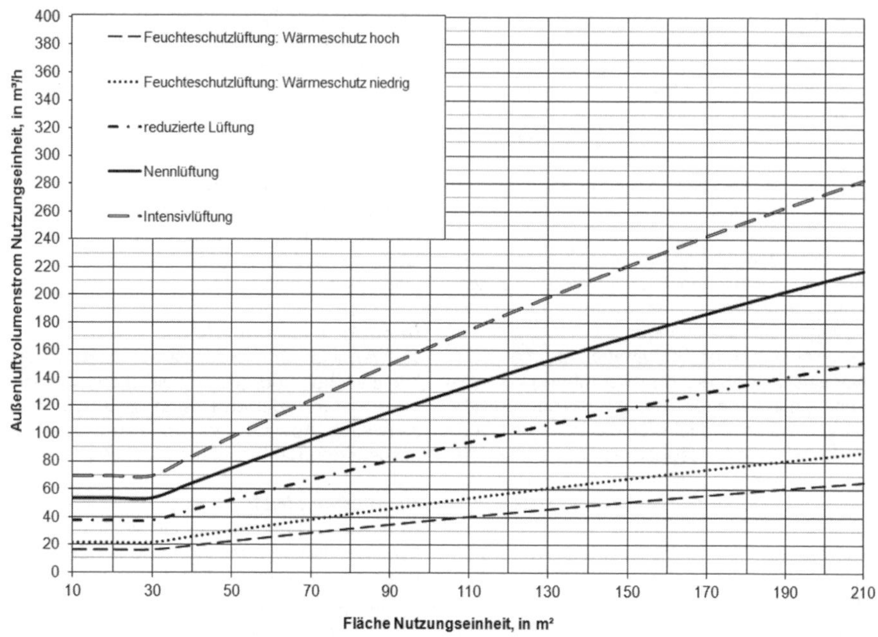

Bild 2 (Quelle: Dr.-Ing. T. Hartmann, ITG Dresden)

Feuchteschutz sicher gestellt werden kann, da diese Lüftungsstufe auch ohne Zutun des Nutzers funktionieren muss.

Faktoren, die in diese erste Berechnung einfließen, sind Dämmstandard, Art sowie Lage des Gebäudes. Erstere geben den Hinweis darauf, mit welchen Undichtheiten in der Haushülle gerechnet werden kann. Die Wohnfläche zeigt die zu erwartenden Belastungen. Die Lage des Hauses ist wichtig, um die Windbelastung einzuschätzen. Es gilt die Faustregel: je mehr Wind desto größer die natürliche Infiltration. Der Norm ist deswegen eine Windkarte mit Zuordnung von windschwachen oder windstarken Landkreisen hinterlegt.

Das Verfahren ist in der Grafik eines Flussdiagramms (Bild 3) schematisch dargestellt:

5 Sonderfall „Fensterlose Räume"

Einen Sonderfall stellen fensterlose Räume d. h. innenliegende Bäder, Toiletten in einer Wohnung dar. Ihre Belüftung muss nach wie vor nach den Vorgaben der DIN 18017-3 geplant und umgesetzt werden. Gemäß der DIN 1946-6 können die für fensterlose Räume vorgesehenen lüftungstechnischen Maßnahmen (Entlüftungsanlage im innenliegenden Bad und Außenluftdurchlässe in Zimmern der Restwohnung) ausreichend sein, um die Versorgung der gesamten Wohneinheit mit frischer Luft für die Stufe Lüftung zum Feuchteschutz zu gewährleisten. Auch dies muss für den Einzelfall geprüft werden.

Es wird also im ersten Schritt nach festgelegten Randbedingungen Abschnitt 4.2 der DIN 1946-6 nur geprüft, ob die Lüftung zum Feuchteschutz durch Infiltration sichergestellt werden kann. Dieser Abschnitt wurde mittlerweile als eigenes Beiblatt 2 der DIN 1946-6 vorbereitet und erstellt.

Hilfestellung für eine solche Prüfung bietet zum Beispiel das Planungstool Lüftungskonzept [0].

Mit der Eingabe von 5 Parametern

- Gebäudetyp (EFH, MFH d. h. ein- oder mehrgeschossige Nutzungseinheit)
- Gebäudelage (windschwach, windstark)
- Fläche Nutzungseinheit (analog Heizlastberechnung)

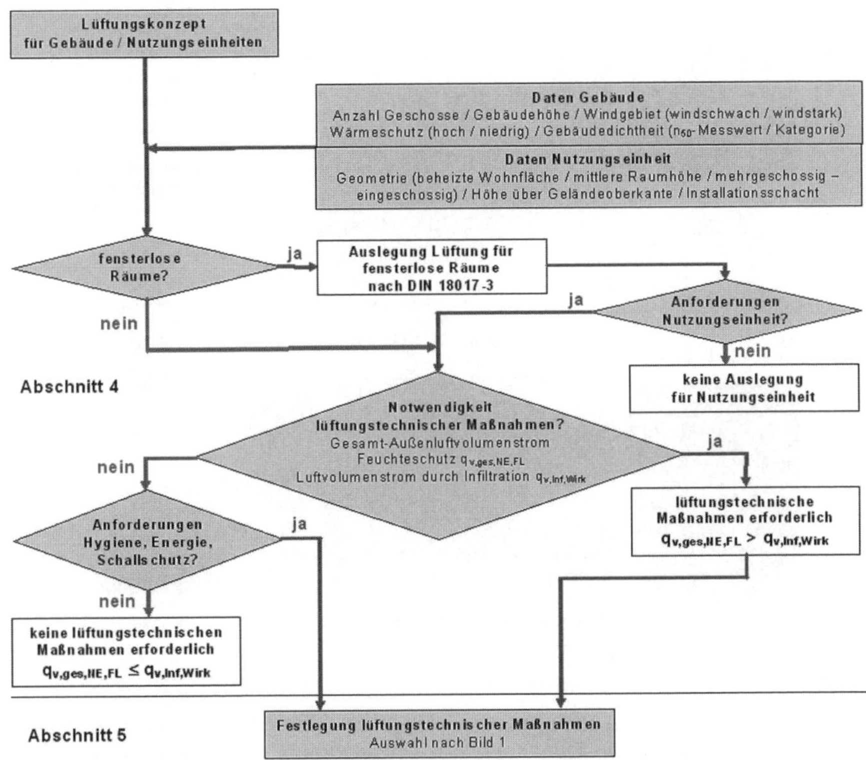

Bild 3: Lüftungskonzept: Teil 1: Ablaufschema zur Festlegung lüftungstechnischer Maßnahmen. (Quelle: DIN 1946-6:2009-05)

- Abfrage Wärmeschutzqualität wie 3. WSVO 1995
- Luftdichtheit (Messwert oder Tabelle Kategorien)

wird berechnet, ob die Infiltration für die Lüftung zum Feuchteschutz ausreichend ist.
Die Grafik in Bild 5 zeigt in Abhängigkeit der Art, Lage und Fläche der Nutzungseinheit den Infiltrationsvolumenstrom an und die Bereiche, ob damit die Lüftung zum Feuchteschutz sichergestellt wird oder nicht.

6 Lüftungstechnische Maßnahmen

Reicht die Luftzufuhr über vorhandene Gebäudeundichtheiten nicht aus, um die Lüftung zum Feuchteschutz sicherzustellen, muss der Planer lüftungstechnische Maßnahmen (LtM) vorsehen.

Definition: Eine lüftungstechnische Maßnahme ist eine geplante Einrichtung zur freien oder ventilatorgestützten Lüftung zur Sicherstellung eines nutzerunabhängigen Luftaustausches und bedeutet nicht Fensterlüftung!
Ein freies Lüftungssystem ist also eine zusätzliche Lüftung über Querlüftungssysteme d. h. Fensterlüfter oder in der Außenhülle eingelassene Ventile, sogenannte Außenwandluftdurchlässe (ALD) oder eher historische Schachtsysteme. Ventilatorgestützte Lüftungssysteme sind Abluftanlagen, Zuluftanlagen oder Zu- und Abluftanlagen.
Für die Lüftung zum Feuchteschutz ist es unzulässig, aktive Fensterlüftung durch die Bewohner einzuplanen, da sie nutzerunabhängig funktionieren muss. Auch für die nachfolgenden Lüftungsstufen muss der Planer festlegen, wie er den notwendigen Luftaustausch erzielen will.

Bild 4

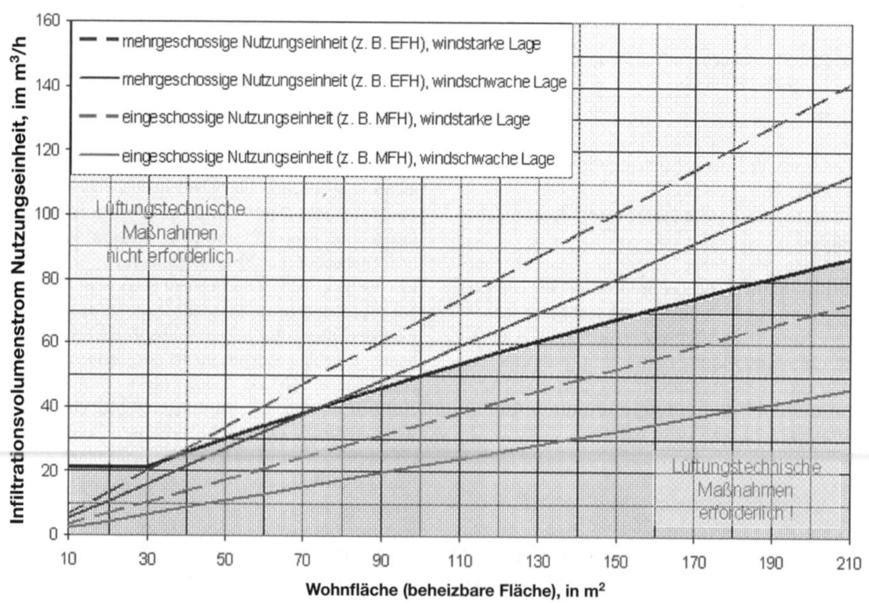

Bild 5 (Nach DIN 1946-6 Bbl. 2:2013-03)

Bei Quer- und Schachtlüftungssystemen muss er die aktive Fensterlüftung schon ab der reduzierten Lüftungsstufe einplanen und sollte den Nutzer explizit darauf hinweisen. Bei der ventilatorgestützten Lüftung, da diese üblicherweise auf Nennlüftungsstufe ausgelegt wird, kann – falls erforderlich – der Planer das aktive Öffnen der Fenster bei der Intensivlüftung berücksichtigen.
Bei erhöhten Anforderungen an Energieeffizienz und Raumluftqualität des Lüftungssystems ist immer eine ventilatorgestützte Lüftung erforderlich.

7 Praxisfragen

Brandschutz

Bisherige Lösungen sind im Mehrfamilienhaus meist bei korrekter Umsetzung aufwendig, deshalb wurde in 2012 ein Arbeitskreis über ARGEBAU zur Entwicklung erleichternder Regelungen für brandschutztechnische Ausführung und Betrieb eingerichtet.

Schallschutz

Ausreichender Schallschutz ist eine Planungsaufgabe. Die Körperschallübertragung ist durch ausreichende Entkopplung der Anlage zu vermeiden und es ist eine entsprechende Schalldämpfung zwischen den Räumen vorzusehen.

Betriebskosten

Als beispielhafte Kosten für den Unterhalt einer Zu- und Abluftanlage kann man einen Strombedarf für die Ventilatoren (DC Gleichstrom) bei ca. 400–500 kWh (2 Ventilatoren) mit ca. 80–100 Euro im Jahr (bei ca. 20 ct/kWh Stromkosten) ansetzen. Ein zweimaliger Filterwechsel jährlich kostet ca. 20–30 Euro. Eine Wartung sollte auch nach den Empfehlungen der Checklisten DIN 1946-6 (Anhänge DIN 1946-6) alle zwei Jahre durchgeführt werden. Die Kosten einer Wartung und einer evtl. Reinigung sind abh. von Größe und Aufwand.

Hygiene

Es liegen Untersuchungen zu Erfahrungen bzgl. Hygieneanforderungen mit Wohnungslüftungsanlagen vor [7, 8, 9].
Lüftungsanlagen mit entsprechenden Filtersystemen sorgen aber auch für eine entsprechende Reinigung der Außenluft von Staub, Pollen u. a.

Investitionskosten

Die Kosten für Wohnungslüftungsanlagen in Einfamilienhäuser liegen in einer Bandbreite von ca. 2.400–2.800 Euro ohne Wärmerückgewinnung; mit Wärmerückgewinnung bei ca. 5.500 bis 6.500 Euro jeweils zzgl. MWST.
Kosten für Wohnungslüftungsanlagen ohne Wärmerückgewinnung in Wohnungen liegen in einem Bereich von ca. 1.400–1.900 Euro; mit Wärmerückgewinnung bei ca. 4.200 – 5.500 Euro jeweils zzgl. MwSt.
Die Wirtschaftlichkeit von Lüftungssystemen ist abhängig vom gewünschten Mindeststandard und Komfort. Freie Lüftungssysteme können nur Minimalanforderungen abdecken und benötigen immer noch eine ausreichende Fensterlüftung durch den Nutzer. Ventilatorgeführte Abluftanlagen sind wesentlich komfortabler und sichern den notwendigen Luftaustausch.
Betrachtet man bereits eine solche Abluftanlage aus hygienischen Gründen als notwendiges Lüftungssystem, so ist dann auch der Mehraufwand für eine Lüftungsanlage mit Wärmerückgewinnung wirtschaftlich deutlich anders darstellbar.

Übersicht Lüftungsanlagen

Herstellerneutrale technische jährlich aktualisierte Informationen findet man im Bulletin des TZWL Europäischen Testzentrums für Wohnungslüftungsgeräte e. V. Dortmund [10]. In diesem Bulletin sind aktuell 131 nach DIBt-Vorgaben geprüfte Einzelgeräte und 39 Geräte mit Passivhaus Zertifikat aufgeführt. Dargestellt werden Informationen zu Einsatzmaterialien und Sicherheit, des Einsatzbereiches, ihres Wärmebereitstellungsgrades und ihres elektrischen Wirkungsverhältnisses.

8 Fazit

Es ist im Neubau und auch bei der Modernisierung von Gebäuden aus technischen und rechtlichen Gründen notwendig, das Thema Lüftung in der Planung aktiv zu berücksichtigen und dem Nutzer konkrete Vorschläge zu unterbreiten.
Hilfreich ist hierbei die Anwendung des Lüftungskonzepts der DIN 1946-6. Es ist aber auch deutlich, dass trotz Umsetzung dieser Norm DIN 1946-6 weiterhin rechtliche Risiken für Planer und Bauausführende bestehen.
Selbst bei Einhaltung der Normvorgaben kann es sein, dass für die Herstellung eines hygienischen Raumklimas, die notwendige

aktive Fensterlüftung, die sich auch aus dem Lüftungskonzept ergibt, als unzumutbar eingeschätzt wird.

Durch einen entsprechenden Passus in den allgemeinen Geschäftsbedingungen oder allgemeine Hinweise in Kundenunterlagen ist diesem Umstand nicht zu entkommen. In einem solchen Fall müssten schon sehr detaillierte Lüftungsanweisungen zum Vertragsbestandteil werden. Das objektbezogene Lüftungskonzept kann hierbei aber eine erste Hilfe sein. Wer auf der sicheren Seite sein will, plant so, dass bei einem realistisch eingeschätzten Lüftungsverhalten der Menschen der hygienische Luftaustausch sicher gestellt ist. Das Lüftungskonzept zeigt dazu erste Lösungsansätze auf.

9 Literatur:

[1] Rechtsgutachten: „Erfordern die allgemein anerkannten Regeln der Technik in Wohnungen eine kontrollierte Lüftung? Haftungsrisiken bei Wohnräumen ohne Lüftungsanlagen.“ RA Dietmar Lampe; Heiermann-Franke-Knipp 2007; Herausgegeben vom Bundesverband für Wohnungslüftung e. V. Frankfurt

[2] Energieeinsparverordnung 2009 (BGBl. I S. 954)

[3] DIN 4108-2: Wärmeschutz und Energieeinsparung in Gebäuden, Teil 2: Mindestanforderungen an den Wärmeschutz. Beuth-Verlag, Ausgabe Juli 2003

[4] DIN 1946-6: Lüftung von Wohnungen; Allgemeine Anforderungen, Anforderungen zur Bemessung, Ausführung und Kennzeichnung, Übergabe, Wartung, Instandhaltung. Beuth-Verlag, Ausgabe Mai 2009

[5] DIN 18017 Teil 3: Lüftung von Bädern und Toilettenräume ohne Außenfenster. Beuth-Verlag, Ausgabe September 2009

[6] Planungstool Lüftungskonzept. Bundesverband für Wohnungslüftung e. V. Download unter: www.wohnungslueftung-ev.de

[7] PHI Protokollband Nr. 23: Einfluss der Lüftungsstrategie auf die Schadstoffkonzentration und -ausbreitung im Raum. Passivhausinstitut Darmstadt

[8] Hygieneuntersuchung an Lüftungsanlagen in Wohngebäuden der Wohnbau Westfalen GmbH; Technischer Bericht Dortmund 2009, Fachhochschule Dortmund, TZWL (Europäisches Testzentrum für Wohnungslüftungsanlagen)

[9] Gesundheitliche Aspekte der Komfortlüftungen im Wohnbereich Messergebnisse aus vier Gebäuden, Beispiele mit Bewertung der Hygiene, Planungs- und Ausführungsmängel. Basler & Hoffmann, Ingenieure und Planer AG, Zürich

[10] Bulletin des TZWL Europ. Testzentrum für Wohnungslüftungsgeräte e. V. Dortmund, Download unter www.tzwl.de

Dipl.-Phys. Raimund Käser

Physikstudium in Darmstadt; 1991 und 2002 wissenschaftlicher Mitarbeiter im Bereich der Bauphysik der Saint Gobain ISOVER G&H AG; Seit 2003 Geschäftsführer des Energieberatungszentrum Süd Ingenieurgesellschaft mbH Software und seit 2011 als Geschäftsführer der ZUB Systems GmbH, Tätigkeitsfeld Entwicklung und Vertrieb von Bauphysiksoftware; Seit 2004 Geschäftsführer des Bundesverbandes für Wohnungslüftung e. V. und seit 2013 Vorstandsmitglied.

1. Podiumsdiskussion am 15.04.2013

Frage:
In einer Baubeschreibung stand, dass die vorhandenen alten Wohnungseingangstüren aufgearbeitet werden sollen und dass daher die aktuell gültigen Schallschutzanforderungen nicht eingehalten werden können.
Die Türen wurden dann wegen der hohen Kosten nicht aufgearbeitet, sondern wie das historische Original neu hergestellt, mit entsprechend schlechtem Schallschutz.
Die Frage lautet nun, was schuldet der Bauträger? Den geringen Schallschutz der historischen Türen, entsprechend den Angaben in der Baubeschreibung oder müssen die Schallschutzanforderungen an Neubautüren erfüllt werden?

Jansen:
Wie so oft ist dies eine Frage der Vertragsauslegung. Der Unternehmer schuldet zunächst die Zusagen aus der Baubeschreibung.
Wenn andere Türen, als die vereinbarten, eingebaut werden, kann das eine eigenmächtige Abweichung vom Vertrag sein mit den dann folgenden Konsequenzen.
So wie der Fall hier geschildert wird, handelt es sich aber vermutlich um eine einvernehmliche Vertragsänderung. Was in diesem Fall für den erforderlichen Schallschutz gilt, ist eine Frage der ergänzenden Vertragsauslegung und darüber kann gestritten werden.
Ursprünglich geschuldet waren nachgearbeitete Türen mit einem bestimmten relativ niedrigen Schallschutzwert. Wenn jetzt nur die Türen ausgebessert werden, dann bleibt es bei dem vereinbarten relativ niedrigen Schallschutzwert.
Man kann aber auch den Standpunkt vertreten und dazu würde ich tendieren, wenn schon neue Türen eingebaut werden, die so aussehen sollen, wie die alten Türen, dann muss auch ein Schallschutzwert erreicht werden, der bei entsprechend nachgearbeiteten neuen Türen, technisch erreicht werden kann.
Die Parteien haben bei der nachträglichen Vertragsänderung versäumt, auch eine entsprechende Regelung für die Schallschutzwerte zu treffen, so wie sie ursprünglich in der Leistungsbeschreibung enthalten war.
Nun kommen die Juristen mit der ergänzenden Vertragsauslegung und fragen: „Was hätten die Parteien als redliche Vertragspartner wohl vereinbart, wenn Sie bei ihrer abgeänderten Vereinbarung an die Schallschutzwerte gedacht hätten?"
Ich finde, dass die technischen Möglichkeiten von neuen Türen auch erreicht werden sollten.

Frage:
Beim Bauen im Bestand werden häufig keine Planungsleistungen gesondert beauftragt, sondern der Handwerker wird direkt angesprochen, mit der Bitte die Arbeiten einfach auszuführen und dafür ein Angebot zu machen.
Der Handwerker bekommt den Auftrag und führt die Arbeiten irgendwie aus. Hinterher stellt sich raus, dass man eigentlich eine Planung gebraucht hätte, um die Aufgabe sachgerecht zu erfüllen.
Können in diesem Fall im Nachhinein Planungskosten als Sowiesokosten in Rechnung gestellt werden oder muss der Handwerker die Kosten tragen?

Jansen:
Die Arbeiten sind also abgeschlossen und es sind dann Schäden aufgetreten. Im Rahmen der Mangelbeseitigung ist eine Planung der erforderlichen Maßnahmen nötig.
In dieser Situation kann der Auftragnehmer dem Auftraggeber entgegenhalten, dass er die Mängelbeseitigung zwar durchführen wird, die erforderliche Planung aber vom Auftraggeber zur Verfügung gestellt werden muss.

Frage:
Sollte ein Generalunternehmer bzw. Bauträger dem Vertrag eine Art „Negativ-Liste" beifügen, in der der Erwerber klar darauf hingewiesen wird, in welchen Bereichen und

in welchem Umfang er Altbausubstanz erwirbt?

Jansen:
Der Erwerber muss deutlich darauf hingewiesen werden, in welchen Teilen er Altbausubstanz erwirbt. Dies darf keine Überraschung sein, die erst bei der Abnahme zu Tage tritt.

Frage:
Wer zahlt die Kosten für die Bauteilöffnung, wenn der Sachverständige wegen Befangenheit abgelehnt wird und er somit seinen Vergütungsanspruch verliert?

Bleutge:
Sofern der Sachverständige seine Befangenheit selbst, grobfahrlässig herbeigeführt hat, kann es sein, dass die Vergütung auf 0 festgesetzt wird. In diesem Fall werden die Kosten der Bauteilöffnung nur erstattet, wenn die Ergebnisse im weiteren Verfahren verwertbar sind.

Frage:
Ist es juristisch ausreichend in der Einladung zum Ortstermin Folgendes festzulegen:
„Während des Ortstermins sollte ein Handwerker anwesend sein, der nach den Anweisungen des Sachverständigen Bauteilöffnungen vornehmen und wieder verschließen kann."

Bleutge:
Das ist eine gute Formulierung, zudem sollte zuvor umfassend darüber informiert werden, wie aufwendig, kostenintensiv die Untersuchung sein wird und welche Risiken für mögliche Schäden bestehen.

R. Oswald:
Bei komplizierten risikobehafteten Sachverhalten schlägt Herr Liebheit vor, zunächst ein „Bauteilöffnungsgutachten" vorzulegen, in dem den Beteiligten die Gründe für die Arbeiten und mögliche Risiken/Folgen erörtert werden. Das halte ich für vernünftig.
Das praktische Problem besteht allerdings darin, dass man häufig vor Beginn eines Ortstermins noch gar nicht abschätzen kann, wie die Arbeiten ablaufen werden und wie viele Öffnungsarbeiten erforderlich sind. Im „Bauteilöffnungsgutachten" und der darauf aufbauenden Vereinbarung müsste also ein entsprechend großer Spielraum vorgesehen werden.

Bleutge:
Insbesondere bei risikoreichen Öffnungsarbeiten ist dieser Vorschlag sehr gut.

Jansen:
Eine Anmerkung noch zum Thema Haftpflichtversicherung für den Sachverständigen:
Sie müssen überprüfen, ob ihre Haftschutzversicherung das Haftungsrisiko für die durchzuführenden Bauteilöffnungen abdeckt oder ob ggf. eine ergänzende Versicherung notwendig wird. Bei dieser Gelegenheit müssen sie auch im Auge behalten, ob sie die dabei entstehenden zusätzlichen Kosten auch in Rechnung stellen können. Das ist keineswegs selbstverständlich. Denn in Ihre üblichen Stundensätze sind auch die üblichen Geschäftskosten, also auch die Haftpflichtversicherungskosten, eingearbeitet.

Frage:
Kann nicht einfach das Gericht den Beweispflichtigen aufgeben, die Bauteilöffnung unter Anleitung des Sachverständigen durchzuführen?

Bleutge:
Doch, das halte ich auch für die richtige Lösung, wird allerdings nicht von allen Gerichten so praktiziert.

Frage:
Wer trägt die Kosten, wenn der Sachverständige im Auftrag des Gerichts (Weisung) Bauteilöffnungen vornimmt?

Bleutge:
Wenn sie im Auftrag des Gerichts angewiesen werden Arbeiten durchzuführen, dann müssen sie im Zweifel die Kosten zunächst selber tragen; diese Kosten können in der Gesamtabrechnung gegenüber dem Gericht geltend gemacht werden.
Wenn sich der Kostenbeamte/Richter weigert die Kosten zu erstatten, können Sie ein Beschwerdeverfahren nach dem JVEG durchführen.

R. Oswald:
Ich habe gute Erfahrungen mit folgender Vorgehensweise gemacht:
Die an mich gestellte Rechnung wird mit dem Hinweis an das Gericht weitergeleitet, dass dies Gutachtenkosten sind und das Gericht wird gebeten den Rechnungsbetrag direkt an

den Handwerker zu überweisen. Das hat bisher immer geklappt. So muss der Betrag nicht vorgestreckt werden.

Bleutge:
Wenn dies praktisch funktioniert, o. k. Rechtlich halte ich es allerdings für problematisch, denn im Zweifelsfall bleiben Sie der Vertragspartner für den von Ihnen beauftragten Handwerker.
Ich empfehle in diesen Fällen die Beantragung einer Vorschusszahlung.

Frage:
Wenn eine Einzelfallversicherung für Bauteilöffnungen erforderlich ist, wer trägt die dadurch entstehenden zusätzlichen Kosten?

Bleutge:
Zunächst einmal der Sachverständige. Er kann versuchen, diese Zusatzkosten als sonstige Aufwendungen gem. § 7 JVEG geltend zu machen.

Frage:
Die beweispflichtige Partei sagt, dass die hohen Kosten der Bauteilöffnung nicht von der Rechtschutzversicherung übernommen werden und bittet deswegen darum, diese Arbeiten über den Sachverständigenvorschuss abzurechnen. Ist das möglich?

Bleutge:
Es ist nicht Ihr Problem, was die Rechtschutzversicherung bezahlt und was nicht. Hier werden zwei unterschiedliche Fragen miteinander vermischt.

Frage:
Nach Darstellung von Frau Bleutge gibt es in Bezug auf die Beschäftigung von Handwerkern keinen Kontrahierungszwang. Wie sieht es aus bei der Beauftragung von Spezialgutachtern (Messtechnik, Baugrund, Schallschutz)?

Bleutge:
Dabei handelt es sich um eine ganz andere Problematik, da ein zweiter Fachgutachter benötigt wird und keine Hilfskraft, die ihrem Gutachten lediglich zuarbeitet.
In diesem Fall muss auch der Richter mit hinzugezogen werden, damit er den zweiten Gutachter bestellt. Nur so haben die Parteien die Möglichkeit einen Gutachter ggf. wegen Befangenheit abzulehnen.

Zöller:
Kann der Sachverständige den zweiten Gutachter dem Gericht vorschlagen?

Bleutge:
Ja, viele Gerichte geben dann allerdings die Beauftragung des zweiten Sachverständigen an den Gutachter zurück. Das halte ich für falsch.

Frage:
Warum fallen die Anforderungen an die wärmeschutztechnische Qualität bei Innendämmungen aus der EnEV 2014 raus?

Maas:
Dies hat folgenden Hintergrund:
Oft wurden erst gar keine Maßnahmen durchgeführt, da man es als zu schwierig angesehen hat, einen U-Wert von 035 einzuhalten, obwohl diese Anforderung bereits mit 8 cm Wärmedämmung zu erfüllen wären. Oder der dadurch entstehende Raumverlust wurde als zu gravierend angesehen. Um diesem Dilemma aus dem Weg zu gehen, hat man Anforderungen an Innendämmmaßnahmen herausgenommen und überlässt es nun der Freiwilligkeit.
Hinzu kommen Probleme der Nachvollziehbarkeit, wenn z. B. eine einzelne Wohnung innen gedämmt wird. Hier wird man sich vermutlich sowieso nicht an die Anforderungen der EnEV halten.
Deswegen ist es umso wichtiger, für die Sinnhaftigkeit dieser Maßnahmen zu werben. Viele Forschungsergebnisse zeigen, dass die Anforderungen gut einzuhalten sind.

R. Oswald:
Dieser eingeschlagene Weg ist prinzipiell zu befürworten. Es muss ein gewisser Handlungsspielraum gegeben sein.

Frage:
Wäre es nicht sinnvoll gewesen, in Bezug auf die Wirtschaftlichkeit von Sanierungsmaßnahmen, als Schwellenwert den Mindestwärmeschutz nach DIN 4108-2 ($U = 0,7\ W/m^2K$) einzuführen und damit auch der Schimmelpilzproblematik (Außenwandecke) entgegenzuwirken?

Maas:
Der gewählte Schwellwert von $0,9\ W/m^2K$ ist in vielen Fällen zu schwach angesetzt. Deswegen wurden bereits Verbesserungsvor-

schläge für ein höheres Anforderungsniveau gemacht, die mit den Bundesländern diskutiert werden.
Der vom Fragesteller vorgeschlagene Wert von 0,7 W/m^{2}K wäre durchaus vertretbar.
Das Problem wird eher sein, wie das gewünschte Niveau im Rahmen der EnEV festgelegt wird. Wird dies über die Vorgabe eines festen U-Wertes geschehen oder werden die Anforderungen an die Einhaltung einer ehemaligen Wärmeschutzverordnung gekoppelt? Ebenso stellt sich die Frage, wie die Wirtschaftlichkeit einer Maßnahme nachzuweisen ist. Hierzu ist die Einführung einer Berechnungsmethode zur Ermittlung eines „kostenoptimalen Niveaus“ vorgesehen. Die Berechnungsmethode wird im Rahmen der Richtlinie zur Energieeffizienz von Gebäuden (EPBD) in einer separaten Bekanntmachung veröffentlicht. Diese Berechnungsmethode wird europaweit verbindlich für die Formulierung von energetischen Mindeststandards heranzuziehen sein.
Letztlich kommt es immer auf den Einzelfall und die jeweiligen energetischen und wirtschaftlichen Randbedingungen an, um daraus ableiten zu können, welche Maßnahmen tatsächlich wirtschaftlich und sinnvoll umgesetzt werden sollten.
Noch eine Anmerkung: Auch wenn es künftig in der EnEV keine Anforderungen mehr für Innendämmungen gibt, so bleibt doch die Berechnungsmethodik erhalten. Das heißt, bei Außenwänden mit Innendämmungen im Bestand wird ein pauschaler spezifischer Wärmebrückenzuschlag Δ U_{wb} von 0,15 W/m^{2}K eingerechnet.
Zu dem großen Thema der Erneuerung im Bestand:
Die Verordnung greift bei Maßnahmen im Bestand immer erst dann, wenn ohnehin Maßnahmen geplant sind, so dass in der Regel auch eine Wirtschaftlichkeit der Anforderungen gewährleistet ist.

Frage:
Die Angabe im Energieausweis „kostengünstige“ Modernisierungsempfehlung ist eine Haftungsfalle für den Architekten bzw. Energieplaner. Die Kosten sind selten in der Phase der Energieberechnung/-ausweis schon bekannt. Es wäre wünschenswert, wenn der Passus „kostengünstig“ zu Gunsten von „Modernisierungsempfehlung nach EnEV“ ersetzt würde.

Maas:
Die Anforderungen der EnEV gelten nur für den Fall, dass sowieso Maßnahmen geplant sind. Der Energieausweis soll dazu anregen, initiativ über mögliche sinnvolle und kostengünstige Maßnahmen nachzudenken. Im Vorfeld ist natürlich nur eine Empfehlung möglich und keine rechtverbindliche Aussage.

Frage:
Die Anforderungen werden mit der EnEV 2014 und 2016 im Neubau jeweils um 12,5 % verschärft. Je geringer der Energiebedarf unserer Gebäude wird, desto mehr gewinnen die vorgelagerten Prozessketten an Bedeutung („Graue Energie“). Inwieweit ist es vorgesehen die Bilanzgrenzen zu erweitern und die „Graue Energie“ bei der Bilanzierung zu berücksichtigen?

Maas:
Im Rahmen einer Energieeinsparverordnung wird die „Graue Energie“ auf absehbare Zeit wohl nicht eingeführt. Eine Bewertung im Rahmen eines ganzheitlichen Ansatzes der sowohl die Herstellung als auch den Betrieb des Gebäudes und den Abriss berücksichtigt, kann mit den Verfahren der Deutschen Gesellschaft für Nachhaltiges Bauen oder des Bewertungssystems Nachhaltiges Bauen für Bundesgebäude vorgenommen werden. Wendet man solche Bewertungen an, zeigt sich, dass die Dämmstärken, die bei sehr energieeffizienten Gebäuden umgesetzt werden, auch aus ökologischer Sicht sinnvoll sind. Das heißt, der Energieaufwand für die Herstellung liegt deutlich niedriger als die aufgrund der Wärmeschutzmaßnahme eingesparte Energie.

Frage:
Ein Gebäude z. B. von 1952 bekam 1985 ein WDVS entsprechend dem Standard der WSV ´84. In 2014 soll das WDVS „überholt“ werden, die 10 % Regel ist gegeben. Müssen nur die U-Wert Anforderungen nach EnEV 2014 erfüllt werden?

Maas:
Die Entwurfsfassung der Energieeinsparverordnung sieht für den geschilderten Fall keine Anforderungen vor. Dies bedeutet nicht, dass nicht auch eine Wärmeschutzmaßnahme, die über die damaligen Anforderungen hinausgeht, heutzutage als wirtschaftlich zu betrachten ist.

Frage:
Was bedeutet der Begriff „Erneuerung" in der EnEV? Wenn ich einen bestehenden Außenputz belasse und einen zusätzlichen Außenputz auftrage, habe ich damit den Putz „erneuert"?

Maas:
Der Tatbestand der Außenputzerneuerung setzt im Rahmen der EnEV und der zugrunde gelegten Wirtschaftlichkeitsbetrachtung das Abschlagen des alten Putzes voraus. Verbleibt ein Putz auf der Wand und wird dieser lediglich repariert oder überarbeitet, so greift die Anforderung der Verordnung nicht.

Frage:
Was gilt, wenn durch einen Sturm die Dacheindeckung wegfliegt?

Maas:
Hinsichtlich der Anforderung der Verordnung spielt es keine Rolle was die Ursache bzw. der Anlass für eine Maßnahme ist. Vielmehr ist zugrunde zu legen, welcher Umfang eines Eingriffs erfolgt. Werden ausschließlich Dachziegel erneuert und es bleiben Unterdach und Lattung bestehen, so gelten keine Anforderungen. Erst wenn im Zuge der Baumaßnahme Dacheindeckung (Dachhaut) einschließlich Lattung und ggf. vorhandener Unterspannbahn bzw. Schalung ersetzt oder neu aufgebaut wird, greifen die entsprechenden Anforderungen an die Maßnahme.

Frage:
Wie ist die Situation zu beurteilen, wenn z. B. eine Dämmung der Bestandsgebäude untersagt wird, um einem Mietanstieg entgegenzuwirken?

Maas:
Die Dämmung eines Gebäudes wird aus der EnEV heraus nicht vorgeschrieben. Wenn also der Eigentümer keine Investition vornimmt, um die Mietpreise nicht ansteigen zu lassen, werden auch keine Anforderungen formuliert. Erst in dem Fall wenn bereits umfangreiche Investitionen vorgesehen sind, fordert die EnEV eine Mindestqualität der entsprechenden Maßnahme.

2. Podiumsdiskussion am 15.04.2013

Frage:
Welche Ebene, die Dampfsperre bzw. die Trockenbauschale, ist bei der Luftdichtheitsmessung als Dichtheitsebene zugrunde zu legen?

Walther:
Der Planer muss im Vorfeld der Maßnahme entscheiden, welche dieser Ebenen die Luftdichtheitsebene darstellen soll. Die Trockenbauschale bzw. Gipskartonebene kann auch die Funktion einer Luftdichtheitsebene übernehmen. In der DIN 4108-7 (6.1.3) ist diese Variante ebenfalls vorgesehen und beschrieben. Es ist darin allerdings auch der Hinweis enthalten, dass „besondere Maßnahmen" getroffen werden müssen, um diese Schicht dauerhaft luftdicht auszubilden. Die Gipskartonplatte kann leicht vom Nutzer „perforiert" werden und somit nicht mehr ausreichend als Luftdichtheitsebene funktionieren.

Zöller:
Es stellt sich aber auch die Frage, wie dauerhaft Klebeverbindungen sind? Sind sie durch darüber angebrachte Bekleidungen abgedeckt und nicht mehr einsehbar, können sie hinsichtlich ihrer Funktionsfähigkeit später nicht mehr überprüft bzw. nachgebessert werden. In der Praxis kann dann nur noch die innere Bekleidung, die eigentliche Luftdichtheitsebene darstellen. Wenn es z. B. aus der Steckdose zieht, kann nur noch an dieser Stelle reagiert werden.

Frage:
Ab welcher Größenordnung von kleinen Einzelluftleckagen ist von einem Mangel auszugehen?

Walther:
Ich beziehe die Frage auf Leckagen, die eine zu hohe Feuchteeinlagerung in die Konstruktion bewirken.
Diese Größenangabe, ab wann eine Einzelluftleckage ein Mangel ist, wäre noch eine Forschungsaufgabe.
Es können die kleinen Leckagen problematisch sein. Auch der Weg der Luft ist entscheidend. Bei langen Wegen mit langsam strömender Luft können sich hohe Feuchtigkeitswerte in den Materialien entwickeln. Kurze Wege mit starkem Luftvolumenstrom (Durchblickleckage) sind feuchtetechnisch eher unproblematisch.

Zöller:
Entscheidend ist auch die Luftströmungsrichtung. Strömungen im Winter von außen nach innen sind beispielsweise weniger problematisch als umgekehrt, sofern energetische Überlegungen keine Rolle spielen.

Walther:
Ja, so ist es, Leckagen im Erdgeschoss sind dann unproblematisch, die im Dach können problematisch sein.

Frage:
Muss bei Messungen zur Überprüfung der Luftdichtheit einer neu erstellten Leichtbaukonstruktion aus Gipskartonplatten, bei der die Dampfsperre gleichzeitig auch die Luftdichtheitsebene darstellt, die Konstruktion geöffnet werden?

Walther:
Bei Messungen nach EnEV wird der „energetische Zustand der Gebäudehülle" überprüft. Das heißt, es wird mit der Messung bestätigt, ob die Energiebedarfsberechnung hinsichtlich der Luftdichtheit korrekt erstellt wurde. Es müssen daher keine Öffnungsarbeiten für die Messung ausgeführt werden.
Es sei denn, es wurden auf privatrechtlicher Ebene andere Vereinbarungen getroffen, dass sie z. B. die tatsächliche Luftdichtungsebene mit einem Luftdurchlässigkeitswert pro m^2-Fläche bewerten müssen. In diesem Fall sind dann teilweise Öffnungsarbeiten durchzuführen, oder eine Messung „vor der Beplankung" zu planen.

Zöller:
Bei Dächern werden teilweise Regelungen zur Begrenzung der flächenbezogenen Luftdurchlässigkeitswerte getroffen. Problematisch ist dabei die Messung dieser Fläche, eigentlich wird immer vom volumenbezogenen Wert ausgegangen.

Walther:
Messtechnisch ist das eine Herausforderung, aber machbar. Es wird nicht mehr die Kenngröße Luftwechselrate bezogen auf das Volumen berechnet, sondern man generiert einen Kennwert als Vergleichswert für die Dichtheit, der auf die Hüllfläche (m^3/Std./m^2) bezogen ist. So kann die Bauqualität richtig beschrieben werden.

Zöller:
Aber wie kann die Messung auf ein Bauteil beschränkt werden?

Walther:
Da gibt es „erweiterte Messmethoden". Es müssen dann Abschottungen hergestellt werden, damit ein Einzelelement gemessen werden kann.

Frage:
Wann und unter welchen Rahmenbedingungen (nachts, bei beheizten Objekten etc.) sollten Thermografieaufnahmen am sinnvollsten gemacht werden?

Tanner:
Zunächst muss die Frage geklärt werden, was mit den Thermografieaufnahmen erreicht werden soll.
Wenn es darum geht Wärmebrücken aufzuzeigen oder Unterkonstruktionen (z. B. Riegel) sichtbar zu machen, dann können die Untersuchungen auch im Sommer durchgeführt werden, sogar bei Tag.
Sofern aber energierelevante Aussagen gemacht werden sollen, wenn es also um die Interpretation und Abschätzung vom Wärmedurchgang geht, dann müssen die Arbeiten in der kalten Jahreszeit und in der Nacht durchgeführt werden. Es gibt dabei verschiedene Stufen Meteo-Bedingungen. Diese Details sind in der von mir bereits angesprochenen Broschüre (Tanner u. a.: Energetischen Beurteilung von Gebäuden mit Thermografie und der Methode QualiThermo. Schlussbericht 2011, Bundesamt für Energie, Bern) enthalten.
Es gibt, wie bei der Luftdichtheitsprüfung, im Prinzip zwei Möglichkeiten die Bauthermografie durchzuführen. Ein Verfahren A, bezogen auf den Nutzungszustand und ein Verfahren B, bezogen auf die Gebäudehülle.
Ich bevorzuge das Verfahren B, indem ich die Messung ankündige und die Bewohner bitte durch ihr Heizverhalten zwei Tage im Voraus für stabile Innentemperaturen zu sorgen (Innentüren geöffnet lassen, keine Nachtabsenkung der Heizung). So erlange ich laborähnliche Rahmenbedingungen und kann eine optimale Auswertung erstellen.
Ist diese Vorgehensweise nicht gewünscht, dann wende ich das Verfahren A an, bei dem die jeweilige Nutzungssituation berücksichtigt wird. Bei der Interpretation der Aufnahmen muss ich das Wissen über die tatsächliche Innenraumsituation mit berücksichtigen. So zeigen z. B. höhere Oberflächen-Temperaturen der Außenwände des Badezimmers, dass dieser Raum 3° höher temperiert ist, und nicht dass er einen erhöhten Wärmedurchgang hat.

Frage:
Können Sie bei einer außenseitig gut gedämmten Wand durch eine thermografische Innenraummessung feststellen, ob sich im Mauerwerk, also auf der warmen Seite, Feuchtigkeit befindet?

Tanner:
Innenseitig auftretende Feuchtigkeit kann ich durch Innenmessungen feststellen, sofern genügend Messerfahrung vorhanden ist, um die angezeigten Strukturen richtig deuten zu können. Dazu gibt es noch einige physikalische Tricks.
Von der Außenseite können diese Feststellungen, bei gut gedämmten Fassaden, sicher nicht gemacht werden. Denn die meteorologischen Einflüsse auf die Messergebnisse sind deutlich größer als die möglichen Veränderungen durch Feuchtigkeitseinfluss von der Innenseite.

Zöller:
In Abhängigkeit von der Wärmeschutzeigenschaft der Wand wird es vermutlich immer schwieriger feuchte Bereiche zu erkennen und zu deuten. Stellen mit einem erhöhten Wärmestrom können einen Hinweis auf einen feuchten Wandaufbau sein.

Tanner:
Ja, das ist richtig. Die Umgebungsbedingungen müssen auf jeden Fall sehr gut im Auge behalten werden, da sie einen sofortigen Einfluss auf die Oberflächentemperatur haben. Außerdem muss die Feuchtigkeit auch auf der Oberfläche auftreten.

Frage:
Ist es nicht möglich bei Feuchtemessungen mit den gängigen elektrischen Widerstands- oder Kapazitätsmessungen die Digits zu verbannen und die physikalischen Größen z. B. Feuchtegehalt in Masse-% darzustellen?

R. Oswald:
Für die Holzfeuchte gibt es entsprechende Einstellungen in gängigen Messgeräten. Bei den meisten Baustoffen sind die Messwerte stark von der jeweiligen Zusammensetzung abhängig. Die Anzeige in Digits ist dann vernünftig. Sie signalisiert: „Lieber Messwertableser, was diese Zahl feuchtetechnisch bedeutet, musst du noch klären."

Frage:
Beim Mikrowellenmessgerät messen die verschiedenen Messköpfe die Feuchtigkeit von der Wandoberfläche bis in jeweils unterschiedliche Tiefen. Die Ausgabe erfolgt als Mittelwert.
Wie kann daraus auf den Feuchtegehalt in oberflächennahen Bereichen oder im Kernbereich der Wände geschlossen werden? Wieso werden in ihrer Untersuchung die Messergebnisse aus Messungen mit unterschiedlichen Messköpfen gemittelt?

Harazin:
Ein Beispiel:
Mit dem ersten Messkopf wird von der Oberfläche bis in 4 cm Tiefe gemessen. Es wird ein geringer Feuchtigkeitsgehalt festgestellt.
Mit dem zweiten Messkopf wird von der Oberfläche bis in eine Tiefe von 30 cm gemessen. Hier wird ein deutlich erhöhter Feuchtigkeitsgehalt festgestellt.
Aus diesen beiden Ergebnissen können Sie schließen, dass in verschiedenen Tiefen unterschiedliche Feuchtigkeitsgehalte vorhanden sind.
Wenn Sie in verschiedenen Tiefen Feuchtigkeiten feststellen wollen, dann müssen sie auch verschiedene Messköpfe anwenden, sonst ist eine Beurteilung nicht möglich.

Anmerkung von Dr. Göller (HF Sensor GmbH)
1. Die Kalibrierung des Geräts erfolgt mittlerweile gemäß WTA-Merkblatt 4-11/02/D auf Trockenmasse.
2. Die Software bietet weiter eine Möglichkeit, einmal aufgenommene Feuchteverteilungen auf zerstörend genommene Proben zurückzuführen und entsprechend anzurechnen.

Harazin:
Dass der Hersteller auf die Belange der Praxis eingegangen ist und die Funktion des Messgerätes anwenderfreundlich geändert hat, ist zu begrüßen. Mit einem derartigen neu kalibrierten Gerät habe ich noch nicht gearbeitet und kann deshalb auch die Funktionstüchtigkeit und die Genauigkeit des Gerätes nicht beurteilen.
Allerdings liegt mir eine Broschüre des Herstellers des Messgerätes vor (Relative und absolute Mikrowellen-Rasterfeuchtemessungen mit den MOIST-Messgeräten), in der auf die Rückführbarkeit der Messergebnisse auf zerstörende Messungen durch Linearverschiebung eingegangen wird. Soweit ich die Darstellungen in der Broschüre richtig verstanden habe, ist es nun angabegemäß möglich, die Abweichungen der Messwerte aus der Gerätemessung vor Ort mit den nach der Darrtrocknung gemessenen Werten aus den vor Ort genommenen Proben, die sich aus verschiedenen Rohdichten zwischen der Gerätekalibrierung und den vor Ort tatsächlich vorhandenen Rohdichten nach Herstellerangaben ergeben können, durch neu modellierte Eingabe in das Messgerät anzupassen. Grundlage hierfür ist u. a. die Messung des Messgerätes gemäß WTA-Merkblatt 4-11/02/D auf Trockenmasse („dry base" sh. Beitrag). Dies wird vom Messgerätehersteller anhand eines von mir aus einer früheren Veröffentlichung aufgestellten Diagramms dargestellt (ähnliche Darstellung im Diagramm 2 meines hier veröffentlichen Beitrag). Im Diagramm des Herstellers in der Broschüre sowie auch im Diagramm 2 (sh. Beitrag) ist eine lineare Korrelation scheinbar offensichtlich.
Dies ist aber nicht richtig. Unabhängig davon, dass für die Annahme einer Korrelation weitere Untersuchungen z. B. an anderen Baustoffen notwendig wären, wurden von mir die am Messgerät abgelesenen Werte in das Diagramm eingetragen und mit der Darrtrockenmethode verglichen. Dieser Vergleich erfolgte allerdings nicht zur Gerätekalibrierung sondern

allein dafür, ob überhaupt eine qualitative Unterscheidung der Messungen und damit eine Interpretation der Ergebnisse vor Ort möglich sind.
Im Diagramm 1 meines Beitrags wird auf die bei zunehmender Feuchtigkeit auch zunehmende Abweichung zwischen den Methoden der Messungen des von mir verwendeten Messgerätes in „wet base“ (Erläuterung sh. Beitrag) und der Darrtrocknung („dry base“) hingewiesen. Die Ergebnisse im Diagramm 2 im Beitrag sowie auch im Diagramm des Messgeräteherstellers basieren auf meinen Werten in „wet base“. Wenn jetzt die Messgeräte die Messergebnisse nach WTA-Merkblatt 4-11/02/D auf Trockenmasse, also auf „dry base“ anzeigen, würden die Ergebnisse meiner damaligen Messung im Diagramm 2 keine Linie, sondern eine Kurve darstellen. Soweit der Hersteller keine weiteren Änderungen an der Geräteprogrammierung/-kalibrierung vorgenommen hat, ist eine lineare Verschiebung zwischen den Messgerätewerten und den Werten aus den Proben mit der Darrtrocknung nicht möglich. Erhebliche Abweichungen in den Messungen sind dann zu erwarten.

Frage:
Kann der U-Wert bzw. f_{Rsi}-Wert vom Sachverständigen durch Datenlogger bestimmt werden, die die Außentemperatur, Innentemperatur und Oberflächentemperatur (innen) über ca. drei Wochen aufzeichnen oder ist die thermische Trägheit der Bauteile zu groß?

König:
Ja, das geht, aber dann muss die Innentemperatur nicht nur an einer Stelle gemessen werden, sondern mindestens an drei Stellen. Für die Auswertung des U-Wertes muss außerdem der innere Übergangswiderstand gemessen werden und dies ist nur bei gleichzeitiger Erfassung der Wärmestromdichte möglich. Um die Trägheit des Bauteils zu eliminieren ist eine Auswertung über drei Wochen, nach ISO 9869, erforderlich.

Zöller:
Problematisch ist dabei die richtige Berücksichtigung der Wärmebrücken, insbesondere in geometrisch komplizierten Situationen.

König:
Richtig, meine Ausführungen gelten für den ungestörten unendlich ausgedehnten Probekörper. Im Bereich von Wärmebrücken ist es mit dieser Methode unmöglich.

Frage:
Kann die Holzfeuchte bei Messung mit der Einsteckelektrode direkt in Gewichtsprozent abgelesen werden? Ist eine Kalibrierung erforderlich?

Schürger:
Die Holzfeuchtemessung mit der Einschlagelektrode oder mit der Einsteckelektrode ist ein Standardverfahren für Holzfeuchtemessungen. Da die Leitfähigkeit bei Holz in der Regel ausschließlich vom Feuchtegehalt abhängig ist, ist die in den Geräten integrierte Kalibrierkurve ausreichend genau.
Bei Anwendung des Leitfähigkeitsverfahrens kann direkt am Messgerät die Holzfeuchte in Masse-% abgelesen werden.

Zöller:
Bei einem größeren Projekt musste ich an vielen Stellen Messungen mit der Einsteckelektrode durchführen und zur Kontrolle auch Proben entnehmen. Erstaunlicherweise haben die Werte nur zur Hälfte übereingestimmt.

Schürger:
Bei Verwendung von älteren Holzschutzmitteln, die z. B. Borsalz enthalten, kann es solche Messungenauigkeiten geben.

Zöller:
Es handelte sich um einen Neubau.

Schürger:
Dann war vielleicht auch etwas anderes im Holzschutzmittel, was die Leitfähigkeit beeinträchtigt hat.

Frage:
Wie groß ist bei der hygrometrischen Feuchtemessung der Einfluss des Luftvolumens in das die Probe eingebracht wird?

Schürger:
Ein Kubikmeter Beton mit einer Masse von 2.000 kg/m^3 und einem Wassergehalt von 5 Masse-% enthält beispielsweise 100 kg Wasser pro m^3.
In einem Kubikmeter Luft sind in der Regel 10 bis 20 g Wasser enthalten.
Zwischen der Baustofffeuchte und der Luftfeuchtigkeit findet zwar ein Ausgleich statt, aber an den dargestellten Mengenverhältnissen können sie erkennen, dass die Baustofffeuchte durch Einflüsse aus der Luftfeuchtigkeit nur unwesentlich verändert werden kann.

Das Luftvolumen um die Probe sollte so klein wie möglich gehalten werden, aber es ist in der Regel kein entscheidender Faktor.

Zöller:
Diese möglichen Messfehler sind in einer Größenordnung, die vernachlässigbar sind.

R. Oswald:
Ich möchte noch einmal auf das Thema „Beurteilung des Schimmelpilzrisikos durchfeuchteter Baustoffe“ eingehen. Kann das Schimmelpilzrisiko z. B. einer getrockneten Estrichdämmschicht über die Darrmethode überhaupt ausreichend genau bestimmt werden? Man muss doch vom gemessenen Feuchtegehalt über die Sorptionsisothermen auf die Luftfeuchte in den Baustoffporen schließen. Die Isothermen laufen meist bei 80 % r. F. sehr flach. Ist nicht das hygrometrische Messverfahren mit direkter Messung der relativen Luftfeuchte im bzw. am Baustoff die einzig vernünftige Vorgehensweise bei der Beurteilung eines Schimmelpilzrisikos?

Schürger:
Sie haben recht: Das hygrometrische Messverfahren bietet sich hierfür an. Je flacher die Sorptionsisotherme des Baustoffs in dem entscheidenden Bereich bei 80 % relativer Luftfeuchte ist, desto eher gibt es Genauigkeitsprobleme bei der Ermittlung der Ausgleichsfeuchte. Hier sind zuverlässige Einschätzungen über den massebezogenen Wassergehalt nur schwer möglich.
Durch hygrometrische Messungen erhält man direkt die Ausgleichsfeuchte und man erspart sich die Kalibrierung über baustoffspezifische Kenngrößen.

1. Podiumsdiskussion am 16.04.2013

Frage:
Kann bei einem Wannenbauwerk (Weiße Wanne) mit dem Radarverfahren die Lage der Fugenbänder am Übergang Boden/Wand kontrolliert werden?

Patitz:
Diese Konstruktionen sind in der Regel nur einseitig, nämlich von der Kellerinnenseite, zugänglich. Der Materialkontrast zwischen Beton und Dichtungsband wird durch die Radaruntersuchung zu erkennen sein, aber es ist fraglich, ob die zur Verfügung stehende geringe Messtrecke ausreichend ist. Ich habe solche Messungen noch nicht durchgeführt. Eine gewisse Erfolgschance besteht, man müsste es ausprobieren.

R. Oswald:
Kann mit der Radar-/Ultraschalluntersuchung eine Schädigung der Bewehrung (z. B. Korrosion) festgestellt werden?

Patitz:
Nein, ich kann mit dem Radar keine Durchmesser von Stahl/Eisen bestimmen. Es kann auch nicht bei Stahlträgern die Flanschbreite in cm gemessen werden. Angaben zum eventuellen Korrosionszustand können ebenfalls nicht gemacht werden.

Frage:
Kann mit dem Radarmessverfahren bei einer Dreifachwand überprüft werden, ob sich der Ortbetonkern mit den Fertigteilelementen verbunden hat bzw. ob Hohlräume bestehen?

Patitz:
Ja, mit dieser Untersuchungsmethode können Verdichtungsmängel und Hohlräume festgestellt werden.

Frage:
Kann bei einer Geschossdecke die Lage der Heizungsschläuche im Estrich festgestellt werden?

Patitz:
Durch den guten Materialkontrast zwischen dem wassergefüllten Schlauch und dem Estrich müssten sich die Heizungsschläuche abzeichnen. Wasser ist ein gutes Kontrastmittel. Die Anwendung kann eingeschränkt werden durch ggf. darüber liegende Dämmstoffplatten. Da der Schichtenaufbau mit 15 cm relativ gering ist, wird die Untersuchung funktionieren.

R. Oswald:
Kann man in dieser Situation auch die Höhenlage der Bewehrung in der Stahlbetondecke ermitteln?

Patitz:
Sofern die Bewehrung versetzt zu den Heizungsleitungen verlegt ist, ja.

Frage:
Gibt es für Radaruntersuchung von mehreren Stützen einen Mengenrabatt?

Patitz:
Die Arbeiten werden rein nach Stundenaufwand kalkuliert und abgerechnet. Dazu gehören die Anfahrt, die Vorbereitungszeit und der Zeitaufwand um das Gerät zu kalibrieren. Die Messwertaufnahme selbst verläuft sehr zügig. Bei mehreren gleichen Bauteilen reduziert sich natürlich der Auswerteaufwand. Auswerteroutinen können mehrfach verwendet werden. Daraus ergibt sich ein Mengenrabatt.

Zöller:
Es wurden Kosten in der Größenordnung von 2.500 € pro Stütze genannt. Bei Kosten in dieser Größenordnung stellt sich die Frage, ob ein sofortiger Austausch nicht günstiger ist?

Patitz:
In den angesprochenen 2.500 € sind alle Kosten enthalten. Bei der Beurteilung von mehreren Stützen relativieren sich natürlich die Kosten pro Stütze. Ein Austausch ist nicht immer möglich oder sinnvoll.

Frage:
Können Sie mit Radar oder Ultraschall Holzbalkendecken untersuchen zur Feststellung des Schichtenaufbaus sowie die Dicken der tragenden Elemente?

Patitz:
Feststellungen zum Schichtenaufbau und Bauteildicken würde ich immer mit Radaruntersuchungen treffen. So können sie relativ einfach und schnell große Flächen untersuchen und bekommen in kurzer Zeit viele Ergebnisse.
Mit Ultraschalluntersuchungen erhalten sie immer nur punktuelle Aussagen. Diese Untersuchungsmethodik empfiehlt sich z. B. bei der Beurteilung von der Holzfestigkeit, Festigkeitsunterschieden, Fäulnis. Wobei sich diese Bereiche auch bei Radaruntersuchungen abzeichnen.

Frage:
Lassen sich bei Kellerbauwerken die Ergebnisse von Gelschleierinjektionen kontrollieren?

Patitz:
Im Rahmen eines Forschungsprojekts für die Bundesanstalt für Wasserbau wurde eine Versuchsreihe zur Überprüfung des Erfolgs von Injektionen durchgeführt. Dabei wurde festgestellt, dass Harze und Gele für Radaruntersuchungen so transparent wie Luft sind. Sie erkennen bei der Untersuchung der Wandfläche Bereiche, in denen sich Hohlräume befinden. Es kann aber nach einer Gelschleierinjektion nicht festgestellt werden, ob diese durch die Injektion verfüllt worden sind.
Eine Ausnahme stellen mineralisch gebundene Injektionen dar. Der Verfüllungsgrad von Zementsuspensionen kann allerdings erst, wenn das Wasser vollständig abgebunden ist, ggf. nach mehreren Monaten, ausreichend zuverlässig überprüft werden.

Frage:
Wie soll man mit historischer Bausubstanz umgehen, die zwar seit Jahrhunderten mit gleich gebliebener Beanspruchung steht, aber mit heutigen Rechenverfahren kein Nachweis für die Standsicherheit möglich ist?

Jäger:
Dann ist vermutlich das verwendete Rechenmodell nicht zutreffend und muss korrigiert werden, denn das Gebäude steht ja. Die Fehler liegen oft in den getroffenen Annahmen bzw. Vereinfachungen.
Bei der Beurteilung von Rissbildungen in der Kuppel einer Kirche in Berlin haben wir beispielsweise versucht durch Berechnungen die Ursachen der Rissbildung zu ermitteln. Bei verschiedenen Rechenmodellen traten die Risse immer wieder woanders auf. Das Problem waren die angenommenen Materialkennwerte, die nicht mit der Realität übereinstimmten. Außerdem war die Geometrie der Fundamente etwas anders als vermutet. Als diese Fehler beseitigt waren, traten auch in den Berechnungen die Risse an den gleichen Stellen, wie in der Realität, auf.
Wenn mit Berechnungen keine befriedigenden Ergebnisse erzielt werden können, kann man auch Lastversuche/Probebelastungen durchführen. Dies ist ein adäquates Mittel zum Nachweis, dass neu eingebrachte Lasten auch abgetragen werden können.

Frage:
Wie verhält es sich mit dem Mischungsverbot von Normen beim Bauen im Bestand?

Jäger:
Normen sind ursprünglich für Neubauten aufgestellt worden. Beim Übertragen der Normen auf das Bauen im Bestand müssen Sie für die richtige Vorgehensweise den Ingenieurverstand einsetzen.
Zunächst gilt der Bestandsschutz. Sofern keine Veränderungen vorgenommen werden, kann davon ausgegangen werden, dass die zur Erbauungszeit gültigen Normen ausreichend Tragsicherheit gewährleisten. Wenn ich in die Bauwerksstruktur eingreife, dann muss ich die heute geltenden Normen beachten.
So ist beispielsweise eine über viele Jahre funktionsfähige Kranbahn nach der alten Norm gerechnet standsicher. Beim Nachrechnen nach heutigen Anforderungen treten Nachweisprobleme auf. Hier muss zuerst der Frage nachgegangen werden, ob Veränderungen an der Kranbahn vorgenommen worden sind. Wenn nicht, ist von der Vermutung auszugehen, dass die Kranbahn den allgemeinen anerkannten Regeln der Technik zur Erbauungszeit entspricht. Als Fachleute müssen wir auch darüber nachdenken, ob es seit dieser Zeit prinzipielle Erkenntnisse und Neuerungen gegeben hat. Unter Umständen muss man sich dann fragen, ob der derzeitige Zustand noch zu verantworten ist. Das ist immer eine Einzelfallentscheidung.

2. Podiumsdiskussion am 16.04.2013

Frage:
Inwieweit haben die vorhandenen Altbeschichtungen Auswirkungen auf die Überarbeitung der Wärmedämm-Verbundsysteme?

Buecher:
Grundsätzlich ist die Überarbeitung von Wärmedämm-Verbundsystemen, auch bei Vorhandensein einer Altbeschichtung, zulässig. Es gehört dann zu den erforderlichen Planungsaufgaben, dass Aspekte der Haftung der Altbeschichtung am Untergrund, des neuen Putzsystems an der Altbeschichtung und der Wasserdampfdurchlässigkeit des Systems bei der Planung berücksichtigt werden.

Frage:
Wer erteilt die „Zustimmung im Einzelfall" (ZiE), mit welchem Zeitaufwand muss dafür kalkuliert werden und welche Kosten entstehen dabei?

Buecher:
Die oberste Bauaufsichtsbehörde des jeweiligen Bundeslandes erteilt die Befreiungen oder auch die „Zustimmung im Einzelfall". Für Wärmedämm-Verbundsysteme geht in der Regel die „Zustimmung im Einzelfall" relativ schnell. Die Kosten befinden sich in der Größenordnung von 500 bis 700 €.

Kotthoff:
Herr Buecher, Sie sagen, dass bei einer Überarbeitung von Putzen eine Zustimmung im Einzelfall eingeholt werden muss.
In Bezug auf den Brandschutz kann ich dazu Folgendes sagen: Dies ist explizit nicht in den Zulassungen enthalten. In den seltensten Fällen wird nämlich die Überarbeitung des Putzes dazu führen, dass die maximale Putzdicke des Systems übertroffen wird. Für das Einzelsystem gibt es i. d. R. bereits die Zulassung. Es sollte also ggf. mit dem Hersteller gemeinsam überprüft werden, ob die Arbeiten nicht inhaltlich schon mit der Zulassung abgedeckt sind. Gehen die vorgesehen Putzdicken über die in den bauaufsichtlichen Zulassungen enthaltenen hinaus, muss ggf. eine Zulassung im Einzelfall beantragt werden.

Zöller:
Soll das Überarbeiten von Wärmedämm-Verbundsystemen grundsätzlich unzulässig sein?
Dies hat nicht nur technische Aspekte, die bereits angesprochen wurden, sondern auch juristische. Juristen neigen sehr schnell bei einer Aussage im Sinne von „Die anerkannten Regeln der Technik sind nicht eingehalten worden." dazu, dass das Werk dann mangelhaft ist und abgebrochen werden muss.
Herr Liebheit, Sie sind als Gast auf dem Podium, wie beurteilen Sie das?

Buecher:
Es gibt in den Landesbauordnungen allerdings auch den Hinweis, dass auch bei Änderungen die allgemein anerkannten Regeln der Technik eingehalten werden müssen.

Liebheit:
Ob eine Überarbeitungsmaßnahme eines Bauteils, die über deren bauaufsichtliche Zulassung hinausgeht, noch den anerkannten Regeln der Technik entspricht oder lediglich dem Stand der Technik, weil sie sich in der Praxis zwar bewährt hat, aber noch nicht allgemein anerkannt ist, muss zunächst der Unternehmer und der Planer ggf. nach Rücksprache mit dem Hersteller und im Streitfall letztlich der Sachverständige beantworten. Wenn die anerkannten Regeln der Bautechnik nicht eingehalten werden können, dann muss der Auftraggeber darauf hingewiesen werden. Das reicht allein aber nicht aus. Zusätzlich muss er darüber informiert werden, mit welchen Nachteilen und eventuellen Risiken diese Abweichungen von den anerkannten Regeln der Technik verbunden sind.
Ausgeführt wird dann eine sogenannte Sonderkonstruktion und der Bauherr muss darauf hingewiesen werden, warum diese Sonder-

konstruktion erforderlich und wirtschaftlich sinnvoll ist. Es ist vertragsrechtlich erforderlich, dass er sich mit dieser Vorgehensweise einverstanden erklärt. Sein Einverständnis muss nachweisbar dokumentiert werden. Die Beweispflicht für die entsprechende Erklärung hat der Auftragnehmer.

R. Oswald:
Die bauaufsichtlichen Zulassungen für Wärmedämm-Verbundsysteme sehen im selben Dokument in der Regel viele verschiedene Beschichtungen von 3 bis 25 mm Schichtdicke vor. Im Rahmen dieser Spannbreite wird sich durch Neubeschichtungen am System nichts Wesentliches ändern. Wenn es gelingt, diesen Sachverhalt dem Auftraggeber zu vermitteln, ist man schon einen wesentlichen Schritt weiter.

Kotthoff:
Es gibt eine Hinweispflicht des ausführenden Unternehmers an den Bauherrn bei abweichenden Konstruktionen. Sofern jedoch sicherheitsrelevante Fragen betroffen sind, wie z. B. der Brandschutz, ist die Erfüllung der Hinweispflicht alleine nicht mehr ausreichend. Selbst wenn der Ausführende den Sachverhalt kenntlich gemacht hat und es in Absprache mit dem Bauherrn so ausführt, ist er, nach meinem Verständnis, immer noch in der Haftung.

Liebheit:
Der Bauherr kann sich mit einer risikobehafteten Ausführungsweise, die gegen die anerkannten Regeln der Technik verstößt, in einer rechtlich wirksamen Weise einverstanden erklären, wenn das Risiko allein ihn betrifft und nur er einen Schaden erleiden würde, wenn es sich realisiert. Das wird gelegentlich verkannt.
Dagegen kann ein Bauherr in eine Baumaßnahme, die zu einer Gefährdung Dritter führt, nicht wirksam einwilligen. Das gilt für alle sicherheitsrelevanten Maßnahmen, die zumindest auch dem Schutz Dritter dienen, wie der Brandschutz. Insoweit hat der Bauherr keine Dispositionsbefugnis, was dem Unternehmer und Planer auch bewusst ist. Die Einverständniserklärung des Bauherrn ist in diesem Fall unwirksam, so dass die Haftung des Unternehmers nicht entfällt.
In welchem Umfang die Haftung des Unternehmers in solch einem Fall durch ein Mitverschulden des Auftraggebers reduziert wird, richtet sich danach, wie klar und eindeutig er vom Auftragnehmer auf das sicherheitsrelevante Risiko hingewiesen worden ist, ob er sich lediglich mit der vom Unternehmer vorgeschlagenen Ausführungsweise einverstanden erklärt hat oder ob er (aus wirtschaftlichen oder terminlichen Gründen) auf der entsprechenden Ausführung bestanden hat.

Frage:
Voraussetzung für das Überputzen bzw. Überbeschichten von WDVS ist ein trockener Untergrund. Vor allem das Überputzen wird aber i. d. R. ausgeführt, weil das WDVS schadhaft und auch feucht ist. Wie löst man diesen Widerspruch?

Buecher:
Die Voraussetzung ist tatsächlich, dass keine Feuchtigkeit in das System eingepackt wird und ein ausreichend trockener Untergrund vorhanden ist.
Diese Forderung an den Zustand des Untergrundes besteht auch für WDVS die erstmalig auf einer Wand aufgebracht werden. Die Realisierung stellt technisch durchaus eine Schwierigkeit dar.

R. Oswald:
Hilfreich wären an dieser Stelle konkrete Bewertungsregeln für die Beurteilung des Untergrundes. Wie definiert man ausreichend trocken? Wünschenswert wären Angaben dazu in einem Merkblatt.

Buecher:
Ja, dazu muss insbesondere bei Systemen mit großer Dämmstoffdicke und hohem Diffusionswiderstand die Austrocknung nach innen berücksichtigt werden.

Frage:
Ist die Standsicherheit des Altsystems eine Grundvoraussetzung oder kann nicht auch ein standsicheres Neusystem (mit Stellfüchsen) ausreichen?

Buecher:
Die Standsicherheit des Altsystems ist Grundvoraussetzung für eine Überdämmung auf der Basis der vorliegenden allgemeinen bauaufsichtlichen Zulassungen beziehungsweise für ein Überputzen.
Andere Varianten sind ebenfalls grundsätzlich zulässig. Sie bedürfen jedoch einer Zustim-

mung im Einzelfall mit den dazugehörigen Nachweisen.

Frage:
Muss vor überputzten WDVS der Altputz/ Altspachtelung entfernt werden?

Buecher:
Nicht grundsätzlich. Es muss jedoch dessen Haftung und die Verträglichkeit mit der Neubeschichtung gegeben sein.

Frage:
Wenn bei einem vorhandenen WDVS lediglich der Armierungs- und Oberputz erneuert werden soll, wegen mangelhafter Putzschichtdicke, ist dann eine Verdübelung der Armierungsschicht erforderlich?

Buecher:
Voraussetzung für den Auftrag eines zusätzlichen Putzsystems ist ein standsicheres Altsystem. Unter dieser Voraussetzung und einer ausreichenden Haftung und Verträglichkeit des neuen Putzsystems ist eine Verdübelung nicht zwingend erforderlich.

Frage:
Fachberater der Hersteller fordern häufig auf den bestehenden Putz zunächst eine Gewebespachtelung aufzubringen, auf der dann der neue Putz aufgetragen werden soll. Widerspricht dies nicht der Forderung/Regel ‚weich auf hart'?

Buecher:
Dies muss im Einzelfall geprüft werden.

Frage:
Ist es sinnvoll bei geplanter Instandsetzung/ Aufdoppelung den Erstlieferanten hinzuzuziehen? Ist Kenntnis über das Altsystem für die Planung wesentlich?

Buecher:
Alle verfügbaren Informationen sind zu berücksichtigen. Es ist sinnvoll den Erstlieferanten (falls bekannt) hinzuzuziehen. Dieser wird jedoch i. d. R. keine Planungsaufgaben ausführen und kein Planungsrisiko übernehmen.

Frage:
Sollte beim Überdämmen eines alten WDVS das gleiche Dämmmaterial verwendet werden?

Buecher:
Es muss nicht notwendigerweise der gleiche Dämmstoff verwendet werden. Auch die allgemeinen bauaufsichtlichen Zulassungen lassen Dämmstoffkombinationen zu.

Frage:
Gilt das mögliche Überarbeiten von WDVS auch für neuere Systeme aus Holzdämmstoffen, z. B. Holzständerwerk?

Buecher:
Die angesprochenen Dämmstoffe/Konstruktionen werden von den allgemeinen bauaufsichtlichen Zulassungen nicht abgedeckt. Sie sind im Einzelfall zu planen und bedürfen einer Zustimmung im Einzelfall.

Frage:
Wie sind die Möglichkeiten der bautechnischen Nachweisführung bei der Abnahme/ Übergabe von überdämmten/überputzten WDVS ohne abZ/ZiE?

Buecher:
Es muss der Nachweis geführt werden, dass das überdämmte/überputzte WDVS der allgemeinen bauaufsichtlichen Zulassung oder den allgemein anerkannten Regeln der Technik entspricht. Ist dies nicht möglich, so ist eine Zustimmung im Einzelfall zu beantragen. Hierfür müssen die wesentlichen Anforderungen (Standsicherheit, Brandschutz, ...) nachgewiesen werden.

Frage:
Im Hinblick auf den Verwendbarkeitsnachweis nach LBO beim Überputzen von WDVS, inwieweit ist ein WTA-Merkblatt geeignet eine Grundlage zu bieten? Die LBO sagt doch bezüglich der Verwendbarkeitsnachweise -genormtes Bauprodukt/Baustoff, – Bauprodukt mit abZ oder - ZiE.
Kann das avisierte WTA-Merkblatt diesbezüglich ausreichen (rein aus bauordnungsrechtlicher Sicht)? Privatrechtlich ist das Überputzen aufgrund der bereits jahrzehntelangen Anwendung ggf. ohnehin schon a. R. d. T.

Buecher:
Das avisierte WTA-Merkblatt kann mithinreichender Wahrscheinlichkeit als anerkannte Regel der Technik angesehen werden. Es ist jedoch nicht gleichwertig mit einer allgemeinen bauaufsichtlichen Zulassung oder einer

Zustimmung im Einzelfall. Dies ist gegeben, wenn das WTA-Merkblatt in die Liste der technischen Baubestimmungen aufgenommen wird.

Frage:
Herr Scherer, was sagen Sie zu dem Thema Umweltschädigung durch Biozide?

Scherer:
In Fassadenbeschichtungen werden mehrere Biozide kombiniert, da kein Wirkstoff gegen alle potenziell aufwachsenden Organismen hinreichend wirksam ist. Meist werden ein Algizid, ein Fungizid und ein weiterer Wirkstoff, der eventuell noch vorhandene Wirkungslücken abdeckt, gemeinsam eingesetzt. Die in Fassadenbeschichtungen eingesetzten Biozide besitzen alle eine Zulassung nach der Biozid-Produkte-Richtlinie. Ein Teil der verwendeten Biozide sind aus der Landwirtschaft bekannt. Sie werden dort teilweise nicht mehr eingesetzt oder unterliegen Anwendungsbeschränkungen (z. B. Diuron).
Wirkstoffe gegen Algen, sog. Algizide wirken durch die Blockierung der Photosynthese. Das Algizid Terbutryn gehört zur Gruppe der Triazine. In diese Gruppe gehört auch der Atrazin, ein Herbizid-Wirkstoff, dessen Einsatz in der Landwirtschaft seit den 90er Jahren nicht mehr zulässig ist. Diuron [3-(3,4-Dichlorphenyl)-1,1-dimethylharnstoff], ist ein Phenylharnstoff-Derivat, dessen Anwendung in der Landwirtschaft eingeschränkt ist.
Isothiazolinone (z. B. OIT, DCOIT) wirken sowohl gegen Bakterien als auch gegen Pilze. Diese werden teilweise auch in Kosmetikprodukten eingesetzt. Anti-Schuppen-Shampoo kann Methyl-Isothiazolin enthalten.
In feuchten Kosmetiktüchern findet man u. U. IPBC (3-Iod-2-propynyl-butylcarbamat), ebenfalls ein sehr wirksames Biozid. Der Einsatz von unverkapseltem IPBC im Putz war früher allerdings, auf Grund des Jodgehaltes und der damit verbundenen möglichen gelblichen Verfärbung, aus optischen Gründen nicht unproblematisch.
Zink-Pyrithion ist ein Breitband-Biozid, das sowohl in Kosmetika (z. B. Anti-Schuppen-Shampoo) als auch in Schiffsanstrichen Verwendung findet. In Wasser wird ausgewaschenes Zink-Pyrithion rasch abgebaut.
Die Einsatzbereiche von Bioziden sind sehr breit gefächert, so dass eine exakte Zuordnung der Biozidquelle zu den Einträgen in Gewässer oft nicht möglich ist. Viele Biozide, die in den Kläranlagen ankommen, stammen aus Produkten aus dem sog. wash-off-Bereich (z. B. Shampoos). Die Kläranlagen sind aber meist nicht dahingehend ausgelegt diese Produkte vollständig wieder abzubauen. Es gibt einen nicht zu vernachlässigenden Umwelteintrag an Bioziden. Inwieweit dies zu Veränderungen von Zönosen (Lebensgemeinschaften von tierischen oder pflanzlichen Organismen), von Ökosystemen führt, ist nicht geklärt. Auch der Anteil des Biozideintrags, der durch die Verwendung von Bioziden an Fassaden auftritt, ist nicht exakt bekannt.
Burkhardt (ehemals eawag: eidgenössische Anstalt für Wasserversorgung, Abwasserreinigung und Gewässerschutz, jetzt Hochschule für Technik Rapperswil, Schweiz) und Kollegen haben viele Untersuchungen zu diesem Themenkomplex durchgeführt. Teilweise werden sehr deutliche Belastungen festgestellt, die aber ziemlich sicher nicht alle auf die Verwendung im Baubereich zurückgeführt werden können.
Die Wirkstoff-Hersteller sind bemüht, die Biozide zu verkapseln und damit ihre Freisetzung zu kontrollieren. Ein ausgewaschenes Biozidmolekül kann den Aufwuchs an der Fassade nicht verhindern. Deswegen wird versucht, die Auswaschung von Bioziden zu reduzieren und die Verweildauer wirksamer Biozidkonzentrationen in der Fassadenbeschichtung zu erhöhen. Da die Biozide mit die teuerste Komponente in der Beschichtung darstellen, besteht ein großes Interesse der Beschichtungshersteller, die Einsatzmenge möglichst gering zu halten. Gleichzeitig soll aber natürlich sichergestellt werden, dass eine Fassade über lange Zeit (z. B. 10 Jahre) aufwuchsfrei bleibt.

Frage:
Inwieweit ist die Verwendung eines dickeren Oberputzes als bauphysikalische Maßnahme gegen Algenbewuchs geeignet?

Scherer:
Alle Maßnahmen, die die thermische Masse einer Fassade (Dickschichtputz, Dämmstoffe mit höherer Wärmkapazität, etc.) erhöhen, tragen dazu bei, dass die Zeiten der Taupunktunterschreitung verringert werden. Durch Ausführung eines dickschichtigen Putzes auf der Wärmedämmung besteht durchaus die Chance, dass – in Abhängigkeit von den sonstigen Randbedingungen – die Fassade

auch ohne die Verwendung von Bioziden über lange Zeit aufwuchsfrei bleibt.

Frage:
Nach wie vielen Jahren ist die Ausrüstung mit Bioziden noch nachweisbar? Wie groß muss dann die zu untersuchende Probe sein? Was kostet die Analyse?

Scherer:
Untersuchungen am IBP mit Musterrezepturen und Biozidmischungen, die nicht an die Putzmatrix angepasst waren, haben ergeben, dass auch nach 5 Jahren – abhängig von der Art des Biozids – noch Wirkstoffe in der Beschichtung nachgewiesen werden können. Mit entsprechenden analytischen Möglichkeiten können auch Abbauprodukte der Wirkstoffe nachgewiesen werden.
Die Proben für die Wirkstoff-Analytik können mit Bohrkronen (ca. 10 cm Durchmesser) entnommen werden. Werden rechteckige Proben z. B. mit einem Cuttermesser entnommen, sollte die Größe ca. 10 cm x 10 cm betragen. Die Kosten einer Untersuchung mittels Hochleistungs-Flüssigkeitschromatographie gekoppelt mit Tandem-Massenspektrometrie (HPLC-MS-MS) sind abhängig von der Anzahl der Proben und dem Aufwand bei der Probenpräparation.

Frage:
Hat der PH-Wert einen Einfluss auf die Wuchsgeschwindigkeit von Algen, Flechten, Pilzen etc. auf WDVS, ähnlich wie dies bei Schimmelpilzbefall in Gebäuden der Fall ist?

Scherer:
Grundsätzlich beeinflusst artabhängig der pH-Wert des WDVS auch an der Fassade das Wachstumsverhalten von Algen, Flechten Pilzen etc. Bei mineralischen Systemen kann der anfänglich hohe pH-Wert als zeitlich begrenzter Aufwuchsschutz wirken.

Frage:
Inwieweit sind die verschiedenen Recyclingverfahren umweltfreundlich und was für einen Energiebedarf haben sie?

Albrecht:
Das ist stark von dem verwendeten Recyclingverfahren abhängig. Das Verfahren zur Wiederaufbereitung der EPS-Abfälle zu Platten kann dezentral in einem der ca. alle 100–200 km gelegenen EPS-Werken in Deutschland, die dazu in der Lage sind, durchgeführt werden.
Für den CreaSolv-Prozess wird eine Mindestmenge EPS-Abfall benötigt, damit sich das Verfahren rentiert. In einem entsprechenden Werk können etwa 6000 t EPS-Abfall aufgearbeitet werden. Diese Menge muss erstmal zusammenkommen, aber es ist nicht sinnvoll, das Material zum Recycling über viele Kilometer durch Deutschland zu fahren.
Letztendlich hängt vieles von der dahinter steckenden Logistik ab, wie dezentral das Material aufbereitet werden kann.

Frage:
Hexabromcyclododecan (HBCD) wird verboten – was wird stattdessen verwendet?

Albrecht:
HBCD soll bereits bis 2015 verboten werden. Das neu eingesetzte Flammschutzmittel ist das sog. „Polymer FR“. Teilweise wird es bereits verwendet, aber der vollständige Umsetzungsprozess dauert Jahre.
Es handelt sich dabei um ein toxikologisch getestetes Flammschutzmittel, welches nicht in der Reach (**R**egistration, **E**valuation, **A**uthorisation and Restriction of **Ch**emicals) -Liste enthalten ist. Es enthält zwar auch Brom, das ist aber so in die Polymermatrix eingebaut, dass es kaum noch in die Umwelt gelangen kann.

R. Oswald:
Welche Konsequenzen hat die Europäische Klassifizierung für die zukünftige brandschutztechnische Einstufung von EPS?

Kotthoff:
Es gibt daraus keine Konsequenzen.
In der entsprechenden nationalen Norm wurde EPS als schwer entflammbar (B1) eingestuft. Geeinigt hat man sich aber später auf die europäische Norm.
Die Prüfgeräte zur Feststellung der Norm-Entflammbarkeit (B2) sind national und europäisch identisch und die Ergebnisse entsprechend übertragbar.
Im Bereich der Prüfungen zur Schwer-Entflammbarkeit (B1) ist das Flagschiff der deutschen Baustoffprüfung der Brandschacht-Versuch. Bei dem europäischen single burning item (SBI) handelt es sich um ein völlig anderes Prüfverfahren. Es wird vor allem bei anderen thermischen Beanspruchungen getestet.

Die deutsche Prüfung erfolgt mit einer vorgemischten harten Flamme in einem Schacht. Eine stabile Flammenlänge überstreicht ca. 30 % des Prüfkörpers kontinuierlich während der Prüfzeit.

Bei der europäischen Prüfung haben wir einen Sandbettbrenner, der in pumpender Bewegung immer wieder Sauerstoff aus der Umgebung anzieht.

Die Ergebnisse sind für die meisten Baustoffe von der europäische Norm gut übertragbar auf die nationale Norm. Probleme gibt es im Bereich der Thermoplaste. Bei Thermoplasten ist die thermische Belastung im SBI-Versuch eine andere als in den B1-Versuchen.

Bei gleichem Grundstoff aber bei unterschiedlicher Dicke und Dichte von B bis D gibt es bei Polystyrol eine Spreizung in den Baustoffklassen. Das heißt, es gibt für das gleiche Material unterschiedliche Klassifizierungen. Auch bei den Wiederholungsprüfungen können große Streuungen, teilweise über 2 Klassen, enthalten sein.

Deswegen haben die Hersteller von Polystyrol entschieden, dieses Prüfverfahren generell nicht anzuwenden.

Mit dem B2-Prüfverfahren kann zweifelsfrei nachgewiesen werden, ob in einem System Flammschutzmittel enthalten ist oder nicht.

Zur Zeit sind national schwer entflammbare Dämmstoffe nach den neuesten Gültigkeitsregeln des DIBt (bis 2017) zugelassen.

Frage:

Werden die EPS/XPS Platten, die für die Zulassung der B1 Qualität in den Brandversuchen verwendet werden, mit Flammschutzmitteln ‚versehen', damit diese kontrolliert abbrennen?

Kotthoff:

Die Platten werden vom Hersteller für die Brandprüfung angeliefert. Ich kenne im Bausektor keine Polystyrol, das nicht flammengeschützt ist. Die Umstellung fand bereits 1968 statt. Bis dahin wurde flammenungeschützter Polystyrol eingesetzt.

Die Angst, dass bei den gelieferten Materialproben getrickst wird, braucht man nicht haben, denn es gibt noch die Fremdüberwachung, zu der die Hersteller verpflichtet sind. Von einer unabhängigen Prüfstelle fährt jemand unangekündigt zum Hersteller und nimmt dort seine Probe für die Prüfung. Manipulationen würden sich spätestens dann bemerkbar machen.

Frage:

Ändert sich das Brandverhalten von EPS durch Alterungsprozesse (z. B. Zersetzung der Flammschutzmittel)?

Kotthoff:

In dem von mir zitierten Fall des Brands im Flughafen Düsseldorf wurde auch gealtertes EPS untersucht. Die Flammschutzwirkung war noch erhalten. Das lässt sich auch auf alte WDVS übertragen.

Die neuen Flammschutzmittel können erst dann auf dem Markt eingeführt werden, wenn die wesentlichen Eigenschaften, d. h. auch das Brandverhalten, nachgewiesen werden. Dieser Nachweis konnte erbracht werden.

Frage:

Werden alle industriell hergestellten EPS/XPS Platten mit der gleichen Menge an Flammschutzmitteln versehen?

Kotthoff:

Nicht jeder Hersteller hat die gleichen Mengen Flammschutzmittel in seinen Produkten. Es gibt ein Flammschutzmittel, dass die Rohstoffhersteller an die Verschäumer liefern. Durch den Verarbeitungsprozess kann der Anteil der Flammschutzmittel geringfügig nach oben oder unten verändert werden. Diese Variationen sind aber für den Brandschutz unerheblich. Für den Brandschützer sind vorrangig die Ergebnisse von Bedeutung. Geprüft wird der Rohstoff, der einzelne Verschäumer und die Platte.

Frage:

Ist unverputztes EPS an der Unterseite von Tiefgaragendecken etc. problematisch?

Kotthoff:

Ja, definitiv!

Erstens: Es gibt keine ‚allgemeine bauaufsichtliche Zulassung' für die Horizontalanwendung von Wärmedämm-Verbundsystemen. Mit der horizontalen Ausführung von einem Wärmedämm-Verbundsystem begehen sie einen Verarbeitungsfehler.

Zweitens: Ein horizontal ausgeführtes WDVS mit EPS wird nur noch als ‚normal entflammbar' eingestuft. Seit dem Flughafenbrand in Düsseldorf ist EPS ausschließlich in vertikaler Anwendung ‚schwer entflammbar'. Es sei denn, das EPS ist <u>nicht</u> beschichtet. In einer Tiefgarage wäre demnach geklebtes unverputztes Polystyrol formal möglich.

Übrigens, in der Garagenverordnung steht, dass an der Decke schwer entflammbares Material verwendet werden kann.

Frage:
Kann in einer großen Tiefgarage eine 180 mm dicke Polystyrolschicht in Form eines Wärmedämm-Verbundsystems aufgebracht werden? Ist bei einer Wandhöhe von mehr als 5 m ein Brandriegel vorzusehen?

Kotthoff:
Es steht zwar nicht explizit in der Verordnung, dass die Verwendung von Polystyrol nicht zulässig ist, trotzdem ist es keine gute Idee.
Es gibt für die Brandschützer sogenannte Auffangparagraphen. Im Paragraph drei der Bauordnung steht z. B., dass Gebäude so auszuführen sind, dass Leib und Leben nicht gefährdet werden.
In Tiefgaragen gehört Polystyrol definitiv nicht unter die Decke oder an die Wände.
Es sollte für diesen Bereich eine bauaufsichtliche Klärung geben, damit diese unklare Rechtssituation endlich beseitigt wird.

3. Podiumsdiskussion am 16.04.2013

R. Oswald:
Herr Käser, Ihr Thema lautete: „Energetisch modernisierte Gebäude ohne Lüftungssystem – ein Planungsfehler?“
Wie lautet unterm Strich die Antwort?

Käser:
Es ist ein Planungsfehler, sich nicht aktiv mit dem Thema Lüftung zu beschäftigen.

R. Oswald:
Ich stimme Ihnen zu: Wenn ich ein luftdichtes Haus baue, muss ich auch darüber nachdenken, wie die notwendige Luft in das Gebäude hineinkommen kann. Deswegen ist es ein Fehler, ohne Lüftungskonzept zu planen. Ob dann wirklich eine Lüftungsanlage erforderlich ist, hängt vom Ergebnis ab. Die Möglichkeiten reichen von einfachen Außenwandluftdurchlässen bis hin zu aufwändigen motorbetriebenen Lüftungsanlagen.

Frage:
Ist das Rechtsgutachten von RA Lampe zum Thema „Erfordern die allgemein anerkannten Regeln der Technik in Wohnungen eine kontrollierte Lüftung?“ allgemein zugänglich?

Käser:
Eine Kurzfassung des Gutachtens gibt es kostenfrei im Internet oder es kann vollständig ebenfalls über den Bundesverband für Wohnungslüftung e. V. bezogen werden.

Frage:
In einer Wohnanlage mit vier Wohnungen werden nur in einer Wohnung neue Fenster eingebaut. Es sind dann zwar weniger als 1/3 der Fenster ausgetauscht worden, aber technisch betrachtet ist die einzelne Wohnung dichter. Greift dann der Ansatz der DIN 1946-6, dass ein Lüftungskonzept erstellt werden muss? Warum werden die Anforderungen in der Norm nicht auf die jeweilige Nutzungseinheit bezogen?

Käser:
So explizit steht es zwar nicht in der Norm, aber beziehen Sie die Angaben auf die Nutzungseinheit.
Zu den Normen (DIN 19016-6, DIN 18017-3 und der Gerätenorm) gibt es bei einigen Verbänden (Fachverband Gebäude-Klima e. V. (FGK), Bundesverband für Wohnungslüftung e. V. (VFW), etc.) eine Zusammenstellung sogenannter FAQ (frequently asked questions), ca. 300 Fragen und Antworten, die über Hintergründe etc. der Norm informieren. Darin steht vieles, was aufgrund des sich sonst ergebenden Umfangs nicht in der Norm beschrieben werden konnte.

Frage:
Wie beurteilen Sie den Zielkonflikt zwischen Lüftungssystemen ohne Wärmerückgewinnung zu den Zielen der EnEV?

Käser:
Die klassische Abluftanlage wird auch in den EnEV-Verfahren mit einem Bonus versehen, weil so ein gezielter Luftaustausch möglich ist. Ich sehe hier keinen Zielkonflikt.
Das vorrangige Ziel der EnEV ist die Primärenergieeinsparung. Das Referenzgebäude in der neuen EnEV wird ebenfalls eine Abluftanlage als Referenzanlage aufweisen und keine Anlage mit Wärmerückgewinnung. Da hierbei die Wirtschaftlichkeit nur sehr schwer darstellbar ist.

Frage:
Was sind Ihre Erfahrungen, Herr Prof. Hirschberg, mit Lüftungsanlagen und deren Wartung und Wartungsintervallen? Welche Maßnahmen sind erforderlich und wie hoch sind die Kosten?

Hirschberg:
Herr Käser sprach bei einer kontrollierten Wohnungslüftung von Wartungsintervallen von drei Jahren. Die müssten aus meiner Sicht, nicht nur bezogen auf den notwendigen

Filterwechsel, deutlich kürzer sein. Bei allen raumlufttechnischen Anlagen und bei Wohnungslüftungsanlagen gibt es oft das Problem der kritischen Ausführung der Luftansaugung und einem sehr hohen Verschmutzungsgrad in diesem Bereich. Deswegen müssen die luftführenden Systeme noch häufiger einer Wartung unterzogen werden. Der alleinige Filterwechsel ist nicht ausreichend.
Sofern noch zusätzlich Luftbefeuchtung gewünscht wird, müssen bestimmte Hygieneanforderungen eingehalten werden und das Thema Wartung wird noch komplizierter.

R. Oswald:
Es fehlen statistisch verlässliche Aussagen zum Wartungsaufwand. Ein Hauptkritikpunkt an Lüftungssystemen sind die entstehenden Kosten für Wartungsarbeiten. Darüber müssen genauere Informationen vorliegen.

Frage:
In der Gesellschaft und vor allem auch in der Bauwirtschaft und im Bereich der Technischen Gebäudeausrichtung (TGA) gibt es ein großes Informationsdefizit zu Assistenzsystemen (Smart Metering, Smart Home). Müsste darüber nicht vermehrt gesprochen werden?

Hirschberg:
Ein Hinweis zur Entwicklungsgeschichte: Das Regeln und Steuern von Anlagentechnik hat auch mit Informationsverarbeitung zu tun. Neue Geschäftsfelder werden eröffnet, an denen sich dann auch unterschiedliche Anbieter beteiligen wollen (Telekom, RWE etc.).
Nach meiner Ansicht gibt es nur eine Schnittstelle am Gebäude, die bedient werden muss. Das heißt, als Energieproduzent (bei Betreiben eines Blockheizkraftwerks (BHKW)) muss man mit dem Versorger einen Modus finden, zu welchem Preis innerhalb von 24 Stunden die Energie angeboten und geliefert werden kann, mehr nicht.

Frage:
Warum wurde die DIN V 18599 „Energetische Bewertung für Gebäude“ von der KfW zeitweise zurückgezogen? Was wurde geändert?

Hirschberg:
Es wurde nichts geändert.
Die aktuelle Fassung der Energieeinsparverordnung (EnEV 2009) bietet die DIN V 18599 auch für Wohngebäude als alternative Berechnungsmethode an. Dabei wurde nicht berücksichtigt, dass diese Berechnungsmethode in einer Reihe von Fällen zu anderen Ergebnissen führt. Das ist einigen Beteiligten nicht klar gewesen.
Berechnungen auf Grundlage der DIN V 18599 wurden bei der KfW eingereicht und dort auf Basis der DIN V 4701-10 und DIN V 4108-6 geprüft. Das Ergebnis waren hohe Abweichungen insbesondere im Bereich der Solarthermie. Deswegen wurde die Anwendung der Norm gestoppt, weil man glaubte, dass an der Berechnung etwas falsch ist.
Eine Gütegemeinschaft der Softwarehersteller hat sich dann des Problems angenommen. Es handelte sich um ein hausgemachtes Systemproblem.

Käser:
Hinzukam, dass die Randbedingungen unklar gewesen sind, so dass es bei den verschiedenen Softwareprodukten zu unterschiedlichen Ergebnissen gekommen ist.

R. Oswald:
Abschließend möchte ich sagen, dass die derzeitige Diskussion hinsichtlich der Wohnungslüftungsproblematik völlig unbefriedigend ist. Selbst in den Normen stehen sich die Positionen der Verfechter der geregelten Wohnungslüftung und der Vertreter des Standpunkts, dass der notwendige Luftwechsel – unter Einhaltung von Mindeststandards des Wärmeschutzes – allein in den Verantwortlichkeitsbereich des Nutzers fällt, unversöhnlich gegenüber.
Anstatt in einer sachlichen Diskussion zu einem für alle Seiten befriedigenden Kompromiss zu kommen, verschanzt man sich auf seiner Position und unterstellt jeweils dem Kontrahenten, interessengesteuert zu sein.
Ähnliches klang in der Podiumsdiskussion über die Probleme der Wärmedämm-Verbundsysteme mit Polystyroldämmstoffen an. Natürlich kann man viele Probleme je nach Interessensposition verschieden interpretieren. Ich hoffe aber insgesamt, dass wir auf unserer Tagung es wieder erreicht haben, dass alle wichtigen, ernstzunehmenden Positionen dargelegt werden konnten.
Sicher ist aber, dass wir auch in den kommenden Jahren viel Diskussionsstoff haben, der sachlich auszubreiten und einer Klärung zuzuführen ist.
Ich danke jedenfalls den Referenten für ihre sachlichen Beiträge und den Zuhörern für das wache Interesse.

VERZEICHNIS DER AUSSTELLER AACHEN 2013

Während der Aachener Bausachverständigentage werden in einer begleitenden Informationsausstellung den Sachverständigen und Architekten interessierende Messgeräte, Literatur und Serviceleistungen vorgestellt:

ACO HOCHBAU VERTRIEB GMBH
Neuwirtshauser Straße 14,
97723 Oberthulba/Reith
Tel.: (0 97 36) 41 6
Fax: (0 97 36) 41 38
ACO Kellerschutz an Lichtschacht und Kellerfenster unter Betrachtung des Wärmeschutzes und der Schnittstellen – ACO Therm Block. Barrierefreie Terrassenlösungen mit Fassadenrinnen
www.aco-hochbau.de

ADICON® GESELLSCHAFT FÜR BAUWERKSABDICHTUNGEN MBH
Max-Planck-Straße 6, 63322 Rödermark
Tel.: (0 60 74) 8 95 10
Fax: (0 60 74) 89 51 51
Fachunternehmen für WU-Konstruktionen, Mauerwerksanierung und Betoninstandsetzung
www.adicon.de

ALLTROSAN BAUMANN + LORENZ TROCKNUNGSSERVICE GMBH & CO. KG
Stendorfer Straße 7, 27721 Ritterhude
Tel.: (0 42 92) 81 18 0
Fax: (0 42 92) 81 18 13
Leckageortung, Sanierung von Wasser- und Schimmelschäden
www.alltrosan.de

ALTHEN GMBH
Frankfurter Straße 150-152, 65779 Kelkheim
Tel.: (0 61 95) 7 00 60
Fax: (0 61 95) 70 06 66
Datenlogger für die Langzeiterfassung von Temperatur, Spannung, Feuchte. Messgeräte für die Schwingungsmessung nach DIN 4150. Sensoren zur Messung von Neigung und Rissweiten.
www.althen.de

ALUMAT FREY GMBH
Im Hart 10, 87600 Kaufbeuren
Tel.: (0 83 41) 47 2
Fax: (0 83 41) 7 42 19
Schwellenlose und schlagregendichte Magnetdoppeldichtungen für alle Außentüren mit werkseitig vormontierter Dichtungsbahn
www.alumat.de

BELFOR DEUTSCHLAND GMBH
Keniastraße 24, 47269 Duisburg
Tel.: (02 03) 75640 400
Fax: (02 03) 75640 455
Brand- und Wasserschadensanierung
www.belfor.de

BEUTH VERLAG GMBH UND BAUWERK VERLAG GMBH
Burggrafenstraße 6, 10787 Berlin
Tel.: (0 30) 2 60 10
Fax: (0 30) 26 01 12 60
Normungsdokumente und technische Fachliteratur
www.beuth.de www.bauwerk-verlag.de

BIOLYTIQS GMBH
Merowingerplatz 1a, 40225 Düsseldorf
Tel.: (0211) 598 50 952
Fax: (0211) 598 50 959
Laboranalysen u. a. von Schimmelpilzen und holzzerstörenden Pilzen, Hygieneuntersuchungen von Klima- und Lüftungsanlagen nach VDI 6022, Sanierungskontrollen, Luftmessungen, Eigenkontrollen Fleischverarbeitung
www.biolytiqs.de

BIOMESS INGENIEUR- UND SACHVERSTÄNDIGENBÜRO GMBH
Herzbroicher Weg 49, 41352 Korschenbroich
Tel.: (02161) 64 21 14
Fax: (02161) 64 89 84
Alles rund um Schadstoffe, Schimmel und Asbest, von der Begutachtung bis zur Laboranalyse
www.biomess.de

BLOWERDOOR GMBH
Zum Energie- und Umweltzentrum 1,
31832 Springe-Eldagsen
Tel.: (05044) 97 54 0
Fax: (05044) 97 54 4
MessSysteme für Luftdichtheit
www.blowerdoor.de

BUCHLADEN PONTSTRASSE 39
Pontstraße 39, 52062 Aachen
Tel.: (02 41) 2 80 08
Fax: (02 41) 2 71 79
Fachbuchhandlung, Versandservice
www.buchladen39.de

BUNDESANZEIGER VERLAGS-GESELLSCHAFT MBH
Amsterdamer Straße 192, 50735 Köln
Tel.: (02 21) 97 66 83 61
Fax: (02 21) 97 66 82 88
Fachinformationen für Immobilienbewerter, Bausachverständige, Baujuristen
www.bundesanzeiger-verlag.de

BUNDESVERBAND DER BRAND- UND WASSERSCHADENBESEITIGER E.V.
Jenfelder Straße 55 a, 22045 Hamburg
Tel.: (0 40) 66 99 67 96
Fax: (0 40) 44 80 93 08
Beseitigung von Brand-, Wasser- und Schimmelschäden, Leckageortung
www.bbw-ev.de

BUNDESVERBAND FEUCHTE & ALTBAUSANIERUNG E.V.
Am Dorfanger 19, 18246 Groß Belitz
Tel.: (0173) 203 28 27
Fax: (03 84 66) 33 98 17
Veranstalter der „Hanseatischen Sanierungstage", Förderung des wissenschaftlichen Nachwuchses, Vermittlung von Forschungsergebnissen aus der Altbausanierung
www.bufas-ev.de

BVS
Charlottenstraße 79/80, 10117 Berlin
Tel.: (0 30) 2 55 93 80
Fax: (0 30) 2 55 93 81 4
Bundesverband öffentlich bestellter und vereidigter sowie qualifizierter Sachverständiger e. V.; Bundesgeschäftsstelle Berlin
www.bvs-ev.de

CERAVOGUE GMBH & CO. KG
Holtenstraße 7, 32457 Porta Westfalica
Tel.: (05 73 1) 1 53 34 58
Fax: (05 73 1) 1 53 34 76
Das System zur optischen Wiederherstellung von keramischen Bodenbelägen nach Wasserschäden
www.ceravogue.de

CORROVENTA ENTFEUCHTUNG GMBH
In der Loh 36c, 40668 Meerbusch
Tel.: (0 21 50) 96 54-0
Fax: (0 21 50) 20 61 46
Hersteller von Trocknungsgeräten zur Wasserschadensanierung; Spezialist zum Thema Radon und feuchte Keller/Dachböden
www.corroventa.de

CURTAIN-WALL DEUTSCHLAND
Kammerloh 2, 83666 Waakirchen
Tel.: (0 80 21) 50 48 88 0
Fax: (0 80 21) 50 48 88 19
Curtain-Wall – Die innovative Folien Trennwand
www.curtain-wall.de

DESOI GMBH
Gewerbestraße 16, 36148 Kalkbach/ Rhön
Tel.: (0 66 55) 96 36 10
Fax: (0 66 55) 96 36 66 10
Technik für Injektion
www.desoi.de

DRIESEN + KERN GMBH
Am Hasselt 25, 24576 Bad Bramstedt
Tel.: (0 41 92) 8 17 00
Fax: (0 41 92) 81 70 99
Handmessgeräte und Datenlogger für Feuchte, Temperatur, Luftgeschwindigkeit, CO_2 und Staubpartikel; CO_2-Sensoren; Messwertgeber für Feuchte, Temperatur und Luftgeschwindigkeit, Luftdruck (barometrisch und Differenz) und CO_2
www.driesen-kern.de

DYWIDAG-SYSTEMS INTERNATIONAL GMBH
Bereich Gerätetechnik, Germanenstraße 8, 86343 Königsbrunn
Tel.: (0 82 31) 9 60 70
Fax: (0 82 31) 96 07 43
Spezialprüfgeräte für das Bauwesen, Bewehrungssuchgerät, Profometer, Betonprüfhammer, Haftzugprüfgerät, Feuchtigkeitsmessgeräte u. a.
www.dsi-equipment.com

ENVILAB GMBH
Bruckersche Straße 152, 47839 Krefeld
Tel.: (0 21 51) 56 71 549
Fax: (0 21 51) 56 95 602
Schnelltests für Schimmelpilze
www.envilab-gmbh.de

ERNST & SOHN VERLAG FÜR ARCHITEKTUR UND TECHNISCHE WISSENSCHAFTEN GMBH & CO. KG
Rotherstraße 21, 10245 Berlin
Tel.: (0 30) 47 03 12 00
Fax: (0 30) 47 03 12 70
Fachbücher und Fachzeitschriften für Bauingenieure
www.ernst-und-sohn.de

FACHVERBAND LUFTDICHTHEIT IM BAUWESEN E.V.
Kekuléstraße 2-4, 12489 Berlin
Tel.: (0 30) 63 92 54 94
Fax: (0 30) 63 92 54 96
Zentrale Anlaufstelle für alle Fragen rund um die Luftdichtheit der Gebäudehülle: Qualitätssicherung, Forschung, Normen und Richtlinien, Konstruktionsdetails, geeignete Materialien
www.flib.de

FRANKENNE
An der Schurzelter Brücke 13, 52074 Aachen
Tel.: (02 41) 30 13 01
Fax: (02 41) 3 01 30 30
Vermessungsgeräte, Messung von Maßtoleranzen, Zubehör für Aufmaße, Rissmaßstäbe, Bürobedarf, Zeichen- und Grafikmaterial
www.frankenne.de

FRAUNHOFER-INFORMATIONSZENTRUM RAUM UND BAU
Nobelstraße 12, 70569 Stuttgart
Tel.: (07 11) 9 70 25 00
Fax: (07 11) 9 70 25 07
Literaturservice, Fachbücher, Fachzeitschriften, Datenbanken/elektronische Medien zu Baufachliteratur, SCHADIS® Volltext-Datenbank zu Bauschäden
www.irb.fraunhofer.de

GTÜ]
Gesellschaft für Technische Überwachung mbH
Vor dem Lauch 25, 70567 Stuttgart
Tel.: (07 11) 97 67 60
Fax: (07 11) 97 67 61 99
Baubegleitende Qualitätsüberwachung
www.gtue.de

GUTJAHR SYSTEMTECHNIK GMBH]
Philipp-Reis-Straße 5-7, 64404 Bickenbach
Tel.: (0 62 57) 93 06 0
Fax: (0 62 57) 93 06 31
Komplette Drain- und Verlegesysteme für Balkone, Terrassen, Außentreppen; bauaufsichtlich zugelassenes Fassadensystem; Produkte für den Innenbereich
www.gutjahr.com

HEINE OPTOTECHNIK
Kientalstraße 7, 82211 Herrsching
Tel.: (0 81 52) 3 80
Fax: (0 81 52) 3 82 02
Endoskope, Sachverständigen-Sets, Lupen mit und ohne Fotoadapter, Tiefenlupen
www.heinetech.com

HF SENSOR GMBH
Weißenfelser Straße 67, 04229 Leipzig
Tel.: (03 41) 49 72 60
Fax: (03 41) 4 97 26 22
Zerstörungsfreie Mikrowellen-Feuchtemesstechnik zur Analyse von Feuchteschäden in Bauwerken und auf Flachdächern
www.hf-sensor.de

HILTI DEUTSCHLAND GMBH
Hiltistraße 2, 86916 Kaufering
Tel.: 0800 888 55 22
Fax: 0800 888 55 23
Entwicklung, Herstellung und Direktvertrieb von Messtechnik, Abbau- und Befestigungstechnik
www.hilti.de

HOTTGENROTH SOFTWARE GMBH & CO. KG
Von-Hünefeld-Straße 3, 50829 Köln
Tel.: (02 21) 70 99 33 00
Fax: (02 21) 70 99 33 01
CAD-Software und Internetanwendungen für die Bereiche Energieeffizienz, Bauhaupt- und Nebengewerbe sowie haustechnische Planung und Auslegung
www.hottgenroth.de

IML INSTRUMENTA MECHANIK LABOR SYSTEM GMBH
Parkstraße 33, 69168 Wiesloch
Tel.: (0 62 22) 67 97 0
Fax: (0 62 22) 67 97 10
Innovative Holzprüfsysteme: Mess- und Prüfgeräte zur Untersuchung von Bäumen und Holzkonstruktionen
www.iml.de

INGENIEURKAMMER-BAU NRW (IK-BAU NRW)
Körperschaft des öffentlichen Rechts
Zollhof 2, 40221 Düsseldorf
Tel.: (02 11) 13 06 70
Fax: (02 11) 13 06 71 50
Berufsständische Selbstverwaltung und Interessenvertretung der im Bauwesen tätigen Ingenieurinnen und Ingenieure in Nordrhein-Westfalen
www.ikbaunrw.de

INNOPERFORM GMBH
Alte Dorfstraße 18-23, 02694 Preititz
Tel.: (03 59 32) 35 92 0
Fax: (03 59 32) 35 92 92
REGEL-air® Fensterlüfter
www.innoperform.de

INSTITUT FÜR SACHVERSTÄNDIGENWESEN E.V. (IfS)
Hohenzollernring 85-87, 50672 Köln
Tel.: (02 21) 91 27 71 12
Fax: (02 21) 91 27 71 99
Aus- und Weiterbildung, Literatur und aktuelle Informationen für Sachverständige
www.ifsforum.de

ISA INSTITUT FÜR SCHÄDLINGSANALYSE
Bruckersche Straße 152, 47839 Krefeld
Tel.: (0 21 51) 56 95 860
Fax: (0 21 51) 56 95 440
Untersuchung von Probematerialien und Gutachten zu Schimmelpilzen (in Innenräumen), Holz zerstörenden Organismen, Innenraumschadstoffen und chemischem Holzschutz, Materialprüfung zu biologischer Resistenz
www.isa-labor.de

ISOTEC GMBH
Cliev 21, 51515 Kürten-Herweg
Tel.: (0 22 07) 84 76 0
Fax: (0 22 07) 84 76 511
Bereits seit über 20 Jahren ist die ISOTEC-Gruppe spezialisiert auf die Sanierung von Feuchtigkeits- und Schimmelpilzschäden an Gebäuden
www.isotec.de

JANTRIL
Alt-Heerdt 104, 40549 Düsseldorf
Tel.: (02 11) 63 55 24 50
Fax: (02 11) 63 55 24 51
Messung und Bewertung von Erschütterungen/Schwingungen, die während Grund- und Bauarbeiten, Abbrucharbeiten usw. entstehen können, auf Grundlage der Normen DIN 4150 und DIN 45669
www.jantril.de

JATIPRODUCTS
Kreuzberg 4, 59969 Hallenberg
Tel.: (0 29 84) 934 93-0
Fax: (0 29 84) 934 93-29
Entwicklung, Herstellung und Vertrieb von Biozid-Produkten auf Basis von Aktivsauerstoff mit stabilisierenden Fruchtsäuren zur Bekämpfung von Schimmelpilzen, Sporen, Bakterien und Biofilmen
www.jatiproducts.de

KERN INGENIEURKONZEPTE
Hagelberger Straße 17, 10965 Berlin
Tel.: (0 30) 78 95 67 80
Fax: (0 30) 78 95 67 81
DÄMMWERK Bauphysik- und EnEV-Software, Software für Architekten und Ingenieure
www.bauphysik-software.de

MBS SCHADENMANAGEMENT
Carl-Benz-Straße 1-4, 82266 Inning
Tel.: (0 81 43) 4 47 70
Fax: (0 81 43) 44 77 60 1
Brand- und Wasserschaden, Leckortung, Bautrocknung/-beheizung, Messtechnik, Renovierung, Bauwerksabdichtung
www.mbs-service.de

POLYGONVATRO GMBH]
Spaldingstraße 218, 20097 Hamburg
24-Std.-Service: (08 00) 840 850 8
Trocknungs- u. Sanierungsmethoden, Brandschadenbeseitigung, Messtechnik; z. B. Thermografie, Baufeuchtemessung, Leckortung etc.
www.polygonvatro.de

REMMERS BAUSTOFFTECHNIK GMBH
Bernhard-Remmers-Straße 13,
49624 Löningen
Tel.: (0 54 32) 8 30
Fax: (0 54 32) 39 85
Systeme zur Bauwerksabdichtung und Mauerwerkssanierung, Fassadeninstandsetzung, Schimmelsanierung, Energetische Gebäudesanierung
www.remmers.de

ROBERT BOSCH GMBH
Geschäftsbereich Elektrowerkzeuge
Max-Lang-Straße 40–46,
70771 Leinfelden-Echterdingen
Tel.: (07 11) 400 40 460
Fax: (07 11) 400 40 462
Elektrowerkzeuge, Elektrowerkzeug-Zubehör und Messtechnik
www.bosch-pt.com

ROEDER MESS-SYSTEM-TECHNIK
Textilstraße 2 / Eingang K, 41751 Viersen
Tel.: (02162) 50 12 48-0
Fax: (02162) 50 12 48-4
Messgeräte und Systemlösungen für Industrie, Handwerk und Dienstleister
www.roeder-mst.de

SACHVERSTÄNDIGENAUSRÜSTER ROLF H. STEFFENS
Bergstraße 49, 50226 Frechen-Königsdorf
Tel.: (0 22 34) 6 44 00
Fax: (0 22 34) 6 55 73
Prüf- und Messgeräte für Bausachverständige, komplettes HEINE-Programm
www.steffens.de

SAUGNAC MESSGERÄTE
Schwabstraße 18, 70197 Stuttgart
Tel.: (0711) 664 98 53
Fax: (0711) 664 98 40
Messgeräte zur langfristigen Erfassung und Dokumentation von Rissbewegungen und anderen Verformungen an Gebäuden und Bauwerken
www.saugnac-messsgerate.de

SCANNTRONIK MUGRAUER GMBH
Parkstraße 38, 85604 Zorneding
Tel.: (0 81 06) 2 25 70
Fax: (0 81 06) 2 90 80
Datenlogger für Klima, Temperatur, Luft- und Materialfeuchte, Rissbewegungen, Spannung, Strom, Datenfernübertragung u.v.m.
www.scanntronik.de

SPRINGER VIEWEG VERLAG SPRINGER FACHMEDIEN WIESBADEN GMBH
Abraham-Lincoln-Straße 46,
65189 Wiesbaden
Tel.: (0611) 78 78 0
Fax: (0611) 78 78 78 204
Verlag für Bauwesen, Konstruktiver Ingenieurbau, Baubetrieb und Baurecht
www.springer.com/springer+vieweg

STO AG
Ehrenbachstraße 1, 79780 Stühlingen
Tel.: (0 77 44) 57-10 10
Fax: (0 77 44) 57-20 10
Fassadensysteme, Fassaden- und Innenbeschichtungen, Lasuren, Lacke, Werkzeuge
www.sto.de

Texplor Exploration & Environmental Technology Gmbh
Am Bürohochhaus 2-4, 14478 Potsdam
Tel.: (03 31) 70 44 00
Fax: (03 31) 70 44 024
Zerstörungsfreie Untersuchung von Feuchteschäden / Bauwerksabdichtungen im Spezial-, Hoch- und Tiefbau
www.texplor.com

Trotec GmbH & Co. KG
Grebbener Straße 7, 52525 Heinsberg
Tel.: (0 24 52) 96 24 00
Fax: (0 24 52) 96 22 00
Geräte zur Bautrocknung und zur Bauentfeuchtung, Messgeräte zur Feuchte-, Temperatur- und Klimamessung, Thermografiekameras, Heizgeräte
www.trotec.de

URETEK DEUTSCHLAND GMBH
Weseler Straße 110,
45478 Mülheim an der Ruhr
Tel.: (0208) 3 77 32 50
FAX: (0208) 3 77 32 510
Tragfähigkeitserhöhung und Anhebung von Betonböden und Fundamenten mittels Injektion von Expansionsharzen
www.uretek.de

VERLAGSGESELLSCHAFT RUDOLF MÜLLER GMBH & CO. KG
Stolberger Straße 84, 50933 Köln
Tel.: (02 21) 5 49 71 10
Fax: (02 21) 54 97 61 10
Baufachinformationen, Technische Baubestimmungen, Normen, Richtlinien
www.baufachmedien.de
www.rudolf-mueller.de

VON DER LIECK GMBH & CO. KG
Grebbener Straße 7, 52525 Heinsberg
Tel.: (0 24 52) 96 21 20
FAX: (0 24 52) 96 22 00
Messtechnik, Bauwerksdiagnostik, Thermografie, Sanierung von Brand- und Wasserschäden, Rohrbruchortung, Flachdachortung
www.vonderlieck.com

WINGS GMBH
Fernstudium an der Hochschule Wismar
Philipp-Müller-Straße 14, 23966 Wismar
Tel.: (0 38 41) 75 37 892
Fax: (03841) 75 37 296
Berufsbegleitendes Fernstudium „Master Bautenschutz (M.Sc)"/„Master Facility Management (M.Sc) "/„Master Architektur und Umwelt (M.Sc)"
www.wings-fernstudium.de

WÖHLER MESSGERÄTE KEHRGERÄTE GMBH
Schützenstraße 41, 33181 Bad Wünnenberg
Tel.: (0 29 53) 7 31 00
Fax: (0 29 53) 73 77
Blower-Check, Messgeräte für Feuchte, Wärme, Schall, Thermografie, Gebäudeluftdichtheit und Videoinspektion
www.mgkg.woehler.de

WVP GMBH & CO KG
Regentenstraße 26, 41352 Korschenbroich
Tel.: (0 21 61) 468 40 10
Fax: (0 21 61) 468 40 14
Kellerabdichtung, Kanalsanierung, Gebäudestabilisierung
www.wvp-gmbh.com

Register 1975–2013

Rahmenthemen der Aachener Bausachverständigentage

1975 – Dächer, Terrassen, Balkone
1976 – Außenwände und Öffnungsanschlüsse
1977 – Keller, Dränagen
1978 – Innenbauteile
1979 – Dach und Flachdach
1980 – Probleme beim erhöhten Wärmeschutz von Außenwänden
1981 – Nachbesserung von Bauschäden
1982 – Bauschadensverhütung unter Anwendung neuer Regelwerke
1983 – Feuchtigkeitsschutz und -schäden an Außenwänden und erdberührten Bauteilen
1984 – Wärme- und Feuchtigkeitsschutz von Dach und Wand
1985 – Rißbildung und andere Zerstörungen der Bauteiloberfläche
1986 – Genutzte Dächer und Terrassen
1987 – Leichte Dächer und Fassaden
1988 – Problemstellungen im Gebäudeinneren – Wärme, Feuchte, Schall
1989 – Mauerwerkswände und Putz
1990 – Erdberührte Bauteile und Gründungen
1991 – Fugen und Risse in Dach und Wand
1992 – Wärmeschutz – Wärmebrücken – Schimmelpilz
1993 – Belüftete und unbelüftete Konstruktionen bei Dach und Wand
1994 – Neubauprobleme – Feuchtigkeit und Wärmeschutz
1995 – Öffnungen in Dach und Wand
1996 – Instandsetzung und Modernisierung
1997 – Flache und geneigte Dächer. Neue Regelwerke und Erfahrungen
1998 – Außenwandkonstruktionen
1999 – Neue Entwicklungen in der Abdichtungstechnik
2000 – Grenzen der Energieeinsparung – Probleme im Gebäudeinneren
2001 – Nachbesserung, Instandsetzung und Modernisierung
2002 – Decken und Wände aus Beton – Baupraktische Probleme und Bewertungsfragen
2003 – Leckstellen in Bauteilen – Wärme – Feuchte – Luft – Schall
2004 – Risse und Fugen in Wand und Boden
2005 – Flachdächer – Neue Regelwerke – Neue Probleme
2006 – Außenwände: Moderne Bauweisen – Neue Bewertungsprobleme
2007 – Bauwerksabdichtungen: Feuchteprobleme im Keller und Gebäudeinneren
2008 – Bauteilalterung – Bauteilschädigung – Typische Schädigungsprozesse und Schutzmaßnahmen
2009 – Dauerstreitpunkte – Beurteilungsprobleme bei Dach, Wand und Keller
2010 – Konfliktfeld Innenbauteile
2011 – Flache Dächer: nicht genutzt, begangen, befahren, bepflanzt
2012 – Gebäude und Gelände – Problemfeld Gebäudesockel und Außenanlagen
2013 – Bauen und Beurteilen im Bestand

Verlage:
bis 1978 Forum-Verlage, Stuttgart
ab 1979 Bauverlag, Wiesbaden / Berlin
ab 2001 Friedrich Vieweg & Sohn Verlagsgesellschaft mbH, Wiesbaden
ab 2008 Vieweg + Teubner Verlag / GWV Fachverlage GmbH, Wiesbaden
ab 2012 Springer Vieweg/Springer Fachmedien Wiesbaden GmbH

Autoren der Aachener Bausachverständigentage

(die fettgedruckte Ziffer kennzeichnet das Jahr; die zweite Ziffer die erste Seite des Aufsatzes)

Abert, Bertram, **10**/28
Achtziger, Joachim, **83**/78; **92**/46; **00**/48
Adriaans, Richard, **97**/56
Albrecht, Wolfgang, **09**/58; **13**/122
Arendt, Claus, **90**/101; **01**/103
Arlt, Joachim, **96**/15
Arnds, Wolfgang, **78**/109; **81**/96
Arndt, Horst, **92**/84
Arnold, Karlheinz, **90**/41
Aurnhammer, Hans Eberhardt, **78**/48
Balkow, Dieter, **87**/87; **95**/51
Bauder, Paul-Hermann, **97**/91
Baust, Eberhard, **91**/72
Becker, Klaus, **98**/32
Becker, Norbert, **12**/112
Beddoe, Robin, **04**/94
Berg, Alexander, **07**/117
Bindhardt, Walter, **75**/7
Blaich, Jürgen, **98**/101
Bleutge, Katharina, **13**/16
Bleutge, Peter, **79**/22; **80**/7; **88**/24; **89**/9; **90**/9; **92**/20; **93**/17; **97**/25; **99**/46; **00**/26; **02**/14; **04**/15
Bölling, Willy H., **90**/35
Böshagen, Fritz, **78**/11
Borsch-Laaks, Robert, **97**/35; **09**/119; **10**/35; **12**/50
Bosseler, Bert, **12**/137
Bossenmayer, Horst-J., **05**/10
Brameshuber, Wolfgang, **02**/69
Brand, Hermann, **77**/86
Braun, Eberhard, **88**/135; **99**/59, **02**/87
Brenne, Winfried, **96**/65
Buecher, Bodo, 13/105
Buss, Eckart, **99**/105
Cammerer, Walter F., **75**/39; **80**/57
Casselmann, Hans F., **82**/63; **83**/57
Colling, François, **06**/65
Cziesielski, Erich, **83**/38; **89**/95; **90**/91; **91**/35; **92**/125; **93**/29; **97**/119; **98**/40; **01**/50; **02**/40; **04**/50
Dahmen, Günter, **82**/54; **83**/85; **84**/105; **85**/76; **86**/38; **87**/80; **88**/111; **89**/41; **90**/80; **91**/49; **92**/106; **93**/85; **94**/35; **95**/135; **96**/94; **97**/70; **98**/92; **99**/72; **00**/33; **01**/71; **03**/31
Dahmen, Heinz-Peter, **07**/169
Dartsch, Bernhard, **81**/75
Deitschun, Frank, **12**/107
Döbereiner, Walter, **82**/11
Dorff, Robert, **03**/15
Draerger, Utz, **94**/118
Ebeling, Karsten, **99**/81; **06**/38; **09**/69
Ehm, Herbert, **87**/9; **92**/42
Eicke-Hennig, Werner, **06**/105
Erhorn, Hans, **92**/73; **95**/35
Eschenfelder, Dieter, **98**/22
Esser, Elmar, **08**/104
Fechner, Otto, **04**/100
Feist, Wolfgang, **09**/41
Fix, Wilhelm, **91**/105
Flohrer, C., **11**/75
Fouad, Nabil A., **12**/92
Franke, Lutz, **96**/49
Franzki, Harald, **77**/7; **80**/32
Friedrich, Rolf, **93**/75
Fritz, Martin, **07**/79
Froelich, Hans H., **95**/151; **00**/92; **06**/100
Fuhrmann, Günter, **96**/56
Gabrio, Thomas, **03**/94
Gehrmann, Werner, **78**/17
Gerner, Manfred, **96**/74
Gertis, Karl A., **79**/40; **80**/44; **87**/25; **88**/38
Gerwers, Werner, **95**/13
Gieler, Rolf P., **08**/81
Gierga, Michael, **03**/55
Gierlinger, Erwin, **98**/57; **98**/85
Gösele, Karl, **78**/131
Götz, Jürgen, **12**/71
Graeve, Holger, **03**/127
Groß, Herbert, **75/3**
Grosser, Dietger, **88**/100, **94**/97
Grube, Horst, **83**/103
Grün, Eckard, **81**/61
Grünberger, Anton, **01**/39
Grunau, Edvard B., **76**/163
Haack, Alfred, **86**/76; **97**/101
Haferland, Friedrich, **84**/33
Hankammer, Gunter, **07**/125
Harazin, Holger **13**/56
Hauser, Gerd; Maas, Anton, **91**/88
Hauser, Gerd, **92**/98
Haushofer, Bert A., **05**/38
Hausladen, Gerhard, **92**/64
Haustein, Tilo, **08**/124
Heck, Friedrich, **80**/65
Hegger, Thomas, **11**/50
Hegner, Hans-Dieter, **01**/10; **01**/57
Heide, Michael, **10**/103
Heinrich, Gabriele, **09**/142
Heldt, Petra, **07**/61

Die Vorträge der Aachener Bausachverständigentage, geordnet nach Jahrgängen, Referenten und Themen

(die fettgedruckte Ziffer kennzeichnet das Jahr; die zweite Ziffer die erste Seite des Aufsatzes)

75/3
Groß, Herbert
Forschungsförderung des Landes Nordrhein-Westfalen.

75/7
Bindhardt, Walter
Der Bausachverständige und das Gericht.

75/13
Schild, Erich
Ziele und Methoden der Bauschadensforschung.
Dargestellt am Beispiel der Untersuchung des Schadensschwerpunktes Dächer, Dachterrassen, Balkone.

75/27
Hoch, Eberhard
Konstruktion und Durchlüftung zweischaliger Dächer.

75/39
Cammerer, Walter F.
Rechnerische Abschätzung der Durchfeuchtungsgefahr von Dächern infolge von Wasserdampfdiffusion.

76/5
Moelle, Peter
Aufgabenstellung der Bauschadensforschung.

76/9
Schnutz, Hans H.
Das Beweissicherungsverfahren. Seine Bedeutung und die Rolle des Sachverständigen.

76/23
Obenhaus, Norbert
Die Haftung des Architekten gegenüber dem Bauherrn.

76/43
Schild, Erich
Das Berufsbild des Architekten und die Rechtsprechung.

76/79
Schild, Erich
Untersuchung der Bauschäden an Außenwänden und Öffnungsanschlüssen.

76/109
Oswald, Rainer
Schäden am Öffnungsbereich als Schadensschwerpunkt bei Außenwänden.

76/121
Wesche, Karlhans; Schubert, Peter
Risse im Mauerwerk – Ursachen, Kriterien, Messungen.

76/143
Pfefferkorn, Werner
Längenänderungen von Mauerwerk und Stahlbeton infolge von Schwinden und Temperaturveränderungen.

76/163
Grunau, Edvard B.
Durchfeuchtung von Außenwänden.

77/7
Franzki, Harald
Die Zusammenarbeit von Richter und Sachverständigem, Probleme und Lösungsvorschläge.

77/17
Obenhaus, Norbert
Die Mitwirkung des Architekten beim Abschluß des Bauvertrages.

77/26
Zimmermann, Günter
Zur Qualifikation des Bausachverständigen.

77/49
Schild, Erich
Untersuchung der Bauschäden an Kellern, Dränagen und Gründungen.

77/68
Rogier, Dietmar
Schäden und Mängel am Dränagesystem.

77/76
Schild, Erich
Nachbesserungsmaßnahmen bei Feuchtigkeitsschäden an Bauteilen im Erdreich.

77/82
Horstschäfer, Heinz-Josef
Nachträgliche Abdichtungen mit starren Innendichtungen.

77/86
Brand, Hermann
Nachträgliche Abdichtungen auf chemischem Wege.

77/89
Herken, Gerd
Nachträgliche Abdichtungen mit bituminösen Stoffen.

77/101
Reichert, Hubert
Abdichtungsmaßnahmen an erdberührten Bauteilen im Wohnungsbau.

77/115
Muth, Wilfried
Dränung zum Schutz von Bauteilen im Erdreich.

78/5
Schild, Erich
Architekt und Bausachverständiger.

78/11
Böshagen, Fritz
Das Schiedsgerichtsverfahren.

78/17
Gehrmann, Werner
Abgrenzung der Verantwortungsbereiche zwischen Architekt, Fachingenieur und ausführendem Unternehmer.

78/38
Meyer, Hans-Gerd
Normen, bauaufsichtliche Zulassungen, Richtlinien, Abgrenzungen der Geltungsbereiche.

78/48
Aurnhammer, Hans Eberhardt
Verfahren zur Bestimmung von Wertminderungen bei Baumängeln und Bauschäden.

78/65
Schild, Erich
Untersuchung der Bauschäden an Innenbauteilen.

78/79
Oswald, Rainer
Schäden an Oberflächenschichten von Innenbauteilen.

78/90
Mayer, Horst
Verformungen von Stahlbetondecken und Wege zur Vermeidung von Bauschäden.

78/109
Arnds, Wolfgang
Rißbildungen in tragenden und nicht-tragenden Innenwänden und deren Vermeidung.

78/122
Schütze, Wilhelm
Schäden und Mängel bei Estrichen.

78/131 Gösele, Karl
Maßnahmen des Schallschutzes bei Decken, Prüfmöglichkeiten an ausgeführten Bauteilen.

79/7
Soergel, Carl
Die Prozeßrisiken im Bauprozeß.

79/14
Pott, Werner
Gesamtschuldnerische Haftung von Architekten, Bauunternehmern und Sonderfachleuten.

79/22
Bleutge, Peter
Umfang und Grenzen rechtlicher Kenntnisse des öffentlich bestellten Sachverständigen.

79/33
Schild, Erich
Dächer neuerer Bauart, Probleme bei der Planung und Ausführung.

79/38
Wolf, Gert
Neue Dachkonstruktionen, Handwerkliche Probleme und Berücksichtigung bei den Festlegungen, der Richtlinien des Dachdeckerhandwerks – Kurzfassung.

79/40
Gertis, Karl A.
Neuere bauphysikalische und konstruktive Erkenntnisse im Flachdachbau.

79/44
Rogier, Dietmar
Sturmschaden an einem leichten Dach mit Kunststoffdichtungsbahnen.

79/49
Kramer, Carl; Gerhardt, H. J.; Kuhnert, B. Die Windbeanspruchung von Flachdächern und deren konstruktive Berücksichtigung.

79/64
Schild, Erich
Fallbeispiel eines Bauschadens an einem Sperrbetondach.

79/67
Mantscheff, Jack
Sperrbetondächer, Konstruktion und Ausführungstechnik.

79/76
Zimmermann, Günter
Stand der technischen Erkenntnisse der Konstruktion Umkehrdach.

79/82
Oswald, Rainer
Schadensfall an einem Stahltrapezblechdach mit Metalleindeckung.

79/87
Stemmann, Dietmar
Konstruktive Probleme und geltende Ausführungsbestimmungen bei der Erstellung von Stahlleichtdächern.

79/101
Venter, Eckard
Metalleindeckungen bei flachen und flachgeneigten Dächern.

80/7
Bleutge, Peter
Die Haftung des Sachverständigen für fehlerhafte Gutachten im gerichtlichen und außergerichtlichen Bereich, aktuelle Rechtslage und Gesetzgebungsvorhaben.

80/24
Jagenburg, Walter
Architekt und Haftung.

80/32
Franzki, Harald
Die Stellung des Sachverständigen als Helfer des Gerichts, Erfahrungen und Ausblicke.

80/38
Schild, Erich
Veränderung des Leistungsbildes des Architekten im Zusammenhang, mit erhöhten Anforderungen an den Wärmeschutz.

80/44
Gertis, Karl A.
Auswirkung zusätzlicher Wärmedämmschichten auf das bauphysikalische Verhalten von Außenwänden.

80/49
Künzel, Helmut
Witterungsbeanspruchung von Außenwänden, Regeneinwirkung und thermische Beanspruchung.

80/57
Cammerer, Walter F.
Wärmdämmstoffe für Außenwände, Eigenschaften und Anforderungen.

80/65
Heck, Friedrich
Außenwand – Dämmsysteme, Materialien, Ausführung, Bewährung.

80/81
Rogier, Dietmar
Untersuchung der Bauschäden an Fenstern.

80/94
Klein, Wolfgang
Der Einfluß des Fensters auf den Wärmehaushalt von Gebäuden.

80/113
Seiffert, Karl
Die Erhöhung des optimalen Wärmeschutzes von Gebäuden bei erheblicher Verteuerung der Wärme-Energie.

81/7
Jagenburg, Walter
Nachbesserung von Bauschäden in juristischer Sicht.

81/14
Müller, Klaus
Der Nachbesserungsanspruch – seine Grenzen.

81/25
Schild, Erich
Probleme für den Sachverständigen bei der Entscheidung von Nachbesserungen.

81/31
Klocke, Wilhelm
Preisabschätzung bei Nachbesserungsarbeiten und Ermittlung von Minderwerten.

81/45
Rogier, Dietmar
Grundüberlegungen bei der Nachbesserung von Dächern.

81/61
Grün, Eckard
Beispiel eines Bauschadens am Flachdach und seine Nachbesserung.

81/70
Jürgensen, Nikolai
Beispiel eines Bauschadens am Balkon/Loggia und seine Nachbesserung.

81/75
Dartsch, Bernhard
Nachbesserung von Bauschäden an Bauteilen aus Beton.

81/96
Arnds, Wolfgang
Grundüberlegungen bei der Nachbesserung von Außenwänden.

81/103
Sand, Friedhelm
Beispiel eines Bauschadens an einer Außenwand mit nachträglicher Innendämmung und seine Nachbesserung.

81/108
Oswald, Rainer
Beispiel eines Bauschadens an einer Außenwand mit Riemchenbekleidung und seine Nachbesserung.

81/113
Schild, Erich
Grundüberlegungen bei der Nachbesserung von erdberührten Bauteilen.

81/121
Höffmann, Heinz
Beispiel eines Bauschadens an einem Keller in Fertigteilkonstruktion und seine Nachbesserung.

81/128
Schlotmann, Bernhard
Beispiel eines Bauschadens an einem Keller mit unzureichender Abdichtung und seine Nachbesserung.

82/7
Schild, Erich
Die besondere Situation des Architekten bei der Anwendung neuer Regelwerke und DIN-Vorschriften.

82/11
Döbereiner, Walter
Die Haftung des Sachverständigen im Zusammenhang mit den anerkannten Regeln der Technik.

82/23
Pott, Werner
Haftung von Planer und Ausführendem bei Verstößen gegen allgemein anerkannte Regeln der Bautechnik.

82/30
Hummel, Rudolf
Die Abdichtung von Flachdächern.

82/36
Oswald, Rainer
Zur Belüftung zweischaliger Dächer.

82/44
Rogier, Dietmar
Dachabdichtungen mit Bitumenbahnen.

82/54
Dahmen, Günter
Die neue DIN 4108 und die Wärmeschutzverordnung, ihre Konsequenzen für Planer und Ausführende, winterlicher und sommerlicher Wärmeschutz.

82/63
Casselmann, Hans F.
Die neue DIN 4108 und die Wärmeschutzverordnung, ihre Konsequenzen für Planer und Ausführende, Tauwasserschutz im Inneren von Bauteilen nach DIN 4108, Ausg. 1981.

82/76
Schild, Erich
Zum Problem der Wärmebrücken; das Sonderproblem der geometrischen Wärmebrücke.

82/81
Trümper, Heinrich
Wärmeschutz und notwendige Raumlüftung in Wohngebäuden.

82/91
Künzel, Helmut
Schlagregenschutz von Außenwänden, Neufassung in DIN 4108.

82/97
Pohlenz, Rainer
Die neue DIN 4109 – Schallschutz im Hochbau, ihre Konsequenzen für Planer und Ausführende.

82/109
Knop, Wolf D.
Wärmedämm-Maßnahmen und ihre schalltechnischen Konsequenzen.

83/9
Jagenburg, Walter
Abweichen von vertraglich vereinbarten Ausführungen und Änderungen bei der Nachbesserung.

83/15
Schild, Erich
Verhältnismäßigkeit zwischen Schäden und Schadensermittlung, Ausforschung – Hinzuziehen von Sonderfachleuten.

83/21
Klopfer, Heinz
Bauphysikalische Betrachtungen zum Wassertransport und Wassergehalt in Außenwänden.

83/38
Cziesielski, Erich
Außenwände – Witterungsschutz im Fugenbereich – Fassadenverschmutzung.

83/57
Casselmann, Hans F.
Feuchtigkeitsgehalt von Wandbauteilen.

83/66
Knötel, Dietbert
Schäden und Oberflächenschutz an Fassaden.

83/78
Achtziger, Joachim
Meßmethoden – Feuchtigkeitsmessungen an Baumaterialien.

83/85
Dahmen, Günter
Kritische Anmerkungen zur DIN 18195.

83/95
Rogier, Dietmar
Abdichtung erdberührter Aufenthaltsräume.

83/103
Grube, Horst
Konstruktion und Ausführung von Wannen aus wasserundurchlässigem Beton.

83/113
Oswald, Rainer
Abdichtung von Naßräumen im Wohnungsbau.

83/119
Schumann, Dieter
Schlämmen, Putze, Injektagen und Injektionen. Möglichkeiten und Grenzen der Bauwerkssanierung im erdberührten Bereich.

84/9
Pott, Werner
Regeln der Technik, Risiko bei nicht ausreichend bewährten Materialien und Konstruktionen – Informationspflichten/-grenzen.

84/16
Jagenburg, Walter
Beratungspflichten des Architekten nach dem Leistungsbild des § 15 HOAI.

84/22
Schild, Erich
Fortschritt, Wagnis, Schuldhaftes Risiko.

84/33
Haferland, Friedrich
Wärmeschutz an Außenwänden – Innen-, Kern- und Außendämmung, k-Wert und Speicherfähigkeit.

84/47
Lühr, Hans Peter
Kerndämmung – Probleme des Schlagregens, der Diffusion, der Ausführungstechnik.

84/59
König, Norbert
Bauphysikalische Probleme der Innendämmung.

84/71
Oswald, Rainer
Technische Qualitätsstandards und Kriterien zu ihrer Beurteilung.

84/76
Schild, Erich
Flaches oder geneigtes Dach – Weltanschauung oder Wirklichkeit.

84/79
Rogier, Dietmar
Langzeitbewährung von Flachdächern, Planung, Instandhaltung, Nachbesserung.

84/89
Hummel, Rudolf
Nachbesserung von Flachdächern aus der Sicht des Handwerkers.

84/94
Liersch, Klaus W.
Bauphysikalische Probleme des geneigten Daches.

84/105
Dahmen, Günter
Regendichtigkeit und Mindestneigungen von Eindeckungen aus Dachziegel und Dachsteinen, Faserzement und Blech.

85/9
Jagenburg, Walter
Umfang und Grenzen der Haftung des Architekten und Ingenieurs bei der Bauleitung.

85/14
Siegburg, Peter
Umfang und Grenzen der Hinweispflicht des Handwerkers.

85/30
Schild, Erich
Inhalt und Form des Sachverständigengutachtens.

85/38
Pilny, Franz
Mechanismus und Erfassung der Rißbildung.

85/49
Oswald, Rainer
Rissebildungen in Oberflächenschichten, Beeinflussung durch Dehnungsfugen und Haftverbund.

85/58
Rybicki, Rudolf
Setzungsschäden an Gebäuden, Ursachen und Planungshinweise zur Vermeidung.

85/68
Schubert, Peter
Rißbildung in Leichtmauerwerk, Ursachen und Planungshinweise zur Vermeidung.

85/76
Dahmen, Günter
DIN 18550 Putz, Ausgabe Januar 1985.

85/83
Künzel, Helmut
Anforderungen an die thermo-mechanischen Eigenschaften von Außenputzen zur Vermeidung von Putzschäden.

85/89
Rogier, Dietmar
Rissebewertung und Rissesanierung.

85/100
Ruffert, Günther
Ursachen, Vorbeugung und Sanierung von Sichtbetonschäden.

86/9
Vygen, Klaus
Die Beweismittel im Bauprozeß.

86/18
Jagenburg, Walter
Juristische Probleme im Beweissicherungsverfahren.

86/23
Schild, Erich
Die Nachbesserungsentscheidung zwischen Flickwerk und Totalerneuerung.

86/32
Oswald, Rainer
Zur Funktionssicherheit von Dächern.

86/38
Dahmen, Günter
Die Regelwerke zum Wärmeschutz und zur Abdichtung von genutzten Dächern.

86/51
Steinhöfel, Hans-Joachim
Nutzschichten bei Terrassendächern.

86/57
Zimmermann, Günter
Die Detailausbildung bei Dachterrassen.

86/63
Lohmeyer, Gottfried
Anforderungen an die Konstruktion von Parkdecks aus wasserundurchlässigem Beton.

86/71
Oswald, Rainer
Begrünte Dachflächen – Konstruktionshinweise aus der Sicht des Sachverständigen.

86/76
Haack, Alfred
Parkdecks und befahrbare Dachflächen mit Gußasphaltbelägen.

86/93
Hoch, Eberhard
Detailprobleme bei bepflanzten Dächern.

86/99
Wolf, Gert
Begrünte Flachdächer aus der Sicht des Dachdeckerhandwerks.

86/104
Lamers, Reinhard
Ortungsverfahren für Undichtigkeiten und Durchfeuchtungsumfang.

86/111
Rogier, Dietmar
Grundüberlegungen und Vorgehensweise bei der Sanierung genutzter Dachflächen.

87/9
Ehm, Herbert
Möglichkeiten und Grenzen der Vereinfachung von Regelwerken aus der Sicht der Behörden und des DIN.

87/16
Jagenburg, Walter
Tendenzen zur Vereinfachung von Regelwerken, Konsequenzen für Architekten, Ingenieure und Sachverständige aus der Sicht des Juristen.

87/21
Oswald, Rainer
Grenzfragen bei der Gutachtenerstattung des Bausachverständigen.

87/25
Gertis, Karl A.
Speichern oder Dämmen? Beitrag zur k-Wert-Diskussion.

87/30
Pohl, Wolf-Hagen
Konstruktive und bauphysikalische Problemstellungen bei leichten Dächern.

87/53
Schild, Erich
Das geneigte Dach über Aufenthaltsräumen, Belüftung – Diffusion – Luftdichtigkeit.

87/60
Lamers, Reinhard
Fallbeispiele zu Tauwasser- und Feuchtigkeitsschäden an leichten Hallendächern.

87/68
Kniese, Arnd
Großformatige Dachdeckungen aus Aluminium- und Stahlprofilen.

87/80
Dahmen, Günter
Stahltrapezblechdächer mit Abdichtung.

87/87
Balkow, Dieter
Glasdächer – bauphysikalische und konstruktive Probleme.

87/94
Oswald, Rainer
Fassadenverschmutzung, Ursachen und Beurteilung.

87/101
Liersch, Klaus W.
Leichte Außenwandbekleidungen.

87/109
Schaupp, Wilhelm
Außenwandbekleidungen, Einschlägige DIN-Normen und bauaufsichtliche Regelungen.

88/9
Jagenburg, Walter
Die Produzentenhaftung, Bedeutung für den Baubereich.

88/17
Werner, Ulrich
Die Grenzen des Nachbesserungsanspruchs bei Bauschäden.

88/24
Bleutge, Peter
Aktuelle Aspekte der neuen Sachverständigenordnung, Werbung des Sachverständigen.

88/32
Schild, Erich
Fragen der Aus- und Fortbildung von Bausachverständigen.

88/38
Gertis, Karl A.
Temperatur und Luftfeuchte im Inneren von Wohnungen, Einflußfaktoren, Grenzwerte.

88/45
Künzel, Helmut
Instationärer Wärme- und Feuchteaustausch an Gebäudeinnenoberflächen.

88/52
Usemann, Klaus W.
Was muß der Bausachverständige über Schadstoffimmissionen im Gebäudeinneren wissen?

88/72
Oswald, Rainer
Der Feuchtigkeitsschutz von Naßräumen im Wohnungsbau nach dem neuesten Diskussionsstand.

88/77
Herken, Gerd
Anforderungen an die Abdichtung von Naßräumen des Wohnungsbaues in DIN-Normen.

88/82
Lamers, Reinhard
Abdichtungsprobleme bei Schwimmbädern, Problemstellung mit Fallbeispielen.

88/88
Schulze, Horst
Fliesenbeläge auf Gipsbauplatten und Spanplatten in Naßbereichen.

88/100
Grosser, Dietger
Der echte Hausschwamm (Serpula lacrimans), Erkennungsmerkmale, Lebensbedingungen, Vorbeugung und Bekämpfung.

88/111
Dahmen, Günter
Naturstein- und Keramikbeläge auf Fußbodenheizung.

88/121
Pohlenz, Rainer
Schallschutz von Holzbalkendecken bei Neubau- und Sanierungsmaßnahmen.

88/135
Braun, Eberhard
Maßgenauigkeit beim Ausbau, Ebenheitstoleranzen, Anforderung, Prüfung, Beurteilung.

89/9
Bleutge, Peter
Urheberschutz beim Sachverständigengutachten, Verwertung durch den Auftraggeber, Eigenverwertung durch den Sachverständigen.

89/15
Neuenfeld, Klaus
Die Feststellung des Verschuldens des objektüberwachenden Architekten durch den Sachverständigen.

89/21
Soergel, Carl
Die Prüfungs- und Hinweispflicht der am Bau Beteiligten.

89/27
Schild, Erich
Mauerwerksbau im Spannungsfeld zwischen architektonischer Gestaltung und Bauphysik.

89/35
Kirtschig, Kurt
Zur Funktionsweise von zweischaligem Mauerwerk mit Kerndämmung.

89/41
Dahmen, Günter
Wasseraufnahme von Sichtmauerwerk, Prüfmethoden und Aussagewert.

89/48
Pauls, Norbert
Ausblühungen von Sichtmauerwerk, Ursachen – Erkennung – Sanierung.

89/55
Lamers, Reinhard
Sanierung von Verblendschalen, dargestellt an Schadensfällen.

89/61
Pfefferkorn, Werner
Dachdecken- und Geschoßdeckenauflage bei leichten Mauerwerkskonstruktionen, Erläuterungen zur DIN 18530 vom März 1987.

89/75
Jeran, Alois
Außenputz auf hochdämmendem Mauerwerk, Auswirkung der Stumpfstoßtechnik.

89/87
Schubert, Peter
Aussagefähigkeit von Putzprüfungen an ausgeführten Gebäuden, Putzzusammensetzung und Druckfestigkeit.

89/95
Cziesielski, Erich
Mineralische Wärmedämmverbundsysteme, Systemübersicht, Befestigung und Tragverhalten, Rißsicherheit, Wärmebrückenwirkung, Detaillösungen.

89/109
Künzel, Helmut
Wärmestau und Feuchtestau als Ursachen von Putzschäden bei Wärmedämmverbundsystemen.

89/115
Oswald, Rainer
Die Beurteilung von Außenputzen, Strategien zur Lösung typischer Problemstellungen.

89/122
Weber, Helmut
Anstriche und rißüberbrückende Beschichtungssysteme auf Putzen.

90/9
Bleutge, Peter
Beweiserhebung statt Beweissicherung.

90/17
Jagenburg, Walter
Juristische Probleme bei Gründungsschäden.

90/25
Schild, Erich
Allgemein anerkannte Regeln der Bautechnik.

90/35
Bölling, Willy H.
Gründungsprobleme bei Neubauten neben Altbauten, zeitlicher Verlauf von Setzungen.

90/41
Arnold, Karlheinz
Erschütterungen als Rißursachen.

90/49
Weber, Ulrich
Bergbauliche Einwirkungen auf Gebäude, Abgrenzungen und Möglichkeiten der Sanierung und Vermeidung.

90/61
Prinz, Helmut
Grundwasserabsenkung und Baumbewuchs als Ursache von Gebäudesetzungen.

90/69
Hilmer, Klaus
Ermittlung der Wasserbeanspruchung bei erdberührten Bauwerken.

90/80
Dahmen, Günter
Dränung zum Schutz baulicher Anlagen, Neufassung DIN 4095.

90/91
Cziesielski, Erich
Wassertransport durch Bauteile aus wasserundurchlässigem Beton, Schäden und konstruktive Empfehlungen.

90/101
Arendt, Claus
Verfahren zur Ursachenermittlung bei Feuchtigkeitsschäden an erdberührten Bauteilen.

90/108
Schumann, Dieter
Nachträgliche Innenabdichtungen bei erdberührten Bauteilen.

90/121
Hübler, Manfred
Bauwerkstrockenlegung, Instandsetzung feuchter Grundmauern.

90/130
Lamers, Reinhard
Unfallverhütung beim Ortstermin.

90/135
Kamphausen, P. A.
Bewertung von Verkehrswertminderungen bei Gebäudeabsenkungen und Schieflagen.

90/143
Kamphausen, P. A.
Bausachverständige im Beweissicherungsverfahren.

91/9
Werner, Ulrich
Auslegung von HOAI und VOB, Aufgabe des Sachverständigen oder des Juristen?

91/22
Mauer, Dietrich
Auslegung und Erweiterung der Beweisfragen durch den Sachverständigen.

91/27
Jagenburg, Walter
Die außervertragliche Baumängelhaftung.

91/35
Cziesielski, Erich
Gebäudedehnfugen.

91/43
Pfefferkorn, Werner
Erfahrungen mit fugenlosen Bauwerken.

91/49
Dahmen, Günter
Dehnfugen in Verblendschalen.

91/57
Schellbach, Gerhard
Mörtelfugen in Sichtmauerwerk und Verblendschalen.

91/72
Baust, Eberhard
Fugenabdichtung mit Dichtstoffen und Bändern.

91/82
Lamers, Reinhard
Dehnfugenabdichtung bei Dächern.

91/88
Hauser, Gerd; Maas, Anton
Auswirkungen von Fugen und Fehlstellen in Dampfsperren und Wärmedämmschichten.

91/96
Oswald, Rainer
Grundsätze der Rißbewertung.

91/100 Schießl, Peter
Risse in Sichtbetonbauteilen.

91/105
Fix, Wilhelm
Das Verpressen von Rissen.

91/111
Jürgensen, Nikolai
Öffnungsarbeiten beim Ortstermin.

92/9
Vogel, Eckhard
Europäische Normung, Rahmenbedingungen, Verfahren der Erarbeitung, Verbindlichkeit, Grundlage eines einheitlichen europäischen Baumarktes und Baugeschehens.

92/20
Bleutge, Peter
Aktuelle Probleme aus dem Gesetz über die Entschädigung von Zeugen und Sachverständigen (ZSEG).

92/33
Schild, Erich
Zur Grundsituation des Sachverständigen bei der Beurteilung von Schimmelpilzschäden.

92/42
Ehm, Herbert
Die zukünftigen Anforderungen an die Energieeinsparung bei Gebäuden, die Neufassung der Wärmeschutzverordnung.

92/46
Achtziger, Joachim
Wärmebedarfsberechnung und tatsächlicher Wärmebedarf, die Abschätzung des erhöhten Heizkostenaufwandes bei Wärmeschutzmängeln.

92/54
Trümper, Heinrich
Natürliche Lüftung in Wohnungen.

92/64
Hausladen, Gerhard
Lüftungsanlagen und Anlagen zur Wärmerückgewinnung in Wohngebäuden.

92/65
Zeller, M.; Ewert, M.
Berechnung der Raumströmung und ihres Einflusses auf die Schwitzwasser- und Schimmelpilzbildung auf Wänden.

92/70
Pult, Peter
Krankheiten durch Schimmelpilze.

92/73
Erhorn, Hans
Bauphysikalische Einflußfaktoren auf das Schimmelpilzwachstum in Wohnungen.

92/84
Arndt, Horst
Konstruktive Berücksichtigung von Wärmebrücken, Balkonplatten, Durchdringungen, Befestigungen.

92/90
Oswald, Rainer
Die geometrische Wärmebrücke, Sachverhalt und Beurteilungskriterien.

92/98
Hauser, Gerd
Wärmebrücken, Beurteilungsmöglichkeiten und Planungsinstrumente.

92/106
Dahmen, Günter
Die Bewertung von Wärmebrücken an ausgeführten Gebäuden, Vorgehensweise, Meßmethoden und Meßprobleme.

92/115
Kießl, Kurt
Wärmeschutzmaßnahmen durch Innendämmung, Beurteilung und Anwendungsgrenzen aus feuchtetechnischer Sicht.

92/125
Cziesielski, Erich
Die Nachbesserung von Wärmebrücken durch Beheizung der Oberflächen.

93/9
Werner, Ulrich
Erfahrungen mit der neuen Zivilprozeßordnung zum selbständigen Beweisverfahren.

93/17
Bleutge, Peter
Der deutsche Sachverständige im EG-Binnenmarkt – Selbständiger, Gesellschafter oder Angestellter, Tendenzen in der neuen Muster-SVO des DIHT.

93/24
Meyer, Hans Gerd
Brauchbarkeits-, Verwendbarkeits- und Übereinstimmungsnachweise nach der neuen Musterbauordnung.

93/29
Cziesielski, Erich
Belüftete Dächer und Wände, Stand der Technik.

93/38
Künzel, Helmut; Großkinsky, Theo
Das unbelüftete Sparrendach, Meßergebnisse, Folgerungen für die Praxis.

93/46
Liersch, Klaus W.
Die Belüftung schuppenförmiger Bekleidungen, Einfluß auf die Dauerhaftigkeit.

93/54
Schulze, Horst
Holz in unbelüfteten Konstruktionen des Wohnungsbaus.

93/65
Stauch, Detlef
Unbelüftete Dächer mit schuppenförmigen Eindeckungen aus der Sicht des Dachdeckerhandwerks.

93/69
Steger, Wolfgang
Die Tragkonstruktionen und Außenwände der Fertigungsbauarten in den neuen Bundesländern – Mängel, Schäden mit Instandsetzungs- und Modernisierungshinweisen.

93/75
Friedrich, Rolf
Die Dachkonstruktionen der Fertigteilbauweisen in den neuen Bundesländern, Erfahrungen, Schäden, Sanierungsmethoden.

93/92
Tanner, Christoph
Die Messung von Luftundichtigkeiten in der Gebäudehülle.

93/85
Dahmen, Günter
Leichte Dachkonstruktionen über Schwimmbädern – Schadenserfahrungen und Konstruktionshinweise.

93/100
Oswald, Rainer
Zur Prognose der Bewährung neuer Bauweisen, dargestellt am Beispiel der biologischen Bauweisen.

93/108
Lamers, Reinhard
Wintergärten, Bauphysik und Schadenserfahrung.

94/9
Motzke, Gerd
Mängelbeseitigung vor und nach der Abnahme – Beeinflussen Bauzeitabschnitte die Sachverständigenbegutachtung?

94/17
Weidhaas, Jutta
Die Zertifizierung von Sachverständigen.

94/21
Tredopp, Rainer
Qualitätsmanagement in der Bauwirtschaft.

94/26
Schlapka, Franz-Josef
Qualitätskontrollen durch den Sachverständigen.

94/35
Dahmen, Günter
Die neue Wärmeschutzverordnung und ihr Einfluß auf die Gestaltung von Neubauten.

94/46
Schickert, Gerald
Feuchtemeßverfahren im kritischen Überblick.

94/64
Kießl, Kurt
Feuchteeinflüsse auf den praktischen Wärmeschutz bei erhöhtem Dämmniveau.

94/72
Oswald, Rainer
Baufeuchte – Einflußgrößen und praktische Konsequenzen.

94/79
Schubert, Peter
Feuchtegehalte von Mauerwerkbaustoffen und feuchtebeeinflußte Eigenschaften.

94/86
Schnell, Werner
Das Trocknungsverhalten von Estrichen – Beurteilung und Schlußfolgerungen für die Praxis.

94/97
Grosser, Dietger
Feuchtegehalte und Trocknungsverhalten von Holz und Holzwerkstoffen.

94/111
Oswald, Rainer
Das aktuelle Thema: Gesundheitsrisiken durch Faserdämmstoffe? Konsequenzen für Planer und Sachverständige.

94/112
Lohrer, Wolfgang
Das aktuelle Thema: Gesundheitsrisiken durch Faserdämmstoffe? Konsequenzen für Planer und Sachverständige.

94/114
Muhle, Hartwig
Das aktuelle Thema: Gesundheitsrisiken durch Faserdämmstoffe? Konsequenzen für Planer und Sachverständige.

94/118
Draeger, Utz
Das aktuelle Thema: Gesundheitsrisiken durch Faserdämmstoffe? Konsequenzen für Planer und Sachverständige.

94/120
Royar, Jürgen
Das aktuelle Thema: Gesundheitsrisiken durch Faserdämmstoffe? Konsequenzen für Planer und Sachverständige.

94/124
Diskussion Gesundheitsgefährdung durch künstliche Mineralfasern?

94/128
Anhang zur Mineralfaserdiskussion Presseerklärung des Bundesministeriums für Umwelt, Naturschutz und Reaktorsicherheit und des Bundesministeriums für Arbeit vom 18. 3. 1994.

94/130
Lamers, Reinhard
Feuchtigkeit im Flachdach – Beurteilung und Nachbesserungsmethoden.

94/139
Hupe, Hans-Heiko
Leitungswasserschäden – Ursachenermittlung und Beseitigungsmöglichkeiten.

94/146 Jebrameck, Uwe
Technische Trocknungsverfahren.

95/9
Motzke, Gerd
Übertragung von Koordinierungs- und Planungsaufgaben auf Firmen und Hersteller, Grenzen und haftungsrechtliche Konsequenzen für Architekten und Ingenieure.

95/23
Kolb, E. A.
Die Rolle des Bausachverständigen im Qualitätsmanagement.

95/35
Erhorn, Hans
Die Bedeutung von Mauerwerksöffnungen für die Energiebilanz von Gebäuden.

95/51
Balkow, Dieter
Dämmende Isoliergläser – Bauweise und bauphysikalische Probleme.

95/55
Pohl, Wolf-Hagen
Der Wärmeschutz von Fensteranschlüssen in hochwärmegedämmten Mauerwerksbauten.

95/74
Schmid, Josef
Funktionsbeurteilungen bei Fenstern und Türen.

95/92
Memmert, Albrecht
Das Berufsbild des unabhängigen Fassadenberaters.

95/109
Pohlenz, Rainer
Schallschutz – Fenster und Lichtflächen.

95/119
Oswald, Rainer
Die Abdichtung von niveaugleichen Türschwellen.

95/125
Schulze, Jörg
Das aktuelle Thema: Der Streit um das „richtige" Fenster im Altbau.

95/127
Löfflad, Hans
Das aktuelle Thema: Der Streit um das „richtige" Fenster im Altbau.

95/131
Gerwers, Werner
Das aktuelle Thema: Der Streit um das „richtige" Fenster im Altbau.

95/133
Willmann, Klaus
Das aktuelle Thema: Der Streit um das „richtige" Fenster im Altbau.

95/135
Dahmen, Günter
Rolläden und Rolladenkästen aus bauphysikalischer Sicht.

95/142
Horstmann, Herbert
Lichtkuppeln und Rauchabzugsklappen – Bauweisen und Abdichtungsprobleme.

95/151
Froelich, Hans
Dachflächenfenster – Abdichtung und Wärmeschutz.

96/9
Jagenburg, Walter
Baumängel im Grenzbereich zwischen Gewährleistung und Instandhaltung

96/15
Arlt, Joachim
Die Instandsetzung als Planungsleistung – Leistungsbild, Vertragsgestaltung, Honorierung, Haftung

96/23
Oswald, Rainer
Instandsetzungsbedarf und Instandsetzungsmaßnahmen am Altbaubestand Deutschlands – ein Überblick

96/31
Lamers, Reinhard
Nachträglicher Wärmeschutz im Baubestand

96/40
Meisel, Ulli
Einfache Untersuchungsgeräte und -verfahren für Gebäudebeurteilungen durch den Sachverständigen

96/49
Franke, Lutz
Imprägnierungen und Beschichtungen auf Sichtmauerwerks- und Natursteinfassaden – Entwicklungen und Erkenntnisse

96/56
Fuhrmann, Günter
Beschichtungssysteme für Flachdächer – Beurteilungsgrundsätze und Leistungserwartungen

96/65
Brenne, Winfried
Balkoninstandsetzung und Loggiaverglasung – Methoden und Probleme

96/74
Gerner, Manfred
Das aktuelle Thema: Die Fachwerksanierung im Widerstreit zwischen Nutzerwünschen, Wärmeschutzanforderungen und Denkmalpflege; Fachwerkinstandsetzung und Fachwerkmodernisierung aus der Sicht der Denkmalpflege

96/78
Künzel, Helmut
Das aktuelle Thema: Die Fachwerksanierung im Widerstreit zwischen Nutzerwünschen, Wärmeschutzanforderungen und Denkmalpflege; Instandsetzung und Modernisierung von Fachwerkhäusern für heutige Wohnanforderungen

96/81 Nuss, Ingo
Beurteilungsprobleme bei Holzbauteilen

96/94
Dahmen, Günter
Nachträgliche Querschnittsabdichtungen – ein Systemvergleich

96/105
Weber, Helmut
Sanierputz im Langzeiteinsatz – ein Erfahrungsbericht

97/9
Sangenstedt, Hans Rudolf
Rolle und Haftung des staatlich anerkannten Sachverständigen

97/17
Jagenburg, Walter
Dreißigjährige Gewährleistung als Regelfall? Das Organisationsverschulden

97/25
Bleutge, Peter
Erfahrungen mit dem ZSEG

97/35
Borsch-Laaks, Robert
Diskussionsstand und Regelwerke zur Luftdichtheit von Dächern

97/50
Stauch, Detlef
Neue Beurteilungskriterien für Unterdächer, Unterdeckungen und Unterspannungen im ausgebauten Dach

97/56
Adriaans, Richard
Zellulosedämmstoffe im geneigten Dach – ein Erfahrungsbericht

97/63
Oswald, Rainer; Dahmen, Günter
Dämmelemente beim Dachausbau – Systeme und Probleme

97/70
Dahmen, Günter
Das unbelüftete Blechdach und die Regelwerke des Klempnerhandwerks

97/78
Künzel, Hartwig M.
Untersuchungen an unbelüfteten Blechdächern

97/84
Oswald, Rainer
Pfützen auf dem Dach – ein ewiger Streitpunkt?

97/91
Bauder, Paul-Hermann
Das aktuelle Thema: Argumente für einlagige Abdichtungen aus Bitumenbahnen

97/92
Herken, Gerd
Das aktuelle Thema: DIN 18195 Bauwerksabdichtungen, Teile 1-6, Entwurf Dezember 1996

97/95
Krings, Jürgen
Abdichtung mit Flüssigkunststoffen

97/98
Stauch, Detlef
Anforderungen an Dachabdichtungssysteme

97/100
Deutsche Bauchemie
Stellungnahme für den Tagungsband „Aachener Bausachverständigentage 1997“

97/101
Haack, Alfred
Die Abdichtung von Fugen in Flachdächern und Parkdecks aus WU-Beton

97/114
Kurth, Norbert
Schadenprobleme bei Pflasterbelägen auf Parkdecks und Parkplatzflächen

97/119 Cziesielski, Erich
Der Diskussionsstand beim Umkehrdach

98/9
Motzke, Gerd
Minderwert und Schadenersatzansprüche bei Baumängeln aus juristischer Sicht

98/22
Eschenfelder, Dieter Gebrauchstauglichkeit von Bauprodukten

98/27
Oswald, Rainer
Beurteilungsgrundsätze für hinzunehmende Unregelmäßigkeiten

98/32
Becker, Klaus
Moderner Holzbau – Schwachstellen und Beurteilungsprobleme

98/40
Cziesielski, Erich
Keramische Beläge auf wärmegedämmten Außenwänden

98/50
Oster, Karl Ludwig
Die Nachbesserung und Sanierung von Wärmedämmverbundsystemen

98/57
Gierlinger, Erwin
Putz im Sockelbereich

98/70
Künzel, Helmut
Erfahrungen mit zweischaligem Mauerwerk – Kerndämmung, Hinterlüftung, Vormauerschale, Außenputz

98/77
Pohl, Reiner
Beurteilungsprobleme bei Stürzen, Konsolen und Ankern in Verblendschalen

98/82
Schubert, Peter
Keine Probleme mit Putz auf Leichtmauerwerk

98/85
Gierlinger, Erwin
Putzrisse auf Leichtmauerwerk – ist der Stein oder der Putz ursächlich?

98/90
Künzel, Helmut
Die Putze sind dem Mauerwerk anzupassen

98/92
Dahmen, Günter
Sonnenschutz in der Praxis – Welcher Sonnenschutz ist bei nicht klimatisierten Gebäuden geschuldet?

98/101
Blaich, Jürgen
Algen auf Fassaden

98/108
Oswald, Rainer
Die Wasserführung auf Fassaden – Fassadenverschmutzung und der Streit über die richtige Tropfkante

---

99/9
Oswald, Rainer
Neue Bauweisen und Bauschadensforschung

99/13 Soergel, Carl
Entwicklungen im privaten Baurecht

99/34
Jagenburg, Walter
Baurecht als Hemmschuh der technischen Entwicklung?

99/46
Bleutge, Peter
Entwicklungen im Berufsbild und in der Haftung des Sachverständigen

99/59
Braun, Eberhard
Die neue DIN 18 195 – Bauwerksabdichtungen

99/65
Stauch, Detlef
Die Entwicklung des Regelwerkes des deutschen Dachdeckerhandwerks

99/72
Dahmen, Günter
Erfahrungen und Regeln zu spachtelbaren Naßraumabdichtungen

99/81
Ebeling, Karsten
Konstruktionsregeln für Wannen aus WU-Beton

99/90
Klopfer, Heinz
Wassertransport und Beschichtungen bei WU-Beton-Wannen

99/100
Kohls, Arno
Anwendungsmöglichkeiten und -grenzen von Dickbeschichtungen

99/105
Buss, Eckart
Bitumen als Abdichtungs-/Konservierungsstoff

99/112
Warmbrunn, Dietmar
Große VBN-Umfrage unter öffentlich bestellten und vereidigten (Bau-)Sachverständigen

99/121
Oswald, Rainer
Die Berücksichtigung von Dickbeschichtungen in DIN E 18 195: 1998-9

99/127
Ruhnau, Ralf
Abdichtungen von Neubauten mit Betonit

99/135
Kabrede, Hans-Axel
Nachträgliches Abdichten erdberührter Bauteile

99/141
Lamers, Reinhard
Prüfmethoden für Bauwerksabdichtungen

00/9
Oswald, Rainer
Qualitätsprobleme – bei Bauträgerprojekten systembedingt?

00/15
Schulze-Hagen, Alfons
Die Haftung bei Qualitätskontrollen

00/26
Bleutge, Peter
Der Diskussionsstand zur Entschädigung des gerichtlich tätigen Sachverständigen

00/33
Dahmen, Günter
Die neue Energieeinsparverordnung – Konsequenzen für die Baupraxis und die Arbeit des Sachverständigen

00/42
Wolff, Dieter
Haustechnik und Energieeinsparung – Beurteilungsprobleme für den Sachverständigen

00/48
Achtziger, Joachim
Leisten neue Dämmmethoden, was sie versprechen?
– Kalziumsilikatplatten, hochdämmende Beschichtungen -

00/56
Metzemacher, Heinrich
Gipsputz und Kalziumsulfatestrich – im Wohnungsbad fehl am Platz?

00/62
Voos, Rudolf
Stolperstufen, Überzähne, Rutschgefahr – Problemfälle bei Fliesenbelägen

00/69
Quack, Friedrich
DIN-Normen und andere technische Regeln – ein nur bedingt geeigneter Bewertungsmaßstab?

00/72
Vogel, Eckhard
DIN-Normen und andere technische Regeln – ein nur bedingt geeigneter Bewertungsmaßstab?

00/80
Oswald, Rainer
Die Bedeutung von technischen Regeln für die Arbeit des Bausachverständigen, erläutert am Beispiel der Dichtstoff-Fußboden-Randfuge

00/86
Moriske, Heinz-Jörn
Plötzlich auftretende „schwarze“ Ablagerungen in Wohnungen – das „Fogging“-Phänomen

00/92
Froelich, Hans
Haus- und Wohnungstüren: Verformungsprobleme und Schallschutz

00/100
Lamers, Reinhard
Die Bewährung innen gedämmter Fachwerkbauten

01/1
Keldungs, Karl-Heinz
Die „Unmöglichkeit“ und „Unverhältnismäßigkeit“ einer Nachbesserung aus juristischer Sicht

01/5
Jagenburg, Walter
Rechtliche Probleme bei Bauleistungen im Bestand

01/10
Hegner, Hans-Dieter
Die energetische Ertüchtigung des Baubestandes

01/20
Oswald, Rainer
Alte und neue Risse im Bestand – Beurteilungsregeln und -probleme

01/27
Hilmer, Klaus
Schäden bei Unterfangungen – die neue DIN 4123

01/39
Grünberger, Anton
Biozide, rissüberbrückende und schmutzabweisende Beschichtungen – ein Erfahrungsbericht

01/42
Wetzel, Christian
Rechnerunterstützte, systematische Zustandsbeschreibung von Gebäuden – der EPIQRGebäudepass

01/50
Cziesielski, Erich
Hinterlüftete Wärmedämmverbundsysteme im Altbau – sinnvoll oder risikoreich?

01/57
Hegner, Hans-Dieter
Das aktuelle Thema: Wie luftdicht muss ein Gebäude sein? Die Berücksichtigung der Luftdichtheit in der EnEV

01/59
Reiß, Johann
Das aktuelle Thema: Wie luftdicht muss ein Gebäude sein? Effektivität von Lüftungsanlagen im praktischen Einsatz – Wie groß ist der Einfluss des Nutzers?

01/67
Zeller, Joachim
Das aktuelle Thema: Wie luftdicht muss ein Gebäude sein?
Möglichkeiten und Grenzen der Luftdichtheitsprüfung

01/71
Dahmen, Günter
Das aktuelle Thema: Wie luftdicht muss ein Gebäude sein?
Typische Schwachstellen der Luftdichtheit; die Luftdichtheit als Beurteilungsproblem

01/76
Moriske, Heinz-Jörn
Das aktuelle Thema: Wie luftdicht muss ein Gebäude sein?
Luftwechselrate und Auswirkungen auf die Raumluftqualität

01/81
Venzmer, H.
Dauerthema aufsteigende Feuchte – Programmierte Fehlschläge, Lösungsansätze und Perspektiven für die Baupraxis

01/95
Rahn, Axel C.
Bauteilheizung als Maßnahme gegen aufsteigende Feuchtigkeit

01/103
Arendt, Claus
Der Aussagewert und die Praxistauglichkeit von Feuchtemessmethoden bei aufsteigender Feuchtigkeit

01/111
Lamers, Reinhard
„Elektronische Wundermittel" und andere Exotika zur Beseitigung von Mauerfeuchte

---

02/01
Motzke, Gerd
Konsequenzen der Schuldrechtsreform für die Mangelbeurteilung durch den Sachverständigen

02/15
Bleutge, Peter
Die Haftung und Entschädigung des Sachverständigen auf der Grundlage neuer gesetzlicher Regelungen

02/27
Oswald, Rainer
Produktinformation und Bauschäden

02/34
Schießl, Peter
Die Beurteilung und Behandlung von Rissen in den neuen Regeln DIN 1045-1: 2001 und der Instandsetzungsrichtlinie für Betonbauteile

02/41
Cziesielski, Erich/Schrepfer, Thomas
Risse in Industriefußböden – Ursachen und Bewertung

02/50
Schießl, Peter
Streitpunkte bei Parkdecks: Gefällegebung und Oberflächenschutz unter Berücksichtigung der neuen Regelungen von DIN 1045

02/58
Schlapka, Franz-Josef
Fugen und Überzähne bei Fertigteildecken, Abweichungen bei Geschosshöhen und Durchgangsmaßen – kritische Anmerkungen zur Anwendung der Maßtoleranzen – Norm DIN 18202

02/70
Brameshuber, Wolfgang
WU-Beton nach neuer Norm

02/75
Oswald, Rainer
Pro + Kontra – Das aktuelle Thema: Sind Abdichtungskombinationen im Druckwasser dauerhaft? Einleitung: Anwendungsfälle und Regelwerksituation zu Abdichtungskombinationen

02/80
Rodinger, Christoph
1. Beitrag: Abdichtungsbahnen und WU-Beton

02/84
Kohls, Arno
2. Beitrag: Kunststoffmodifizierte Bitumendickbeschichtungen und WU-Beton

02/88
Braun, Eberhard
3. Beitrag: Die Leistungsgrenzen von Kombinationen zwischen WU-Beton und hautförmigen Abdichtungen

02/95
Zanocco, Erich
Fliesen auf Stahlbetonuntergrund (Betonuntergrund)

02/102
Oswald, Rainer
Streitpunkte bei der Abdichtung erdberührter Bodenplatten

03/01
Schulze-Hagen, Alfons
Zum Begriff des wesentlichen Mangels in der VOB/B

03/06
Ubbelohde, Helge-Lorenz
Der notwendige Umfang und die Genauigkeitsgrenzen von Qualitätskontrollen und Abnahmen

03/15
Dorff, Robert
Die Praxis der Berücksichtigung von Wärmebrücken und Luftundichtheiten – ein kritischer Erfahrungsbericht

03/21
Tanner, Christoph; Ghazi-Wakili Karim
Wärmebrücken in Dämmstoffen

03/31
Dahmen, Günter
Beurteilung von Wärmebrücken – Methoden und Praxishinweise für den Sachverständigen

03/41
Spitzner, Martin H.
Flankenübertragung und Fehlstellen bei Dampfsperren – Wann liegt ein ernsthafter Mangel vor?

03/55
Gierga, Michael
Luftdichtheit von Ziegelmauerwerk – Ursachen mangelnder Luftdichtheit und Problemlösungen

03/61
Oswald, Rainer
Theorie und Praxis der Fensteranschlüsse – ein kommentiertes Fallbeispiel

03/66
Scheller, Herbert
Anschlussausbildung bei Fenstern und Türen – Regelwerktheorie und Baustellenpraxis

03/77
Sedlbauer, Klaus; Krus Martin
Schimmelpilze aus der Sicht der Bauphysik: Wachstumsvoraussetzungen, Ursachen und Vermeidung

03/94
Gabrio, Thomas
Nachweis, Bewertung und Sanierung von Schimmelpilzschäden in Innenräumen

03/113
Moriske, Heinz-Jörn
Beurteilung von Schimmelpilzbefall in Innenräumen – Fragen und Antworten

03/120
Oswald, Rainer
Schimmelpilzbewertung aus der Sicht des Bausachverständigen

03/127
Graeve, Holger
Praxisprobleme bei der Rissverspressung in Betonbauteilen mit hohem Wassereindringwiderstand

03/134
Pohlenz, Rainer
Schallbrücken – Auswirkungen auf den Schallschutz von Decken, Treppen und Haustrennwänden

---

04/01
Motzke, Gerd
Tatsachenfeststellung und -bewertung durch den Sachverständigen – Auswirkungen der Zivilprozessrechtsreform in 1. und 2. Instanz

04/09
Weidhaas, Jutta
Außergerichtliche Streitschlichtung durch den Sachverständigen

04/15
Bleutge, Peter
Die Novellierung des ZSEG durch das JVEG – Das neue Justizvergütungs- und -entschädigungsgesetz (JVEG)

04/26
Staudt, Michael
Das neue JVEG aus der Sicht des BVS

04/29
Schubert, Peter
Neue Erkenntnisse zu Rissbildungen in tragendem Mauerwerk

04/38
Klaas, Helmut
Fugen und Risse in Verblendschalen und Bekleidungen

04/50
Cziesielski, Erich; Schrepfer, Thomas; Fechner, Otto
Beurteilung von Rissen im Putz von Wämedämmverbundsystemen aus technischer Sicht

04/62
Schießl, Peter; Wiegrink, Karl-Heinz
Verformungsverhalten und Rissbildungen bei Calciumsulfat-Estrichen – Die Spannungsbedingungen in Oberflächenschichten

04/87
Rapp, Andreas
Fugen bei Parkettböden und anderen Holzbelägen

04/94
Schießl, Peter; Beddoe, Robin Wassertransport in WU-Beton – kein Problem!

04/100
Fechner, Otto
WU-Beton bei hochwertiger Nutzung: mit Belüftung sicherer!

04/103
Oswald, Rainer
Praktische Erfahrungen bei hochwertig genutzten Räumen mit WU-Betonbauteilen – Anmerkungen zur neuen WU-Richtlinie des DAfStb

04/119
Ihle, Martin
Risse in Betonwerkstein

04/126
Ranke, Hermann
Standards für die Bauzustandsdokumentation vor Beginn von Baumaßnahmen

---

05/01
Motzke, Gerd
Behindert das Baurecht die Baurationalisierung? – Missverständnisse zwischen Recht und Technik am Beispiel der Flachdächer

05/10
Bossenmayer, Horst-J.
Qualitätsverlust durch europäische Normung? – Eine kritische Würdigung

05/15
Herold, Christian
Europäische Normen und Zulassungen für Abdichtungsprodukte und ihre nationale Anwendung

05/31
Schulze Hagen, Alfons
Die Abgrenzung der Verantwortlichkeit zwischen Planer und Dachdecker im Spiegel von Gerichtsentscheidungen

05/38
Haushofer, Bert A.
Qualitätsklassen bei Flachdächern – Zur Neufassung der DIN 18531 – Konsequenzen für die Vertragsgestaltung und die Dachbeurteilung

05/46
Oswald, Rainer/Sous, Silke
Praxisbewährung von Dachabdichtungen – Zur Transparenz von Produkteigenschaften

05/58
Stauch, Detelf
Praktische Konsequenzen der neuen Windlastnormen – Neue Formen der Windsogsicherung

05/64
Thomas, Stefan
Praktische Konsequenzen der neuen Dachentwässerungsnormen – Erfahrungen mit Schwerkraft-und Unterdruckentwässerungen

05/70
Moriske, Heinz-Jörn
Sanierung von Schimmelpilzbefall: Der neue Leitfaden des Umweltbundesamtes – Praktische Konsequenzen für den Bausachverständigen

05/74
Winter, Stefan
Schimmel unter Dachüberständen – Zur Verwendung von Holzwerkstoffen im Dachbereich

05/80
Zöller, Matthias
Vereinfachte Dachdetails – Zur Neufassung von DIN 18195-8/9 und DIN 18531-3

05/88
Oswald, Rainer
Bauaufsichtliche Prüfzeugnisse als Grundlage für zuverlässige Abdichtungsprodukte

05/90
Simonis, Udo
Bauaufsichtliche Prüfzeugnisse als Hemmschuh der Produktentwicklung

05/92
Oswald, Rainer
Aussagewert und Missbrauch von Prüfzeugnissen

05/100
Krings, Jürgen
Abdichtungen mit Flüssigkunststoffen – Neue Entwicklungen und Regelwerksituation

05/110
Oswald, Rainer
Regeln zur Instandsetzung von Flachdächern – Anmerkungen zum Teil 4 von DIN 18531

06/1
Motzke, Gerd
Gleichwertigkeit von Werkleistungen aus technischer und juristischer Sicht

06/15
Zöller, Matthias
Die energetische Gebäudequalität als Mangelstreitpunkt

06/22
Keskari-Angersbach, Jutta
Streithema Oberflächenqualität bei Putzen und Gipsbauplatten

06/29
Pöter, Hans
Bewertung von Unregelmäßigkeiten bei Stahlleichtbaufassaden

06/38
Ebeling, Karsten
Streitpunkte beim Sichtbeton – Praxishinweise zu neuen Merkblättern

06/47
Oswald, Rainer
Vertragssoll knapp verfehlt – was tun?

06/61
Schmieskors, Ernst
Die Sicherheit von Dachtragwerken aus der Sicht der Bauordnung

06/65
François Colling
Die Sicherheit und Dauerhaftigkeit von Holztragwerken in Dächern

06/70
Ubbelohde, Helge Lorenz
Empfehlung/Richtlinie zur wiederkehrenden Überprüfung von Hochbauten und baulichen Anlagen hinsichtlich der Standsicherheit

06/84
Laidig, Matthias
Dichte Häuser benötigen eine geregelte Lüftung

06/90
Vogler, Ingrid
Ein wirtschaftlicher Wohnungsbau erfordert den selbstverantwortlichen Nutzer

06/94
Oswald, Rainer
Das Beurteilungsdilemma des Sachverständigen im Lüftungsstreit

06/100
Froelich, Hans
Glasschäden sachgerecht beurteilen

06/105
Eicke-Hennig, Werner
Zur Energieeffizienz von Glasfassaden

07/1
Jansen, Günther
Die Entwicklung des Mangelbegriffs im Werkvertragsrecht nach der Schuldrechtsreform 2002

07/09
Nieberding, Felix
Haftungsrisiken bei nachträglicher Bauwerksabdichtung

07/20
Zöller, Matthias
Wichtige Neuerungen in Regelwerken – ein Überblick

07/40
Oswald, Rainer
Grundlagen der Abdichtung erdberührter Bauteile

07/54
Ruhnau, Ralf
Bahnenförmige und flüssige Bauwerksabdichtungen für erdberührte Bauteile – aktuelle Problemstellungen

07/61
Heldt, Petra
Prüfgrundsätze für Kombinationsabdichtungen

07/66
Hohmann, Rainer
Elementwandkonstruktionen in drückendem Wasser – wirklich immer a.R.d.T.?

07/79
Fritz, Martin
Die Erläuterungen zur WU-Richtlinie (2006) – DAfStb-Heft 555

07/93
Kohls, Arno
Schwimmbecken und Behälter – zum neuen Teil 7 von DIN 18195

07/102
Simonis, Udo
Die Berücksichtigung aggressiver Medien bei der Nassraumabdichtung

07/117
Berg, Alexander
Verfahren zur Bauwerkstrocknung, Randbedingungen und Erfolgskontrollen

07/125
Hankammer, Gunter
Restrisiken nach der Bauwerkstrocknung

07/135
Warscheid, Thomas
Mikrobielle Belastungen in Estrichen im Zusammenhang mit Wasserschäden

07/151
Moriske, Heinz-Jörn
Risiken der Bauwerkstrocknung aus der Sicht des Umweltbundesamtes

07/155
Keppeler, Stephan
Nachträgliche flüssige und hautförmige druckwasserhaltende Innenabdichtungen und Schleierinjektionen

07/162
Tetz, Christoph
Statische Probleme bei nachträglich druckwasserhaltend abgedichteten Kellern

07/169
Dahmen, Heinz-Peter
Nachträgliche WU-Betonkonstruktionen in der Praxis

08/1
Liebheit, Uwe
Lebensdauer und Alterung von Bauteilen aus rechtlicher Sicht

08/16
Oswald, Rainer
Die Dauerhaftigkeit und Wartbarkeit als Beurteilungskriterium und Qualitätsmerkmal

08/22
Vogdt, Frank Ulrich
Bedeutung der Lebensdauer und des Instandsetzungsaufwandes für die Nachhaltigkeit von Bauweisen

08/30
Zöller, Matthias
Wichtige Neuerungen in Regelwerken – ein Überblick

08/43
Schulz, Wolf-Dieter
Beurteilung des Korrosionsschutzes von Stahlbauteilen im üblichen Hochbau

08/54
Wirth, Stefan
Korrosionen an Leitungen

08/63
Raupach, Michael
Elementwandkonstruktionen in drückendem Wasser – wirklich immer a. R.d. T.?

08/74
Venzmer, Helmuth
Bauteile – Biozide – Natur, Bemerkungen zu biozid eingestellten Fassadenbeschichtungen

08/81
Gieler, Rolf P.
Leistungsfähigkeit in Regelwerken – mehr Transparenz oder Haftungsfalle?

08/93
Herold, Christian
Lebensdauerdaten in Regelwerken – der europäische Ansatz

08/104
Esser, Elmar
Lebensdauerdaten in Regelwerken – eine Haftungsfalle!

08/108
Liebheit, Uwe
Rechtliche Konsequenzen von Lebensdauerdaten in Regelwerken

08/115
Winter, Stefan
Erfahrungen mit der Inspektion von Holztragwerken

08/124
Haustein, Tilo
Konstruktiver und chemischer Holzschutz in geneigten Dächern

08/138
Sieberath, Ulrich
Typische Fehler bei Holzfenstern und Holztüren

09/1
Oswald, Rainer
Die Ursachen des Dauerstreits über Baumängel und Bauschäden
Ein Rückblick auf Dauerstreitpunkte aus 35 Jahren Aachener Bausachverständigentage

09/10
Liebheit, Uwe
Sind Rechtsfragen für Sachverständige tabu?
Zur Aufgabenabgrenzung zwischen Richtern und Sachverständigen

09/35
Pohlenz, Rainer
DIN-gerecht = mangelhaft?
Zur werkvertraglichen Bedeutung nationaler und europäischer Regelwerke im Schallschutz

09/51
Feist, Wolfgang
Wie viel Dämmung ist genug?
Wann sind Wärmebrücken Mängel?

09/58
Albrecht, Wolfang
Ist der Dämmstoffmarkt noch überschaubar?
Erfahrungen und Probleme mit neuen Dämmstoffen

09/69
Ebeling, Karsten
Ist Bauwerksabdichtung noch nötig?
Zu den Leistungsgrenzen von WU-Betonbauteilen und Kombinationsbauweisen

09/84
Zöller, Matthias
Bahnenförmig oder flüssig, mehrlagig oder einlagig, mit oder ohne Gefälle?
Zur Theorie und Praxis von Bauwerksabdichtungen

09/95
Ziegler, Martin
Hydraulischer Grundbruch bei tiefen Baugruben

09/109
Winter, Stefan
Ist Belüftung noch aktuell?
Zur Zuverlässigkeit unbelüfteter Wand- und Dachkonstruktionen

09/119
Borsch-Laaks, Robert
Wie undicht ist dicht genug?
Zur Zuverlässigkeit von Fehlstellen in Luftdichtheitsschichten und Dampfsperren

09/133
Oswald, Rainer
Wie ungenau ist genau genug?
Zum Detaillierungsgrad von Baubeschreibungen...Einleitung:...aus
der Sicht des Bausachverständigen

09/136
Niepmann, Hans-Ulrich
Wie ungenau ist genau genug?
Zum Detailliertheitsgrad von Baubeschreibungen...1. Beitrag:...aus der Sicht der Bauträger

09/142
Heinrich, Gabriele
Wie ungenau ist genau genug?
Zum Detailliertheitsgrad von Baubeschreibungen...2. Beitrag:...aus Sicht der Verbraucher

09/148
Liebheit, Uwe
Wie ungenau ist genau genug?
Zum Detailliertheitsgrad von Baubeschreibungen...3. Beitrag:...aus der Sicht des Juristen

09/159
Nitzsche, Frank
Wie viel Untersuchungsaufwand muss sein und wer legt ihn fest?
– Zur Gutachtenpraxis des Bausachverständigen

09/172
Oswald, Rainer
Wie viel Abweichung ist zumutbar?
Zum Diskussionsstand über hinzunehmende Unregelmäßigkeiten

10/1
Meiendresch, Uwe
Abschied vom Bauprozess?
Helfen Schiedsgerichte, Schlichter oder Mediation?

10/07
Schulze-Hagen, Alfons
Neuerungen im Gewährleistungsrecht:
Auswirkungen auf die Begutachtung von Mängeln

10/12
Moriske, Heinz-Jörn
Schadstoffe im Gebäudeinnern – Chancen und Gefahren einer Zertifizierung

10/19
Spilker, Ralf
Wichtige Neuerungen in bautechnischen Regelwerken – ein Überblick

10/28
Abert, Bertram
Was nützen Schnellestriche und Faserbewehrungen?

10/35
Borsch-Laaks, Robert
Zur Schadensanfälligkeit von Innendämmungen
Bauphysik und praxisnahe Berechnungsmethoden

10/50
Liebert, Géraldine/Sous, Silke
Baupraktische Detaillösungen für Innendämmungen bei hohem Wärmeschutzniveau

10/62
Keppeler, Stephan
Innendämmungen mit einem kapillaraktiven Dämmstoff, Praxiserfahrungen

10/70
Klingelhöfer, Gerhard
Verbundabdichtungen in Nassräumen – Regelwerkstand 2010
Erfahrungen mit bahnenförmigen Verbundabdichtungen und Entkopplungsbahnen

10/83
Keskari-Angersbach, Jutta
Dünnlagenputze, Tapeten, Beschichtungen: Typische Beurteilungsprobleme
und Rissüberbrückungseigenschaften

10/89
Oswald, Rainer
Sind Rissbildungen im modernen Mauerwerksbau vermeidbar?
Einleitung: Die Zulässigkeit von Rissen im Hochbau

10/93
Meyer, Günter
Sind Rissbildungen im modernen Mauerwerksbau vermeidbar?
1. Beitrag: Verhalten von großformatigem Mauerwerk aus bindemittelgebundenen Baustoffen

10/100
Meyer, Udo
Sind Rissbildungen im modernen Mauerwerksbau vermeidbar?
2. Beitrag: Risssicherheit bei Ziegelmauerwerk

10/103
Heide, Michael
Sind Rissbildungen im modernen Mauerwerksbau vermeidbar?
3. Beitrag: Regeln für zulässige Rissbildungen im Innenbereich

10/119
Pohlenz, Rainer
Schallschutz von Treppen
Fehlerquellen und Instandsetzung

10/132
Zöller, Matthias
Sind Schäden bei Außentreppen vermeidbar? Empfehlungen zur Abdichtung und Wasserführung

10/139
Irle, Achim
Streitpunkte bei Treppen

11/1
Liebheit, Uwe
Neue Entwicklungen im Baurecht – Konsequenzen für den Bausachverständigen

11/21
Zöller, Matthias
Planerische Voraussetzungen für Flachdächer mit hohen Zuverlässigkeitsanforderungen

11/32
Michels, Kurt
Sturm, Hagelschlag, Jahrhundertregen – Praxiskonsequenzen für Dachabdichtungs-Werkstoffe und Flachdachkonstruktionen

11/41
Oswald, Martin
Der Wärmeschutz bei Dachinstandsetzungen – Typische Anwendungen und Streitfälle bei der Erfüllung der EnEV

11/50
Hegger, Thomas
Brandverhalten Dächer

11/59
Rühle, Josef
Das abdichtungstechnische Schadenspotential von Photovoltaik- und Solaranlagen

11/67
Hoch, Eberhard
50 Jahre Flachdach – Bautechnik im Wandel der Zeit

11/75
Flohrer, Claus
Sind WU-Dächer anerkannte Regel der Technik?

11/84
Krupka, Bernd W.
Typische Fehlerquellen bei Extensivbegrünungen

11/91
Oswald, Rainer
Normen – Qualitätsgarant oder Hemmschuh der Bautechnik?
1. Beitrag: Nutzen und Gefahren der Normung aus der Sicht des Sachverständigen

11/95
Sommer, Hans-Peter
Normen – Qualitätsgarant oder Hemmschuh der Bautechnik?
2. Beitrag: Einheitliche Standards für alle Abdichtungsaufgaben – Zur Notwendigkeit einer übergreifenden Norm für Bauwerksabdichtungen

11/99
Herold, Christian
Normen – Qualitätsgarant oder Hemmschuh der Bautechnik?
3. Beitrag: Notwendigkeit und Vorteile einer Neugliederung der Abdichtungsnormen aus der Sicht des Deutschen Instituts für Bautechnik (DIBt)

11/108
Michels, Kurt
Normen – Qualitätsgarant oder Hemmschuh der Bautechnik?
4. Beitrag: Gemeinsame Abdichtungsregeln für nicht genutzte und genutzte Flachdächer – Vorteile und Probleme

11/112
Vater, Ernst-Joachim
Normen – Qualitätsgarant oder Hemmschuh der Bautechnik?
5. Beitrag: Zur Konzeption einer neuen Norm für die Abdichtung von Flächen des fahrenden und ruhenden Verkehrs

11/120
Wilmes, Klaus / Zöller, Matthias
Niveaugleiche Türschwellen – Praxiserfahrungen und Lösungsansätze

11/132
Spitzner, Martin H.
DIN Fachbericht 4108-8:2010-09 – Vermeiden von Schimmelwachstum in Wohngebäuden – Zielrichtung und Hintergründe

11/146
Oswald, Rainer
Sind Schimmelgutachten normierbar? Kritische Anmerkungen zum DIN-Fachbericht 4108-8:2010-09

12/1
Liebheit, Uwe
Verantwortlichkeiten der Planenden und Ausführenden im Sockelbereich

12/17
Zöller, Matthias
Die Wasserführung auf der Geländeoberfläche – typische Streitpunkte zur Wasserbelastung im Sockelbereich und an Eingängen

12/23
Meyer-Ricks, Wolf D.
Landschaftsgärtnerische Planungen im Sockelbereich – Regeln, Problempunkte

12/30
Oswald, Rainer
Sockel-, Querschnitts- und Fußpunktabdichtungen in der neuen DIN 18533

12/35
Weißert, Markus
Sockelausbildung bei Putz und Wärmedämm-Verbundsystemen (verputzte Außenwärmedämmung)

12/50
Borsch-Laaks, Robert
Sockelausbildung bei Holzbauweisen – Abdichtung, Diffusionsprobleme, Dauerhaftigkeit

12/63
Karg, Gerhard
Schädlingsbefall und Kleintiere im Sockelbereich

12/71
Götz, Jürgen
Zur Effektivität und Wirtschaftlichkeit bei Gründungen von nicht unterkellerten Gebäuden ohne Frostschürzen

12/81
Oswald, Martin / Sous, Silke
Zur realistischen Berücksichtigung des Erdreichs bei der Wärmeschutzberechnung: Randzonen und Wärmebrücken

12/92
Fouad, Nabil A.
Lastabtragende Wärmedämmschichten – Einsatzbereiche und Anwendungsgrenzen

Stichwortverzeichnis

(die fettgedruckte Ziffer kennzeichnet das Jahr; die zweite Ziffer die erste Seite des Aufsatzes)

Printing: Ten Brink, Meppel, The Netherlands
Binding: Ten Brink, Meppel, The Netherlands